单脉冲雷达的干扰与抗干扰新技术

戴幻尧　石　川　肖本龙
王建路　李金梁　牛凤梁　著
刘海业　审校

国防工业出版社
·北京·

内 容 简 介

单脉冲雷达是一种精密跟踪雷达，每发射一个脉冲，天线都能同时形成若干个波束。将各波束回波信号的振幅和相位进行比较，产生和差信号，通过一定的信号处理与数据处理从而实现目标的测量与跟踪，可广泛应用于目标指示、跟踪制导、末制导等重要场合。目前实用的单脉冲雷达基本上实现了模块化、系列化和通用化。本书深入研究了四种专门针对单脉冲雷达的新型干扰技术（拖曳式诱饵干扰、交叉眼干扰、地形反弹干扰、交叉极化干扰），从外军装备情况、干扰机理、干扰性能仿真、关键技术、样机研制、验证实验等六个方面进行了较为深入的阐述。同时，本书也给出了单脉冲雷达抗角度干扰的几种关键技术，包括极化信息辅助抗干扰技术、对角差通道辅助抗干扰技术，不仅给出了较为完整、系统的建模、分析，而且进行了部分实测数据验证。

本书内容可为单脉冲雷达的新型干扰与抗干扰技术的应用提供技术基础和重要理论参考。

图书在版编目（CIP）数据

单脉冲雷达的干扰与抗干扰新技术 / 戴幻尧等著.
北京：国防工业出版社，2025. 7. -- ISBN 978-7-118-13597-8

Ⅰ. TN958. 4；TN974

中国国家版本馆 CIP 数据核字第 20255SC954 号

※

国防工業出版社 出版发行
（北京市海淀区紫竹院南路 23 号　邮政编码 100048）
雅迪云印（天津）科技有限公司印刷
新华书店经售

*

开本 710×1000　1/16　　**印张** 14¼　　**字数** 262 千字
2025 年 7 月第 1 版第 1 次印刷　　**印数** 1—1500 册　　**定价** 128.00 元

前　　言

雷达的基本功能是探测电磁散射体（雷达目标）的存在并测量其位置。在典型雷达中，发射机以脉冲重复频率产生电磁脉冲，雷达天线通过扇形波束或者笔形波束将这些能量辐射出去。在大多数情况下，用于发射的天线也可以用于信号的接收，接收到的信号从射频变换到中频，经过一系列放大、滤波等处理后，最终进行终端显示或者自动检测和信息提取等。

单脉冲（Monopulse）技术，又称同时波束比较测角法，主要用于测量信号的达到方向（DOA），可以在一个脉冲回波中提取目标的角度信息。自 1947 年美国 R·M·贝奇比较完整地提出单脉冲方案后，兼具较高测角精度和较强抗干扰能力等优点的单脉冲雷达被广泛应用于火炮控制、目标跟踪、导弹制导、弹道测量等军事领域中。目前，先进的地基、舰载、机载及弹载跟踪制导雷达普遍采用单脉冲技术，采用单脉冲技术的主动式雷达导引头是精确制导武器、近程制导段的主要引导手段。

在单脉冲体制的精确制导武器面前，自卫电子战系统处于不利地位，本质难点不在于电子战系统是否有足够的干扰功率来掩护自身，也不在于雷达宽带的脉间捷变频和重频捷变，因为新型的电子战系统能够跟踪雷达脉冲前沿，不需要接收完一个完整脉冲就可以复制雷达信号并进行干扰调制转发，甚至可以做到收发同时干扰，反应速度很快。阻止雷达获得距离信息意义不是很大，唯一可以对抗的领域是角度干扰。

出于这样的目的，干扰单脉冲雷达一度成为电子战（Electronic Warfare，EW）的研究热点。为提高飞机、舰船等高价值军事目标战场的生存能力，破坏采用单脉冲技术的主动式雷达导引头的角跟踪环路是保护军事目标的根本措施。首先，在 1958 年两篇美国专利中，受角闪烁干扰雷达测角的现象启发，交叉眼干扰的概念第一次被提出。交叉眼干扰属于相干干扰，即两路干扰信号之间具有固定的相位关系，可以造成单脉冲雷达指向被保护平台所处立体角之外的方向上，是一种刻意增大角闪烁效应的干扰。交叉眼干扰被认为是干扰单脉冲雷达的最有效干扰样式，具有可靠性高、干扰系统反应时间短、有效干扰时间长、不依赖天气条件、寿命周期成本低，以及能够对抗多导弹威胁等优势。不少资料表明美国及北约的自卫电子干扰模块中集成了这种干扰样式。其次，1992 年，AN/ALE－50 型拖曳诱饵系统首次由雷声公司交付美国海军，陆续装备了空军、海军的 F/A－18E/F、F－14、F－16、B－1B 等多个主要型号战机，时至今日有资料显示第四代战机 F－35 也配备了新一代拖曳式诱饵 ALE－70。此外，美军为了应对全球范围内广泛使用的单脉冲技术在精确制导武器应用带来的挑战，已经在空军、海军多个型号装备上部署了具备交叉极化干扰能力的电子对抗装备，用于实现角度干扰。例如，F－16CD Block60 吊舱、宙斯盾舰载电子战系统 APECS－Ⅱ、SLQ－32（Ⅴ）电子战系统等，以及美军新一代干扰吊舱 ALQ－169。交叉极化干扰技术属于一种智能的极化分集干扰，对雷达系统会产生全程、不同效果的干扰威胁。

本书深入研究了四种典型的专门针对单脉冲雷达的新型干扰技术：拖曳式诱饵干扰、交叉眼干扰、地形反弹干扰、交叉极化干扰，从外军装备情况、干扰机理、干扰性能仿真、关键技术、样机研制、特别是原理验证实验等六个方面进行了较为深入的阐述，这在同类型书籍当中是非常少见的。同时，本书也给出了单脉冲雷达抗干扰的几种关键技术，包括极化信息辅助抗干扰技术、对角差通道辅助抗干扰技术，不仅给出了较为完整、系统的建模、关键技术分析，丰富的算法流程，而且进行了部分实测数据验证。

本书第 1 章对单脉冲雷达的基本定向原理进行了介绍。

第 2 章相当详细地梳理了单脉冲雷达的干扰技术以及相关装备。

第 3 章主要研究了拖曳式诱饵干扰对雷达导引头工作性能影响原理，即雷达导引头对不可分辨双目标的测角输出问题，受两个点源信号间相位差随机性的影响，雷达导引头被诱偏的方向具有随机性，既可能被诱偏至两干扰点源的内侧，也可能被诱偏至两干扰点源的外侧，被诱偏的方向还会受到两点源信号间的多普勒频差、到达时差及脉冲积累的影响。

第 4 章研究了反向交叉眼干扰技术实现的三项关键技术，提出了一种新的扫描式的动态交叉眼干扰方法，利用项目组自行设计研制的交叉眼干扰模拟器，开展了交叉眼干扰验证试验，并对单脉冲雷达半实物仿真系统和某制导雷达进行了干扰验证试验。试验表明了干扰技术的有效性，和国外公布的交叉眼干扰视频和报道的数据基本一致。

第 5 章研究了地形反弹干扰及对抗技术，分析了地形反弹干扰对雷达的作用机理，建立了地形反弹干扰和直达干扰信号的回波信号正交极化信号模型，提出了基于信号极化相位统计特性差异的地形反弹干扰检测方法。该方法不仅可以判断是否受到干扰，并判断干扰信号的类型方式，还能够鉴别干扰信号的极化。通过仿真实验，验证了方法的可行性，为有效对抗地形反弹干扰提供了有益参考。

第 6 章研究了交叉极化干扰的理论模型和关键技术，推导了有无干扰两种情况下雷达的角度鉴别公式，建立了交叉极化干扰的模型；在此基础上重点分析了交叉极化干扰引起的测角偏差，给出了有效欺骗角度与干扰信号比和干扰相位之间的关系，并针对相位可控的情况，探讨了干扰信号比和干扰相位等干扰参数的优化选择问题，设计并开展了交叉极化干扰的原理验证试验，证明了该干扰技术对缝隙阵列的单脉冲雷达依然具有干扰效果。

第 7 章深入研究了多假目标干扰技术中的完整脉冲复制干扰、部分脉冲复制干扰、复制叠加干扰、间歇采样转发干扰和对频率步进雷达的假目标干扰技术；研究了灵巧噪声干扰技术，详细分析了这些干扰技术的优缺点，并且针对性地提出了改进方法，通过仿真试验验证了改进方法的有效性。

第 8 章针对复杂电磁干扰背景下雷达导引头的目标检测与识别问题，提出了单脉冲雷达导引头对角差通道信号的提取和处理算法，提出诱饵进行密集假目标干扰下基于对角差通道的目标检测与识别方法、主瓣噪声压制干扰下目标自动检测识别方法，提出了四通道单脉冲雷达信号处理样机的系统实现方案并完成样机研制，可以用一次脉冲估计出波束宽度内两个目标的角度信息，显著提升和改善雷达角度分辨力、抗干扰能力。

第 9 章研究了对角差天线方向图测量与校准技术，对角差通道的天线方向图在方位和俯仰维对称分布、中心响应为零，受加工和通道非理想因素影响，会破坏方向图的零深和对称结构，为了达到理想的目标检测和识别性能，需要对方向图进行测量和内外校准。设计并优化对角差通道方向图测量方法，在满足需求的情况下减少测量次数，提高测量的有效性。首次测量得到了包括对角差天线方向图在内的四通道天线实测数据，设计并优化对角差通道方向图测量方法，对对角差通道的幅相不一致等非理想特性进行测量，设计算法进行校准和补偿。基于原理样机完成了干扰加载试验，采集雷达四个通道的数据并进行数据处理，验证抗干扰新方法的有效性。

第 10 章提出了一种极化辅助的抗角度干扰技术，在常规单脉冲雷达的基础上，将雷达接收天线改为双极化接收，并增加相应的和差网络、接收通道，形成双极化单脉冲雷达。根据雷达水平极化三个通道输出（和、方位差、俯仰差）、垂直极化三个通道（和、方位差、俯仰差）输出数据，估计出复合干扰的极化特性，将干扰的极化比代入数学公式求解，消除干扰信号对目标角度的耦合误差，估计出目标的真实角度，维持单脉冲雷达正常的测角和跟踪，为对抗主瓣复合干扰提供了一种简单而有效，且非常易于工程实现的方法。

第 11 章针对箔条干扰和舰船目标可分辨的情况，首先对箔条干扰和舰船极化角的统计特性进行了理论推导，基于箔条干扰和舰船的极化特性差异，提出了基于目标极化角均值和均方根的箔条干扰识别方法，并利用实测数据验证了该算法的有效性；最后，针对箔条干扰和舰船目标不可分辨的情况，分析了箔条干扰对雷达目标角度测量的影响，在此基础上提出了基于极化对比增强的抗干扰方法，有助于提高雷达目标的角度测量精度。

单脉冲雷达干扰和抗干扰技术是一个不断发展的研究课题，需要引起特别的关注。本书是第一部以单脉冲干扰与反干扰技术分析为主要研究内容的专业书籍，代表了当前单脉冲雷达干扰与反干扰技术发展水平——理论探索、发展及应用，对装备技术未来发展提供了一定的技术参考。

由于编者水平有限，本书的编写难免存在疏漏和错误，敬请读者批评指正。

作者

2024 年 12 月

目　　录

第 1 章　单脉冲雷达工作原理和处理方法…………………………………… 1
1.1　单脉冲的定向原理 ………………………………………………… 1
1.2　相位法测角原理 …………………………………………………… 2
1.3　单脉冲雷达系统的结构图 ………………………………………… 4
1.4　自动跟踪单脉冲雷达系统 ………………………………………… 9
1.4.1　振幅－振幅式单脉冲雷达 …………………………………… 9
1.4.2　相位－相位式单脉冲雷达…………………………………… 10
第 2 章　对单脉冲雷达的干扰技术以及相关装备 ………………………… 12
2.1　拖曳式诱饵干扰……………………………………………………… 12
2.2　交叉眼干扰…………………………………………………………… 19
2.2.1　基本原理……………………………………………………… 19
2.2.2　交叉眼干扰的两种技术路线………………………………… 20
2.2.3　交叉眼干扰装备情况………………………………………… 20
2.3　地形反弹干扰………………………………………………………… 25
2.4　交叉极化干扰………………………………………………………… 25
第 3 章　拖曳式诱饵干扰对雷达导引头工作性能影响原理分析 ………… 30
3.1　拖曳式有源雷达诱饵干扰机理分析………………………………… 30
3.1.1　相干两点源干扰……………………………………………… 31
3.1.2　非相干两点源干扰…………………………………………… 33
3.1.3　有源诱饵干扰的相位特性…………………………………… 34
3.1.4　有源诱饵干扰方程…………………………………………… 35
3.2　拖曳式有源干扰信号的等效模拟数学模型………………………… 38
第 4 章　反向交叉眼干扰技术 ……………………………………………… 44
4.1　反向交叉眼干扰关键技术…………………………………………… 44
4.1.1　双点源交叉眼干扰技术……………………………………… 44
4.1.2　高精度幅相校正技术………………………………………… 45
4.1.3　收发同时工作隔离度设计技术……………………………… 46
4.2　动态交叉眼干扰技术………………………………………………… 49

4.3 交叉眼干扰验证试验 …… 55
4.3.1 评估准则 …… 55
4.3.2 评估指标 …… 57
4.3.3 试验设计 …… 58
4.3.4 单脉冲雷达半实物仿真系统的干扰试验 …… 59
4.3.5 制导雷达干扰试验 …… 62
第5章 地形反弹干扰及对抗技术 …… 64
5.1 地形反弹干扰机理 …… 64
5.2 雷达导引头对地形反弹干扰的极化识别方法 …… 65
5.2.1 地形反弹干扰回波信号建模 …… 65
5.2.2 地形反弹干扰信号的极化识别方法 …… 68
5.2.3 地形反弹干扰的识别流程设计 …… 70
5.3 仿真试验 …… 71
第6章 交叉极化干扰技术 …… 76
6.1 交叉极化干扰建模 …… 76
6.2 交叉极化干扰的关键技术 …… 81
6.3 交叉极化干扰的验证试验 …… 86
第7章 转发多假目标干扰、灵巧噪声干扰特性分析 …… 90
7.1 常用的雷达波形 …… 90
7.1.1 线性调频信号 …… 90
7.1.2 非线性调频信号 …… 93
7.1.3 相位编码信号 …… 97
7.1.4 频率步进信号 …… 102
7.2 多假目标干扰技术分析 …… 103
7.2.1 完整脉冲复制 …… 103
7.2.2 部分脉冲复制 …… 108
7.2.3 复制叠加干扰 …… 111
7.2.4 对频率步进雷达的假目标干扰技术 …… 114
7.3 灵巧噪声干扰技术分析 …… 122
7.3.1 灵巧噪声产生的原理 …… 122
7.3.2 对机载火控雷达灵巧噪声干扰仿真与分析 …… 124
7.3.3 加入移频的灵巧噪声干扰仿真与分析 …… 126
第8章 基于对角差通道信号辅助的单脉冲雷达抗干扰技术 …… 131
8.1 联合对角差通道的雷达结构改进 …… 131

8.2 对角差通道利用的数学等效原理 ······ 134
8.3 基于对角差通道信息辅助的干扰检测方法 ······ 137
8.4 基于对角差通道辅助的角度超分辨技术 ······ 142
8.4.1 矩阵求解算法 ······ 142
8.4.2 解析解算法 ······ 143
8.4.3 比幅比相算法的数据转换 ······ 145
8.5 基于对角差通道辅助的目标识别方法 ······ 150
8.6 基于对角差通道辅助的抗噪声压制干扰方法 ······ 157
8.6.1 主波束干扰下目标角坐标的最大似然估计算法原理 ······ 157
8.6.2 角度估计实验 ······ 160
8.7 基于对角差通道辅助的抗密集假目标干扰聚类处理方法 ······ 161
第9章 对角差天线方向图特性与抗干扰数据分析 ······ 173
9.1 理论特性 ······ 173
9.2 实测特性 ······ 176
9.3 对某单脉冲雷达半实物仿真系统的角度分辨原理验证试验 ······ 180
第10章 双极化单脉冲雷达抗拖曳式诱饵干扰技术 ······ 185
10.1 双极化单脉冲雷达接收通道设计 ······ 186
10.2 极化解耦角度估计方法 ······ 188
10.3 双极化单脉冲角度估计步骤和实验 ······ 191
第11章 箔条干扰及极化反干扰技术 ······ 194
11.1 箔条干扰在舰船防护中的应用 ······ 195
11.1.1 冲淡干扰 ······ 195
11.1.2 质心干扰 ······ 197
11.2 反舰导弹抗箔条干扰的现状 ······ 198
11.3 基于极化识别的抗箔条干扰方法 ······ 200
11.3.1 舰船和箔条的极化特性分析 ······ 200
11.3.2 基于极化识别的抗箔条干扰方法 ······ 204
11.4 基于极化对比增强的抗箔条干扰方法 ······ 206
11.4.1 雷达目标角度测量方法 ······ 206
11.4.2 极化对比增强抗干扰算法 ······ 210
11.4.3 极化对比增强抗干扰效果分析 ······ 211
参考文献 ······ 214

第1章　单脉冲雷达工作原理和处理方法

1.1　单脉冲的定向原理

目标的定向，即测定目标的方向，是雷达的主要任务之一。在自动测定信号源的方向方面，应用最广的方法一直是圆锥扫描法、线性（平面）扫描法和方向图连续转换法，它们都是用单支路（或称通道）的定向器来定向的。根据这些方法，信号源的方向是在将方向图不同的天线所连续收到的信号大小加以比较而确定的，普遍用于搜索警戒雷达中用于找到目标方向。

上述三种定向法还有一个特点，就是目标的角信息体现在回波信号的振幅调制中。这时，回波信号的调制深度就确定定向误差的大小，相位则确定天线轴对目标的偏离方向。

由于用幅度调制方法来形成角误差信号时，需要接收一系列的回波脉冲，所以这种定向法对于因目标有效反射面积随机变化而产生的回波信号的振幅起伏是很敏感的，这就是用波束作圆锥扫描和线性扫描或利用方向图进行连续转换的单支路定向法的最严重的缺点之一。

随着技术水平的发展，为了更精确、快速地获得目标角度信息，雷达或者通信领域采用了单脉冲定向法。使用这个方法时，只需要一个回波脉冲，就可以给出目标角位置的全部信息。这也就是“单脉冲（一个脉冲）定向”这一术语的来源。因为在单脉冲雷达中，只用一个脉冲在多个通道进行幅度相位比较来进行定向，所以回波信号的振幅起伏不会对角坐标的测量精度产生显著的影响。

多路接收是实现单脉冲定向的技术方法。因此，单脉冲定向的原理就在于用几个独立的接收支路来同时接收目标的回波信号，然后再将这些信号的参数加以比较。通常，对每个定向坐标平面都要采用两个独立的接收支路：方位平面内两个支路；俯仰平面内两个支路。

最初，单脉冲定向法是用来对目标进行自动精密跟踪的，现在，在单脉冲搜索雷达中也获得了应用。所谓单脉冲搜索雷达，是指这样一种雷达，无论其波束扫在空间的什么位置上，一切目标，只要它是处在方向图范围内，而且又在距离上能分辨开来，此雷达即可将它们的角坐标测定出来。在单脉冲搜索雷达中，一般是采用电扫描波束，并且与电子计算机配合使用。利用电子计算机，按选定的扫描方式对波束在空间的位置进行程序控制，同时测定处于波束内的全部目标的坐标，并画出它们的运动轨迹。

根据从回波信号中提取目标的角信息方式的特点，可以将单脉冲定向法分为两种基本的方法：幅度比较单脉冲技术和相位比较单脉冲技术。

在幅度比较单脉冲技术单脉冲雷达中，为了确定一个平面内的角坐标，就需要形成两个互相叠交的天线方向图，并且它们的中心线对等强信号方向偏离的角度分别为 $\pm\theta_0$，如图 1.1 所示，表示的是俯仰平面内的两个方向图。当目标在 A 点，并且对等强信号方向的偏离角为 θ 时，由下面的方向图收到的信号将大于由上面的方向图收到的信号。两个信号的振幅差即表示目标对等强信号方向的偏移量，而振幅差值的符号则表示等强信号方向相对于目标的偏离方向。

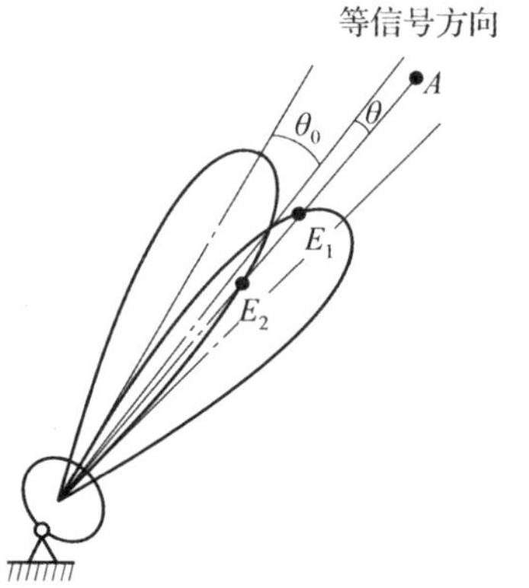

图 1.1　幅度比较单脉冲雷达测角原理图

当等强信号方向与目标重合时，由上及下方向图收到的回波信号的振幅相等，其差值就等于零。同样，目标的方位坐标也可以利用接收机的方位支路和方位平面内的第二对方向图来测定。

1.2　相位法测角原理

相位定向法单脉冲雷达，是将两个天线所收到的信号的相位加以比较来确定目标在一个坐标平面内的方向。在遥远的区域内，两个天线都照射着同一空间范围。因此，由点目标反射回来的信号，实际上是振幅相同，而相位不同。图 1.2 表示了两个彼此之间距离为 L 的天线。

在两个天线的连线 L 上作中垂线（即等信号方向），目标观测线与此垂线之间的夹角为 θ。天线 1 同目标之间的距离为

$$R_1 = R + \frac{L}{2}\sin\theta \tag{1.1}$$

而天线 2 同目标之间的距离为

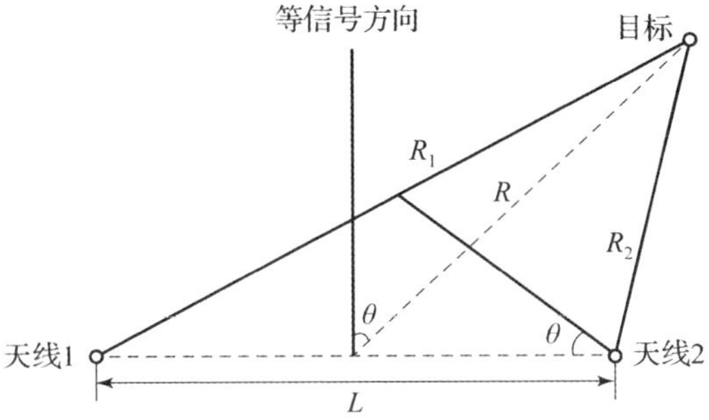

图 1.2　相位比较单脉冲雷达测角原理图

$$R_2 = R - \frac{L}{2}\sin\theta \tag{1.2}$$

目标到两个天线的距离差为

$$R = R_1 - R_2 = L\sin\theta \tag{1.3}$$

由此求得相位差:

$$\Delta\varphi = \frac{2\pi}{\lambda}\Delta R = \frac{2\pi L}{\lambda}\sin\theta \tag{1.4}$$

式中: λ 为波长。

利用式（1.4）就可以根据两个分开放置的天线所收到的回波信号的相位差来确定到达角 θ。此外，式（1.4）还说明信号的相位差 $\Delta\varphi$ 不仅在 $\theta = 0$ 时为零，而且在符合以下条件的其他 θ 值时也等于零:

$$\theta = \arcsin\frac{2n\pi}{k_\lambda L} \tag{1.5}$$

式中: $k_\lambda = \frac{2\pi}{\lambda}$, $n = 1, 2, \cdots$。

因此，定向特性曲线就是一条符号交替变化的曲线，除具有基本的等强信号方向外，还具有很多个虚假的等强信号方向。这就是在采用相位定向法时，测量的结果具有非单值性的原因。但是，如果虚假的等强信号方向是处于方向图的主瓣以外，测量的非单值性就不会成为很严重的问题。为了做到这一点，须使两个接收天线的中心之间的距离不得超过其中任一个天线的直径。这种天线系统可以用两个并排放置的天线来实现。

除了上述两种基本定向方法外，由两种方法合成的振幅－相位定向法（或称为综合法）也得到了应用。由于提取角信息的方法不同，所以对回波信号的处理方法也就不同，从而使整个单脉冲雷达系统的结构也有差异。下面我们就来研究单脉冲雷达的一般结构图。

1.3 单脉冲雷达系统的结构图

如上所述，在单脉冲雷达系统中，目标的角位置信息是将回波信号加以成对地比较而得到的。在进行这种比较时，单脉冲雷达测角系统的输出电压同回波信号的振幅绝对值无关，而只取决于信号的到达角。单脉冲雷达的定向特性应当指出回波信号到达角的大小和符号，即定向特性应为信号到达角的实数奇函数。包含在成对信号中的到达角的原始数据，是单脉冲天线在接收信号时构成的，所以又把天线称为角度传感器。

根据上述原理，应对回波信号进行适当的运算，以便能够获得这样的一个函数，该函数的实部将能满足对定向特性所提出的要求（与信号的强度无关，并对等强信号方向呈非偶性）。

接收点的场强的复数式可用时间 t 的函数表示：

$$\dot{E}(t)=E_m \exp i(\omega t-\varphi_0),0\leqslant t\leqslant T \tag{1.6}$$

式中：E_m 为场强振幅；ω 为角频率；φ_0 为场的起始相位。

天线系统的方向图是角度的函数，表示为

$$\dot{f}_1(\theta)=F_1(\theta)\exp i\varphi_1(\theta) \tag{1.7}$$

$$\dot{f}_2(\theta)=F_2(\theta)\exp i\varphi_2(\theta) \tag{1.8}$$

式中：$F_1(\theta)$ 及 $F_2(\theta)$ 为振幅方向图；$\varphi_1(\theta)$ 及 $\varphi_2(\theta)$ 为相位方向图。

可以认为，相位方向图是以等强信号方向为对称线的相互镜像图，而振幅方向图则是两个完全相同并且最大值偏离等强信号方向 $\pm\theta_0$ 角的图像，即

$$\begin{cases}\varphi_1(\theta)=\dfrac{1}{2}\varphi(\theta),\varphi_2(\theta)=-\dfrac{1}{2}\varphi(\theta)\\ F_1(\theta)=F(\theta_0-\theta),F_2(\theta)=F(\theta_0+\theta)\end{cases} \tag{1.9}$$

式中：$\varphi(\theta)$ 为天线系统的差相位方向图。

可将两个分开放置的天线所收到的回波信号写为

$$\begin{cases}\dot{E}_1(t,\theta)=E(t)\dot{f}_1(\theta)\\ \dot{E}_2(t,\theta)=E(t)\dot{f}_2(\theta)\end{cases} \tag{1.10}$$

于是两个回波信号的比值可写为

$$r_m(\theta)=\frac{\dot{E}_1(t,\theta)}{\dot{E}_2(t,\theta)}=\frac{\dot{f}_1(\theta)}{\dot{f}_2(\theta)}=\frac{F_1(\theta)\exp i\varphi_1(\theta)}{F_2(\theta)\exp i\varphi_2(\theta)} \tag{1.11}$$

式（1.11）称为相乘式。在一定条件下，可以用它来作为构成定向特性

的原始关系式。

此外，还可以用差信号与和信号的比值来构成定向特性：

$$r_a(\theta)=\frac{\dot{E}_1(t,\theta)-\dot{E}_2(t,\theta)}{\dot{E}_1(t,\theta)+\dot{E}_2(t,\theta)}=\frac{\dot{f}_1(\theta)-\dot{f}_2(\theta)}{\dot{f}_1(\theta)+\dot{f}_2(\theta)} \tag{1.12}$$

式（1.12）通常称为回波信号的相加式。信号的相乘式与相加式之间的关系由下式确定：

$$\begin{cases} r_a(\theta)=-\dfrac{r_m(\theta)-1}{r_m(\theta)+1} \\ r_m(\theta)=-\dfrac{1+r_a(\theta)}{1-r_a(\theta)} \end{cases} \tag{1.13}$$

除相乘式及相加式外，还可以组成一些别的关系式，同样能满足对单脉冲雷达的定向特性所提出的要求。例如，在将相乘式及相加式各乘以复常数 $\dot{a}=a_0\exp i\varphi_0$ 之后，便得到一组线性变换式：

$$\begin{cases} \bar{r}_m(\theta)=\dot{a}r_m(\theta) \\ \bar{r}_a(\theta)=\dot{a}r_a(\theta) \end{cases} \tag{1.14}$$

用以求得回波信号的和与差的装置，或将回波信号与系数 $\dot{a}$ 进行乘法运算的装置称为变换器，因为通常可以在其中进行信息的变换，即将振幅关系变换为相位关系或者相反。这些变换通常是在高频上用无源器件进行的，因为无源器件比较简单，性能也稳定。

已变换或尚未变换的两个信号的比值关系的计算，必须在信号经过前置放大之后才能进行。包含放大器及能得出相乘式或相加式比值并构成定向特性的比较电路等有源器件的装置，称为角度鉴别器。

在幅度比较单脉冲技术时，角信息包含在振幅方向图 $F_1(\theta)$ 及 $F_2(\theta)$ 中。在这种情况下，如果相位方向图相同，则相乘式及相加式便只由振幅方向图来表示：

$$\begin{cases} r_m(\theta)=\dfrac{F_1(\theta)}{F_2(\theta)}=\rho(\theta) \\ r_a(\theta)=\dfrac{F_1(\theta)-F_2(\theta)}{F_1(\theta)+F_2(\theta)}=\dfrac{\rho(\theta)-1}{\rho(\theta)+1} \end{cases} \tag{1.15}$$

在相位定向法时，如果振幅方向图相同，则角信息包含在相位差中：

$$\varphi(\theta)=\varphi_1(\theta)-\varphi_2(\theta) \tag{1.16}$$

相乘式及相加式只由相位方向图表示：

$$\begin{cases} r_m(\theta) = \dfrac{\exp i\varphi_1(\theta)}{\exp i\varphi_2(\theta)} = \exp i\varphi(\theta) \\ r_a(\theta) = \dfrac{\exp i\varphi_1(\theta) - \exp i\varphi_2(\theta)}{\exp i\varphi_1(\theta) + \exp i\varphi_2(\theta)} = i\tan\dfrac{\varphi(\theta)}{2} \end{cases} \tag{1.17}$$

将振幅比 $\rho(\theta)$ 及相位差 $\varphi(\theta)$ 称为角度相乘函数，将比值$\dfrac{\rho(\theta)-1}{\rho(\theta)+1}$和 $\tan\dfrac{\varphi(\theta)}{2}$称为角度相加函数。

当角度鉴别器是利用角度相乘函数来构成定向特性时，如果只对回波信号的振幅关系起作用，则此鉴别器称为振幅角度鉴别器；如果是只对回波信号的相位关系起作用，则称为相位角度鉴别器。当利用角度相加函数来构成定向特性时，如果对于信号的振幅及相位关系都起作用，则此角度鉴别器就称为和－差角度鉴别器。

这样一来，就有三种不同的测角方法（三种类型的角度鉴别器）：振幅法、相位法及和－差法。每种方法都可以用于振幅定向法、相位定向法或是综合定向法。因为每一种定向方法都可以与任何一种角度鉴别器配合使用，所以总共有九种基本的单脉冲雷达系统，其分类见表 1.1。

表 1.1　单脉冲雷达分类

测角方法（角度鉴别器的类型）	三种定向方法的单脉冲雷达		
	振幅法	相位法	和－差法
振幅式	振幅－振幅	相位－振幅	综合振幅
相位式	振幅－相位	相位－相位	综合相位
和－差式	振幅－和－差	相位－和－差	综合和－差

根据上述分类，今后在提到单脉冲雷达的名称时，第一个词表示定向的方法，第二个词表示角度鉴别器的类型。例如，对于装用振幅角度鉴别器的单脉冲雷达，在用振幅定向法时，称为振幅－振幅式单脉冲雷达；在用相位定向法时，称为相位－振幅式单脉冲雷达。对于装用相位角度鉴别器的单脉冲雷达，在用振幅比较单脉冲技术时，称为振幅－相位式单脉冲雷达；在用相位定向法时，称为相位－相位式单脉冲雷达。对于装用和－差角度鉴别器的单脉冲雷达，根据所用定向方法的不同，分别称为振幅和－差式单脉冲雷达、相位和－差式单脉冲雷达或综合和－差式单脉冲雷达。

在表 1.1 列出的九种单脉冲雷达中，实际上应用最广的有四种：振幅－振幅式（AA）、相位－相位式（ΦΦ）、振幅和－差式（ACP）及相位和－差式（OCP）。这四种单脉冲雷达将在下面分别加以讨论。

根据单脉冲雷达的工作顺序，其结构图应包括以下三个基本的部件（图1.3）。

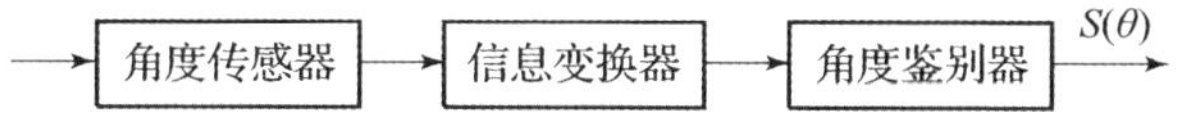

图1.3 单脉冲雷达的方框图

（1）角度传感器，用以产生关于目标角位置信息的信号（角位置信息包含在信号各参数的相互关系式中）。

（2）信息变换器，用以变换信号参数之间的相互关系。

（3）角度鉴别器，用以提取信号参数比值的实函数（实函数与回波到达角之间为单值对应关系）。作为单脉冲系统中域重要部件的天线就是角度鉴别器。

单脉冲雷达的信息变换器是移相为π/2的移相器，它可以进行与±i相乘的乘法运算。此外，还采用和－差变换器作为信息变换器，一般用的是波导环形桥或双T接头。

角度鉴别器的三种方框图分别示于图1.4～图1.6。在每个方框图中，两个接收支路中的中频信号都是用同一个本机振荡器来形成的。这样就能保持两个信号的对称性和信号相位之间的相干性。表征回波信号到达方向的相乘式$r_m(\theta)$或相加式$r_a(\theta)$是由图中放大器的归一化特性所形成的。

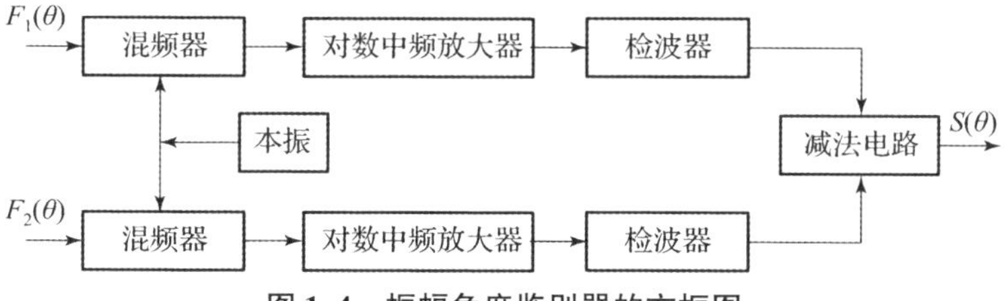

图1.4 振幅角度鉴别器的方框图

在图1.4所示的振幅角度鉴别器中，当将两个信号振幅的对数值相减后，即可获得相乘式$r_m(\theta)$，这相当于对比值取对数。由于两个信号振幅对数值的相减，因此输出电压与回波信号的绝对值无关。在等强信号方向上（$r_m(\theta)=1$），对数式$\ln r_m(\theta)=1$，并对于这个方向呈奇对称，因而可以利用该式求出定向特性曲线：

$$S(\theta)=\mathrm{Re}\ln r_m(\theta)=\ln|u_1(t,\theta)|-\ln|u_2(t,\theta)| \tag{1.18}$$

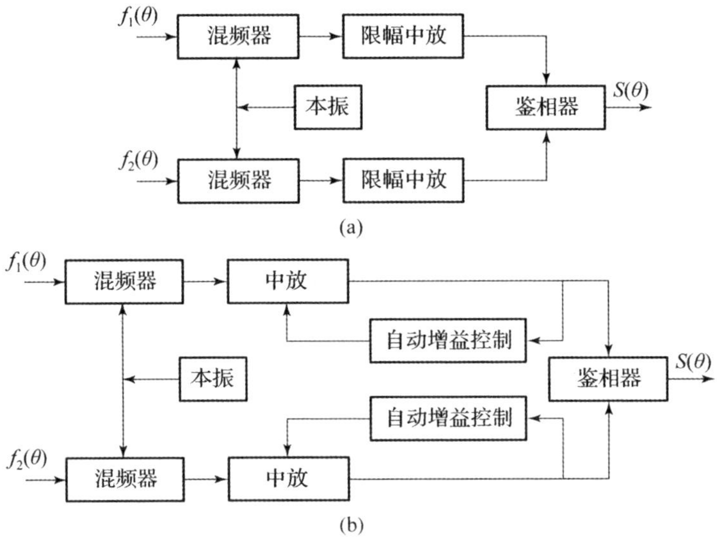

图 1.5　相位角度鉴别器的方框图

(a) 用限 M 进行归一化；(b) 用自动增益控制进行归一化。

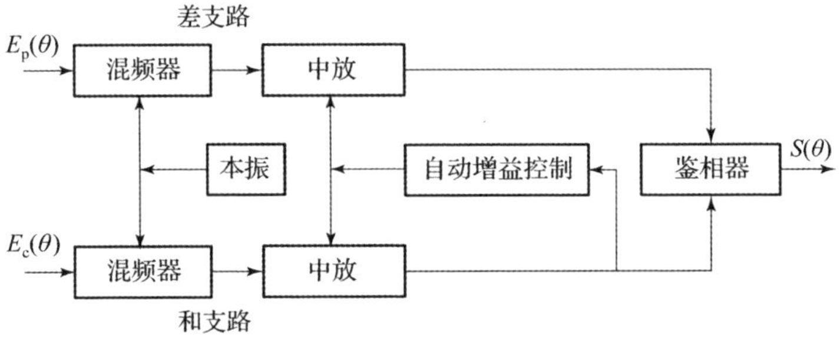

图 1.6　和－差角度鉴别器的方框图

式中：$u_1(t,\theta)$和$u_2(t,\theta)$为接收放大支路输出端的信号振幅，它是时间和定向角误差的函数。

放大器输入信号之间的相位差对相乘式 $r_m(\theta)$ 并无影响，因为在将这些信号振幅的对数值相减以前，已经对信号进行了检波。

在相位角度鉴别器中，当对信号进行归一化处理时，必须消除振幅调制。为此，可以采用限幅放大器（其输出端的振幅与回波信号的振幅无关）（图 1.5（a）），也可以在两个支路中采用独立的自动增益控制（APY）电路（图 1.5（b））。为了求出定向特性，可以利用由式（1.12）所确定的函数 $\mathrm{ir}_m(\theta)$，因为它的实部为

$$S(\theta)=\mathrm{Re}[-\mathrm{i}\exp\mathrm{i}\varphi(\theta)]=\sin\varphi(\theta) \tag{1.19}$$

其中并不包含振幅之间的相互关系。

在和-差角度鉴别器中，相加式 $r_a(\theta)$ 的关系是由两个支路中的 Q 动增益控制来保证。

这时，可以利用角度相加函数来获得定向特性。在两个接收支路相同的情况下，如果是用幅度比较单脉冲技术，则定向特性为

$$S(\theta)=\mathrm{Re}\frac{\dot{f}_1(\theta)-\dot{f}_2(\theta)}{\dot{f}_1(\theta)+\dot{f}_2(\theta)}=\frac{F_1(\theta)-F_2(\theta)}{F_1(\theta)+F_2(\theta)} \tag{1.20}$$

如果是用相位定向法，则定向特性为

$$S(\theta)=\mathrm{Re}\frac{\exp\mathrm{i}\varphi_1(\theta)-\exp\mathrm{i}\varphi_2(\theta)}{\exp\mathrm{i}\varphi_1(\theta)+\exp\mathrm{i}\varphi_2(\theta)}=\tan\frac{\varphi(\theta)}{2} \tag{1.21}$$

研究了单脉冲雷达系统的结构图以后，再来对实际中最常用的一些单脉冲雷达系统进行较详细的介绍。

1.4　自动跟踪单脉冲雷达系统

1.4.1　振幅-振幅式单脉冲雷达

正如在1.1节中所指出的那样，在幅度比较单脉冲雷达中，对目标回波信号进行接收的是这样一种天线系统，它在每个坐标平面内部产生出对于等强信号方向偏离 $\pm\theta_0$ 角的两个波束（图1.1）。

在各个独立的接收支路中，信号的振幅又发生差异，与跟踪误差有着直接的关系，跟踪误差越大，振幅差异也越大。当跟踪误差等于零时，两个支路所收到的信号的振幅就彼此相等。因此，设法使天线系统旋转，当转到回波信号的振幅相等时，就实现了目标的定向。

在一个平面内定向的振幅式单脉冲雷达的简化方框图示于图1.7。这种雷达是利用对数放大器来进行信号振幅的归一化的。

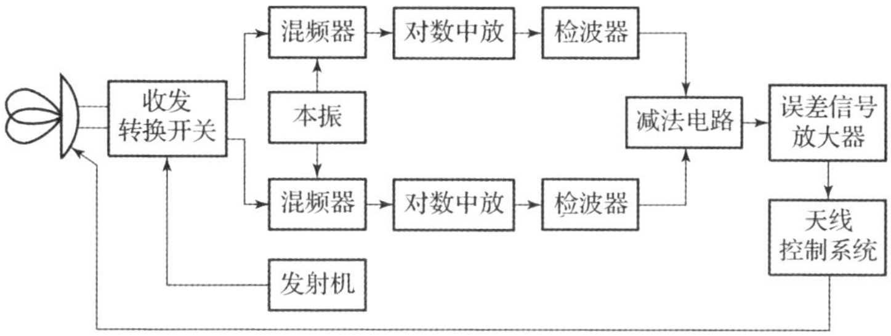

图1.7　在一个平面内跟踪目标的振幅-振幅式单脉冲雷达的方框图

如果加在天线系统输入端的目标回波信号为 $\dot{E}(t)=E_m\exp i\omega t$，则当目标偏离等强信号方向为 θ 角时，经由第一及第二支路传输到天线输出端的信号可由下式确定：

$$\dot{E}_1(t,\theta)=E_mF_1(\theta)\exp i\omega t=E_mF(\theta_0-\theta)\exp i\omega t \tag{1.22}$$

$$\dot{E}_2(t,\theta)=E_mF_2(\theta)\exp i\omega t=E_mF(\theta_0+\theta)\exp i\omega t \tag{1.23}$$

经过变频、中频放大和线性检波之后，加到减法电路输入端的信号分别为

$$u_1(\theta)=\ln x_1E_mF(\theta_0-\theta) \tag{1.24}$$

$$u_2(\theta)=\ln x_2E_mF(\theta_0+\theta) \tag{1.25}$$

式中：x_1 及 x_2 分别为两个支路的信号传输系数。

在减法电路的输出端，有

$$S(\theta)=\ln\frac{x_1F(\theta_0-\theta)}{x_2F(\theta_0+\theta)} \tag{1.26}$$

误差信号从减法电路输出端加到放大器上，然后再加到天线的控制系统上。

由式（1.26）可见，这种单脉冲雷达的定向特性同天线的方向图、对数放大器的特性及其一致性都有关系。因此，对数放大器振幅特性的不稳定性和不一致性都会使定向特性发生畸变，从而使得在测定目标方向时出现误差。

当两个接收支路相同($x_1=x_2=x$)并且角误差很小时，式（1.26）可以写成如下的形式：

$$S(\theta)=\ln\frac{x_1F(\theta_0-\theta)}{x_2F(\theta_0+\theta)}=\ln\frac{F(\theta_0)(1+\mu\theta)}{F(\theta_0)(1-\mu\theta)}=\ln\frac{1+\mu\theta}{1-\mu\theta} \tag{1.27}$$

式中：(θ_0)为天线在等强信号方向的增益系数；μ 为天线方向图在工作部分的斜率。

装有振幅角度鉴别器的单脉冲雷达的主要缺点在于必须使两个放大器的振幅特性保持高度的一致性。

1.4.2 相位–相位式单脉冲雷达

在一个平面内定向的相位–相位式单脉冲雷达的简化方框图如图 1.8 所示。在这种雷达中，用来接收信号的是这样一种天线系统，它在每个坐标平面内都形成互相平行的两个波束。

由两个方向图相同的天线所收到的回波信号可写为

$$\begin{cases}\dot{E}_1(t,\theta)=E_mF(\theta)\exp i\left(\omega t+\dfrac{\Delta\varphi}{2}\right)\\[2mm]\dot{E}_2(t,\theta)=E_mF(\theta)\exp i\left(\omega t+\gamma_\phi-\dfrac{\Delta\varphi}{2}\right)\end{cases} \tag{1.28}$$

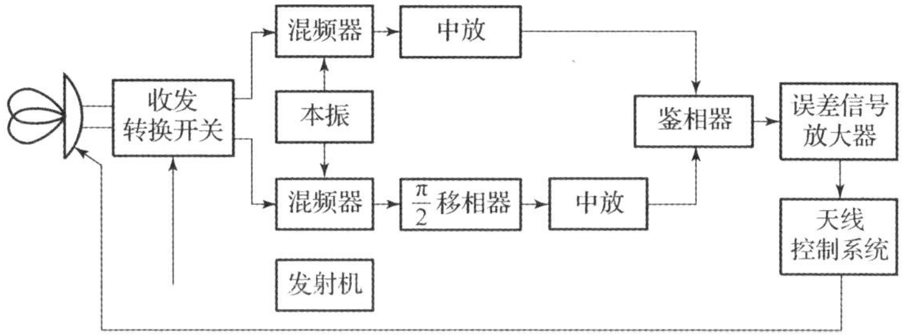

图1.8　相位－相位式单脉冲雷达简化方框图

式中：$\Delta\varphi$ 为信号从目标到两个天线的行程差所引起的相移，其大小由式（1.1）确定；γ_ϕ 为当等强信号方向与目标方向重合时（$\theta=0$），为保证输出信号等于零所需的起始相移。

两个中频放大器的输出信号分别为

$$\begin{cases}\dot{u}_1(t,\theta)=x_1E_mF(\theta)\operatorname{expi}\left(\omega t+\dfrac{\Delta\varphi}{2}\right)\\ \dot{u}_2(t,\theta)=x_2E_mF(\theta)\operatorname{expi}\left(\omega t+\dfrac{\pi}{2}-\dfrac{\Delta\varphi}{2}\right)\end{cases}\tag{1.29}$$

在采用限幅方法来实现归一化时，可将鉴相器输入端的信号表示为下列形式：

$$\begin{cases}\dot{u}_1'(t,\theta)=U_{\text{orp}}\operatorname{expi}\left(\omega t+\dfrac{\Delta\varphi}{2}\right)\\ \dot{u}_2'(t,\theta)=U_{\text{orp}}\operatorname{expi}\left(\omega t+\dfrac{\pi}{2}-\dfrac{\Delta\varphi}{2}\right)\end{cases}\tag{1.30}$$

式中：U_{orp}为限幅门限。

如果鉴相器内的振幅检波器按平方律检波，即鉴相器对输入信号进行相乘及平均的运算，则鉴相器输出端的信号可写为

$$S(\theta)=k_{\phi\mu}\operatorname{Re}[\dot{u}_1'(t,\theta)\dot{u}_2'(t,\theta)]\tag{1.31}$$

式中：$k_{\phi\mu}$为鉴相器的传输系数。

因此可得

$$S(\theta)=k_{\phi\mu}U_{\text{orp}}^2\sin\Delta\varphi\tag{1.32}$$

将式（1.4）中的 $\Delta\varphi$ 值代入式（1.32），得

$$S(\theta)=k_{\phi\mu}U_{\text{orp}}^2\sin\left(\frac{2\pi l}{\lambda}\sin\theta\right)\tag{1.33}$$

误差信号从鉴相器加到误差信号放大器，经放大后加到天线控制系统，使天线旋转必要的角度。

采用相位角度鉴别器的单脉冲雷达的主要缺点在于，定向精度同接收支路的相位特性的一致性及其稳定性有很大的依赖关系。

第2章　对单脉冲雷达的干扰技术以及相关装备

2.1　拖曳式诱饵干扰

雷达导引头面临的载体外干扰中，拖曳式有源雷达诱饵（Towed Radar Active Decoy，TRAD）占据着非常重要的地位。TRAD 主要用于机载平台保护，通过拖曳线与载机协同配置，处于雷达导引头瞬时波束照射范围之内，能够逼真地模拟载机的航速、航向以及雷达反射特征，使雷达跟踪系统无法分辨载机和诱饵，诱偏导引头雷达波束指向，形成对导引头的角度欺骗干扰，提高空战中载机的存活率。1999 年对南斯拉夫作战中，美军在其 B－1B 轰炸机上装备的 ALE－50 拖曳式诱饵就成功引偏了十枚锁定该机的导弹，其中仅一枚诱饵被导弹直接命中。拖曳式有源雷达诱饵因其干扰效能高、形式简单、可控性强、成本低而备受关注，已成为欺骗和威胁末制导雷达导引头最为有效的干扰手段。

作为载体上自卫式干扰与载体外支援干扰的有机结合体，拖曳式诱饵既具有自卫干扰航迹逼真、难以通过运动特性进行分辨的优点，又具有载体外干扰源与载机分离配置能够实现真正意义上角度欺骗的优势。TRAD 的优良性能使其成为现代战机防御系统中不可或缺的一部分，在载机的综合电子战系统中处于举足轻重的地位。TRAD 的性能特点可以概括为以下五个方面：

（1）能够实现真正意义的角度欺骗；

（2）能够模拟航速、航向以及目标雷达特性，不易被雷达识别；

（3）容易实现多种样式的复合干扰以及载体内外的协同干扰；

（4）诱饵体积较小，质量轻，对载体飞行的影响比较小；

（5）诱饵成本较低，投放设备简单，通用性强，回收率较高。

拖曳式有源雷达诱饵经历了几个不同的发展阶段，每个阶段的需求和任务不同，诱饵的形式和性能特点也不一样。20 世纪 80 年代中期，西方国家提出各种对抗措施增强战机的自卫能力和生存力以应对地空、空空导弹雷达寻的制导武器威胁的日益增长。这些对抗措施中，拖曳式诱饵受到广泛关注。拖曳式诱饵最初以无源干扰方式存在于电子对抗系统中，F－15战斗机上，所采用的AN/ALE－45（V）对抗投射系统中就采用了对抗诱饵来干扰敌方导弹的攻击，只不过这一时期的诱饵采用的是极其简单的干扰箔片，只能通过大量布撒产生杂乱雷达信号实现干扰，不但技术水平较低，而且难以应对提高抗干扰能力的导弹。为解决这方面的问题，美国海军于1986年开始采购拖曳式机载一次性诱饵，在电子设备领域久负盛名的雷声公司获得了项目合同。1992年，新的AN/ALE－50型诱饵系统首次由雷声公司交付美国海军，并在A－6E攻击机上进行了测试，到1999年时美国海军总计采购了4000套该型号的诱饵装置，全部用于F/A－18E/F上。除F/A－18E/F外，ALE－50也可用于F－14、F－16或B－1B等其他型号的作战飞机。与之前的防御性诱饵相比，ALE－50（图2.1）可以将模拟战斗机雷达信号的射频信号从控制端通过光纤传输到诱饵上并释放，从而制造出假目标、诱导来袭导弹改变航向并提前爆炸。ALE－50最多可以装入4具诱饵，能确保在一具诱饵失效时迅速补投，以尽量确保载机的安全。

图2.1　ALE－50示意图

AN/ALE－50拖曳式诱饵是有源诱饵角度欺骗干扰设备中的明星产品，作为传统诱饵的最典型代表，其雷达信号接收、存储、调制以及干扰信号产生、发射等装置全部位于诱饵实体上，载机只通过拖曳线缆为诱饵提供电源。传统诱饵的典型系统结构有转发式和应答式两种。转发式诱饵是将接收到的雷达射频脉冲先进行直接放大（或储频后放大），再进行简单转发。这种干扰结构需要宽频带大功率微波功率器件作为支撑。应答式诱饵的干扰信号由诱饵上的压控振荡器（VCO）产生，通过对接收的雷达信号进行侦测，获取信号基本波形参数信息后，根据设定的干扰逻辑编程经VCO产生应答信号，再由发射天线发送出去。传统诱饵收发一体的系统结构曾得到广泛应用，但随着电子战技术的不断发展，其技术缺陷也日益凸显，主要表现在：诱饵实体上的部件过多导致重量和体积偏大，影响飞行运动；收发天线置于同一载体上，收发隔离度要求很高，工程技术难度较大；射频模拟器件较多，引导控制精度比较差。

目前，拖曳式诱饵已经成为英国、德国、意大利、西班牙等国主战飞机防卫系统的重要组成部分。法国达索电子公司、德国戴姆勒－奔驰宇航（DASA）公司、英国马可尼航空电子公司、瑞典 Elsius Tech 公司以及英国的雷卡尔雷达防御系统（RRPS）公司都在不断进行新型拖曳式有源雷达诱饵的研制。德国 DASA 公司已经研制出一系列用于快速喷气式飞机和运输机的拖曳式雷达诱饵，其中代号“空中蜂鸣器”（Sky Buzzer）的拖曳式诱饵已经在 F－4 战斗机和“狂风”战斗机上进行了试飞。GEC－马可尼公司也为欧洲战斗机研制了新型拖曳式诱饵，“瞪羚”（Ariel）诱饵是该产品系列中最为成熟的类型。BO2D 拖曳式诱饵是由瑞典 Celsius Tech 电子公司研制的产品，该诱饵可以选择多种工作模式，已在 JSF－39 上成功试飞。当前的主流机载拖曳式有源雷达诱饵型号及其装备情况如表 2.1 所示。

表 2.1　当前主流机载拖曳式有源雷达诱饵型号及其装备情况

型号	制造商	装备飞机	公布的应用情况
Ariel	英国/GEC－马可尼	C－130 运输机、“幻影”2000	应用于南斯拉夫空中作战
AN/ALE－50	美国/雷声公司	EA－6B、P－3C、C－130、U－2、“全球鹰”、F/A－18E/F、F－16、B1B	科索沃战争中，在 F16 和 B1B 上成功应用
AN/ALE－55	美国/BAE	U－2、B－1B、C－130、F－16C/D、E－3A、E－8C	美国军方已开始采购并装备部队
BO2D	瑞典/摄氏技术电子公司	JA－37“雷电”、JAS－39“鹰狮”	完成研制试验，已装备
Sky Buzzer	德国/戴姆勒－克莱斯勒公司	F－4 战斗机、“狂风”战机	在宽体飞机上进行最后的演示成功

BAE 公司从 1997 年开始为美国空军和海军联合研制第二代拖曳式有源诱饵，这种新型诱饵采用光纤拖曳线结构，干扰信号由机载电子对抗设备产生，方便灵巧、可回收，称之为光纤拖曳式诱饵（FOTD），型号为 AN/ALE－55。

目前AN/ALE－55诱饵已装备美国空军和海军的多种战斗机型，随着军事需求的迫切以及电子技术的进步，欧洲强国的有源雷达诱饵研制进展迅速，成果丰硕。AN/ALE－55拖曳式诱饵实物如图2.2所示。相比于传统诱饵，AN/ALE－55不仅采用光纤作为拖曳线，通过光电转换传递信号，而且将信号的接收、采样、调制等处理全部移到载机上，诱饵飞行体只包括发射设备，而接收设备、技术发生器、处理控制和供电系统等部件都置于载机内，依靠机载电子战系统实现干扰信号的生成，诱饵只保留信号的放大和发射部分，其系统组成如图2.3所示。

(a)

(b)

图2.2　拖曳式有源雷达诱饵

(a) 诱饵由载机拖曳飞行；(b) BAE公司的AN/ALE－55诱饵。

ALE－55的系统组成除光纤拖曳式诱饵外还包含机载电子频率转换器，可以使用电子战组件对产生威胁的雷达信号来源进行分析，并通过光纤将数据传输到拖曳式诱饵，使其释放对应性的干扰信号，这使得来袭导弹在用雷达导引头锁定ALE－55的载机时系统可以以最佳干扰模式破坏锁定。这一结构优势明显：将机载电子战系统与诱饵有机结合起来，可进行多种复杂调制实施更

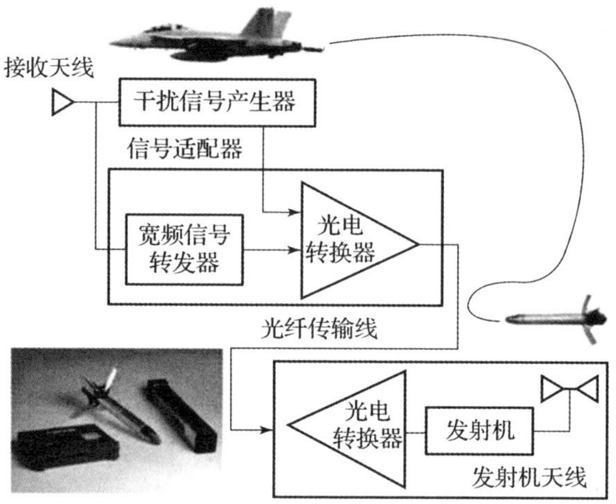

图 2.3　AN/ALE－55 的工作原理示意图

加灵活智能的干扰；诱饵飞行体的重量和体积大幅下降，最大限度减轻了对载机运动的影响，同时极大改善了收发隔离条件。

2011 年底 BAE 系统公司开始 AN/ALE－55 的全速生产，随后每年美国海军都向 BAE 订购 260 套左右的 ALE－55，截至目前累计已经生产了超过 3000 套。从生产数量不难看出，美国海军对于 ALE－55 的性能非常满意，这也促使 BAE 开始对 ALE－55 进行升级改进。

拖曳式有源雷达诱饵通过与机载电子对抗系统共同组成载机综合防护 ECM 系统，对作战过程中战机可能遭受到的各种威胁进行全程电子防护，联合构建先进的综合电子防御屏障。

第一层为压制（Suppression）层：当敌方机载或地基跟踪雷达处于目标搜索阶段时，载机电子战系统通过发射大功率干扰信号压制敌方雷达使其不能有效检测和跟踪目标载机。第二层为欺骗（Deception）层：当第一层压制干扰失效，敌方机载或地基雷达已经检测并跟踪上载机时，载机电子战系统通过分析截获敌方发射信号进行信号侦测，根据干扰逻辑确定最佳自卫欺骗干扰方式，通过产生假目标信号破坏敌方雷达对载机的跟踪。第三层为诱惑（Seduction）层：当前两个层次的干扰失效，敌方导弹已经发射并跟踪上载机时，载机通过释放拖曳式有源雷达诱饵形成角度欺骗，诱偏来袭导弹偏离目标指向并攻击诱饵，达到保护载机的目的。对于空空导弹而言，末制导主动导引阶段的电子干扰对导弹的威胁最大，直接影响最终的攻击效果和脱靶量，即末制导阶段遭遇的主要是第三个层次的角度诱惑干扰。以导弹迎头攻击为例，拖曳式有源雷达诱饵诱偏雷达导引头的过程大致可分为四个阶段，如图 2.4 所示。

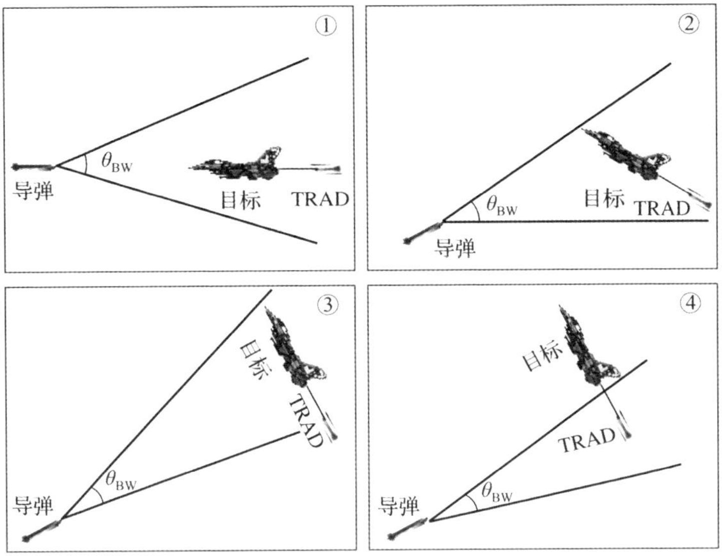

图 2.4　拖曳式诱饵干扰诱偏过程

阶段①：机载雷达告警系统指示受到导弹攻击，释放拖曳式诱饵，诱饵接收导引头雷达发射信号，根据干扰逻辑进行干扰信号生成并发射。由于此时诱饵与载机的间距很小，且二者具有相似的运动特性，干扰信号将比较容易捕获制导雷达跟踪波门，有效“吸引”导引头雷达波束照射。

阶段②：捕获波门后，载机通过机动形成载机、诱饵、导弹之间的三角态势。机动的目的一方面是避开由于载机对诱饵遮挡形成的圆锥形盲区；另一方面则是拉大目标载机与诱饵之间的角度间隔，对导弹形成更好的角度欺骗。

阶段③：随着机动的进行以及弹－目、弹－诱距离的接近，目标与诱饵之间的张角逐步增大。由于干扰信号功率比目标回波信号功率大很多，制导雷达波束中心将偏向诱饵，致使目标载机逐渐向导引头雷达波束边沿移动。

阶段④：随着弹－目、弹－诱距离的进一步减小，当目标与诱饵之间的张角增大到一定程度时，目标将逃离雷达波束照射范围，波束内将只存在诱饵，雷达导引头完全丢失目标，最终跟踪和命中无价值的诱饵。

在弹目交会的各种场景中，包括尾追攻击、迎头攻击、截击等，拖曳式诱饵干扰都需要形成导弹、目标和诱饵之间的干扰三角态势，以确保诱饵能够有效实施对雷达导引头的角度欺骗，最终诱偏导弹偏离目标而攻击诱饵。

美军第五代隐身战斗机 F－35，理论上是很难被防空系统锁定的，经研究发现也很可能在机腹下以内埋的形式装备了拖曳式诱饵 ALE－70，如图 2.5 所示。

图 2.5　F－35 配备了 ALE－70 拖曳式诱饵

美军对 F－35 上的拖曳式诱饵讳莫如深，但美国空军和海军 2017 年的预算文件都明确指出，F－35 配备了 ALE－70 拖曳式诱饵，用途就是为 F－35 提供对雷达制导导弹的自卫能力。在美国国防部 2020 财年的预算请求文件中，列出了 ALE－70 的单位采购成本为 56375 美元，价格低廉。据推测，ALE－70 以内埋的形式安装在 F－35 机身右侧武器舱的后面，打开舱门即可投放（图 2.6）。根据舱门的面积推测，F－35 一次至少可以携带四枚 ALE－70。

图 2.6　ALE－70 的舱门打开

F－35 的设计毕竟无法实现全方位多谱隐身，随着全球反隐身能力的发展，其遭受导弹攻击的可能性会越来越高，此时使用拖曳式诱饵就可能提供有效的自卫防护。另外，F－35 在确认安全的空域会以外挂武器的非隐身模式投入战斗，但这容易被敌方隐蔽潜伏的防空系统伏击，此时也必须使用拖曳式诱饵。

此外，F-35使用ALE-70还可能实施极具威胁的“钓鱼”战法。例如，一架F-35放出ALE-70诱饵，装成一架非隐身的飞机。敌方防空系统可能会将此判定为“诱人”的目标，于是全要素开机准备击落。此时另一架以完全隐身模式前出的F-35就可以定位敌方的防空系统并将其摧毁。

2.2 交叉眼干扰

2.2.1 基本原理

交叉眼干扰是一种能够欺骗跟踪雷达的角度测量，使得其指向错误目标位置的干扰技术，主要应用于对末制导雷达进行自卫式干扰，对单脉冲体制的末制导雷达干扰效果更明显。交叉眼干扰机的结构如图2.7所示，位于右机翼的天线所接收到的信号被放大20~40dB并从左机翼的天线转发，同理，位于左机翼的天线所接收到的信号被放大并从右机翼的天线转发，但在该电路中存在180°的相移。两路信号交叉转发，因此称为交叉眼干扰。为了使干扰更有效，这两个电缆通道最好能够保持180°左右的相位差。

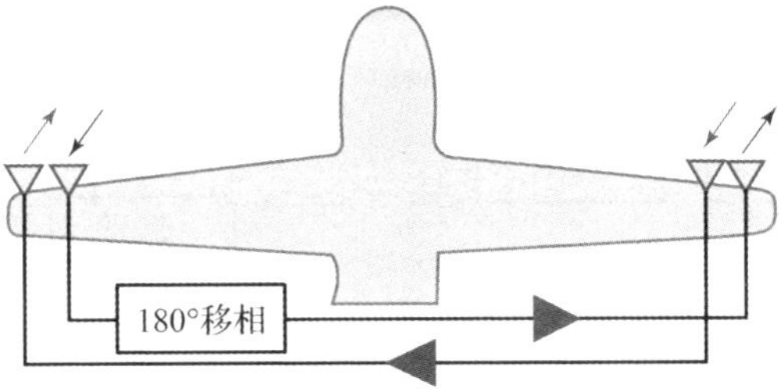

图2.7 交叉眼干扰装置

交叉眼干扰还有其他名称：双源干扰、相位波前畸变、弯曲的相位波前、人工闪烁、合成闪烁、相位波前变形、二点交叉眼、三点交叉眼等。交叉眼干扰可以理解为人为地重构对雷达产生最大角度误差的闪烁干扰，使用两个天线发射反相信号，在空间多个方向产生波前扭曲，导致雷达测角误差增大，波前扭曲最大的地方在两个干扰源连线的法线方向，如图2.8所示。雷达在进行目标跟踪时，总是要把它自己对准从目标反射回来的电磁波相位波前的法线方向。因为交叉眼干扰使用两个反相的干扰源，所以干涉现象所产生的相位波前畸变将使得单脉冲雷达的和响应小于差响应，用于测角的单脉冲比值将发生改变，从而导致雷达将其跟踪角校正到远离目标而不是靠近目标。

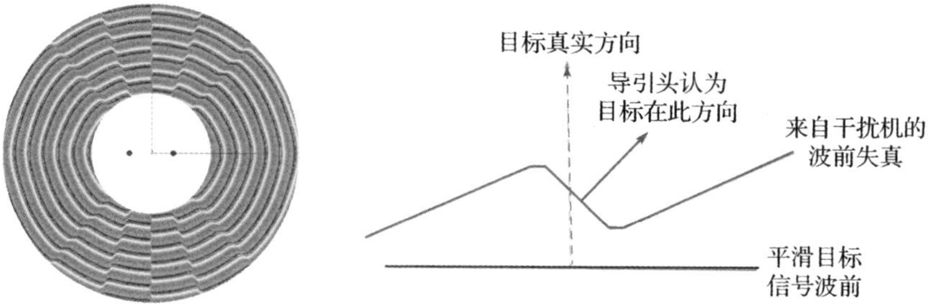

(a) (b)

图 2.8 交叉眼干扰示意图

（a）干扰在空间产生的波前畸变；（b）波前失真对测角的影响。

2.2.2 交叉眼干扰的两种技术路线

交叉眼干扰根据实现不同可以分为两种技术途径：非反向交叉眼干扰和反向交叉眼干扰，如图 2.9 所示。非反向交叉眼干扰是指通过一个接收机接收雷达信号，然后通过功分器将信号分为两路，经过放大、反相调制，通过两个干扰机发射出去。反向交叉眼干扰是指通过两个接收机接收雷达信号，经过放大调相后，通过两个反向路径发射出去。其中第二种方法能够自动补偿平台运动导致的相位差，是更加实用的结构。

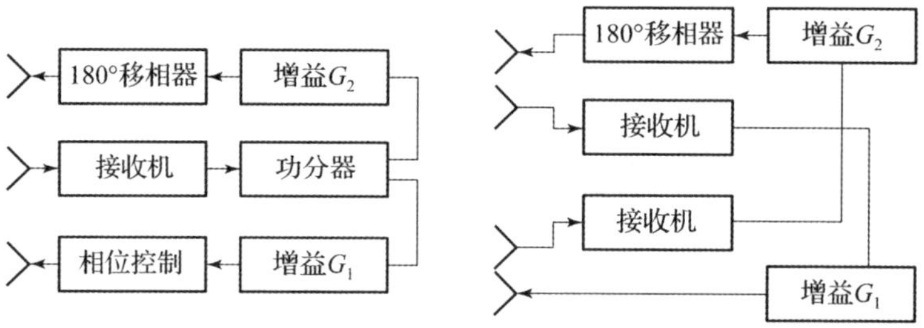

(a) (b)

图 2.9 交叉眼干扰模型

（a）非反向交叉眼干扰；（b）反向交叉眼干扰。

2.2.3 交叉眼干扰装备情况

由于角闪烁产生的角噪声对所有跟踪雷达的测角性能都产生影响，受此启发，交叉眼干扰于 1958 年被提出。1963 年，Redmill 等人对早期的交叉眼干扰进行了数学建模以及系统设计。由于两个干扰源之间的相位差难以控制，因此在此之后的很长一段时间内，很少有人再继续研究交叉眼干扰。直到 1974 年

DRFM 的提出，人们才找到了稳定控制相位的方法。1988 年，意大利 Electronica 公司 Neri 等人开始对交叉眼干扰展开了研究，并在小型直升机上进行了初步试验。随后 1993 年、1999 年、2000 年分别在舰船、直升机、喷气式飞机等不同平台进行试验，并在 2000 年第一次公开声明在舰船和直升机等军事平台上成功验证了交叉眼干扰的有效性。1997 年，美国空军大学空军科技研究所（Air Force Institute of Technology，AFIT）开展了相关课题，用来对抗载频捷变的单脉冲雷达。瑞典国防研究所的 Falk 从 1999 年至 2007 年对交叉眼干扰展开了深入的研究，从天线互易的角度分析了交叉眼干扰在复杂环境下的干扰性能，并在美国电子对抗协会“老乌鸦协会”（Association of Old Crows，AOC）的会议上多次进行现场报告。进入 21 世纪，交叉眼干扰越来越受重视，多篇美国专利从干扰机结构、交叉眼干扰识别与消除等方面进行了研究。2009 年，南非 Pretoria 大学的 du Plessis 从反向天线结构对单脉冲雷达和、差通道回波影响的角度出发，对反向交叉眼干扰进行了严谨的数学推导，避免了角闪烁理论中大量近似带来的错误，指出反向天线结构是使交叉眼干扰克服苛刻参数容限并走向实用化的唯一可行结构方案。2010 年，du Plessis 在其博士论文中利用简易的交叉眼干扰试验系统对其数学推导进行了验证，并分析了反向交叉眼干扰的容限需求。2012 年，du Plessis 分析了平台反射回波对交叉眼干扰影响，并认为 20dB 的干信比对有效的交叉眼干扰是合理却又保守的。2013 年，du Plessis 推导了使视在假目标限定在被保护平台同一侧时系统参数与 JSR 的取值要求。2015 年，du Plessis 对存在平台反射回波的交叉眼干扰进行了进一步分析，严格推导了总交叉眼增益的累积分布函数，给出了总交叉眼增益的中值和极限值。

由于保密的原因，很少有关于交叉眼干扰系统的公开报道。目前，可查阅的交叉眼干扰系统有欧洲的防御支援子系统（Defensive Aids Sub System，DASS）、俄罗斯的 L005 Sorbstiya 和 SAP - 518 干扰吊舱，以及南非 Pretoria 大学搭建的交叉眼干扰验证系统。

（1）欧洲的 DASS 系统。

英国的 BAE 系统公司、西班牙的 Indra 公司、德国的 Airbus Defence Electronics 公司，以及意大利的 Elettronica 和 Selex 公司共同研制了欧洲第 4 代战机——“台风”战斗机（Eurofighter Typhoon），其中 DASS 干扰吊舱为“台风”战斗机提供了对抗地空、空空导弹的防御能力。DASS 系统由导弹来袭预警（Missile Approach Warner，MAW）、激光警戒接收机（Laser Warning Receiver，LWR）、箔条（Chaff）、照明弹/曳光弹（Flares）、拖曳式诱饵，以及自卫式 ESM（Electronic Support Measures）/ECM 组成，如图 2.10 所示。

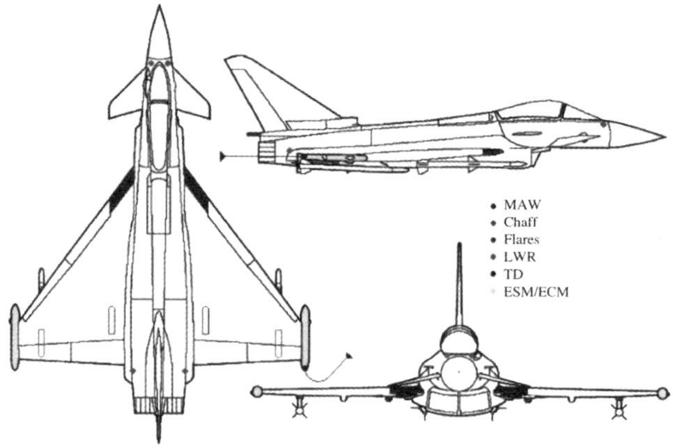

图 2.10　装备在欧洲“台风”战斗机上的 DASS 系统

意大利的 Elettronica 公司负责研制 DASS 系统中 ESM/ECM 部分，如图 2.11 所示。DASS 系统有两个安装在战机翼尖的 ESM/ECM 干扰吊舱，两个干扰吊舱可以根据实时任务需求，选择单独使用或同时工作：当单独使用时，可以提供噪声压制干扰等干扰样式；而同时工作时，可以提供包括交叉眼干扰在内的多种干扰样式。而 DASS 系统中交叉眼干扰在飞机平台上的有效性已被 Elettronica 公司开展的多次试验验证了。干扰吊舱同时搭载拖曳式诱饵 TD，据分析这是因为干扰吊舱的天线覆盖前后 120°的角范围，无法为战机提供侧向机身的保护，而 TD 措施能够提供侧向自卫式干扰，因此将两者进行组合可以弥补各自存在干扰盲区的缺点。

(a)

(b)

图 2.11　“台风”战斗机两侧翼尖的干扰吊舱

Elettronica 公司在设计交叉眼干扰系统时，采用了反向天线结构以补偿由机翼振动导致的波程差引入的相位差；采用了同一收发天线单元以保证干扰机具有相同的收发相位中心；采用固态有源相控阵（Solid - State Active Phased Array，SS - APA）天线以获得更好的幅度相位匹配控制能力和更高的有效辐射功率；采用多量化位数的 DRFM 以精确复制雷达信号和精确控制干扰信号的幅度和相位。该交叉眼干扰系统的天线/收发单元如图 2. 12 所示。

(a)　　(b)　　(c)

图 2. 12　Elettronica 公司的交叉眼干扰系统

（a）干扰机的收发单元；（b）APA 天线组件；（c）收发模块。

（2）南非 Pretoria 大学的交叉眼干扰验证系统。

南非 Pretoria 大学搭建了交叉眼干扰验证系统，如图 2. 13 所示，开展了暗室试验和外场试验，对两源反向交叉眼干扰的干扰有效性进行了试验验证。du Plessis 等人在两块已开发的 DRFM 信号处理板基础上进行固件修改，结合两个宽带脊形喇叭（Ridged Horn），搭建了简易的交叉眼干扰验证系统，如图 2. 13（a）所示。在暗室试验中，通过采用长导线来消除暗室中不明反射物的影响，通过使用单方向增益放大器并分时测量的方法来解决两个方向上高隔离度的问题。从发表文献的试验结果来看，交叉眼干扰验证系统有效地验证了 du Plessis 在其论文中关于两源反向交叉眼干扰的结论。在外场试验过程中，当单脉冲雷达未进入跟踪模式时，将其瞄准轴对准干扰机天线中心，如图 2. 13（b）所示，当转入跟踪模式时，瞄准轴迅速偏离干扰机天线的物理范围，指向其他位置，如图 2. 13（c）所示。外场试验结果表明，交叉眼干扰能够有效干扰单脉冲雷达。2021 年 10 月在国际电子战“老乌鸦”协会欧洲大会所做的交叉眼干扰的主题报告，利用软件无线电实现了反向交叉眼干扰试验，如图 2. 14 所示。

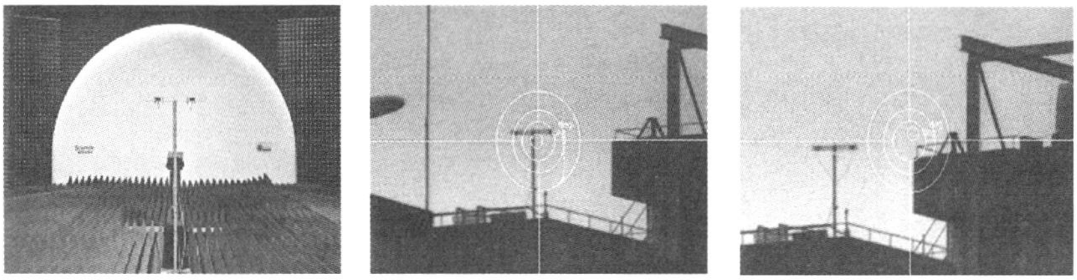

(a)　　(b)　　(c)

图 2. 13　交叉眼干扰验证系统

（a）干扰机的天线单元；（b）雷达指向干扰机；（c）雷达偏离干扰机。

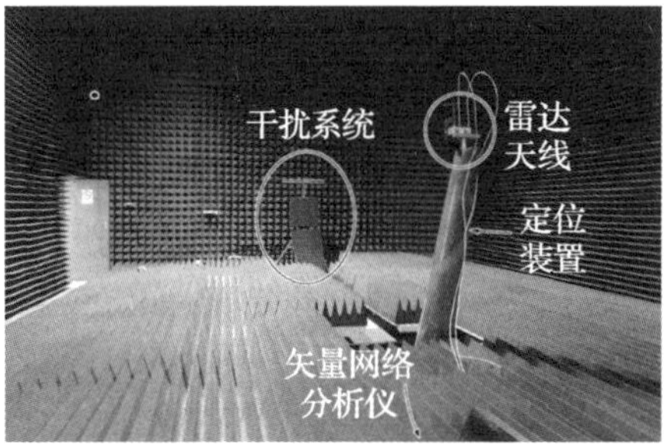

(a)

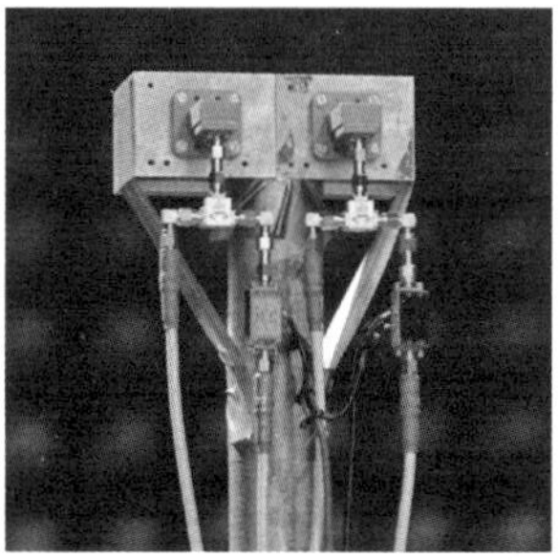

(b)

图 2.14　反向交叉眼干扰试验

（3）美国的交叉眼装备。

2016 年 12 月，美国海军开始研制 AN/ALQ－248 舷外电子对抗设备，该设备能够集成到 H－60R 和 MH－60S 舰载直升机上，主要任务是为美军航母战斗群提供针对反舰导弹的电子侦测和电子干扰能力。AN/ALQ－248 有源任务载荷包括高灵敏度接收机、电子攻击系统，包含交叉眼干扰模块，可安装到舰载直升机上独立运行或与现役的 SLQ－32(v)6/7 舰载电子战系统协同。与现役舷外有源诱饵相比，例如，纳尔卡悬停式有源诱饵，AN/ALQ－248 能够实现长时间的舷外有源干扰，并且可以重复使用。

AN/ALQ－248 作为美海军一种新研的舰载舷外有源干扰装备，代表着美军最先进的干扰技术水平，揭示了未来一段时间内美军针对反舰导弹攻击的干扰战术运用策略。AN/ALQ－248 作战场景如图 2.15 所示（图片来自洛克希德·马丁官网），舰载直升机搭载 AN/ALQ－248 电子对抗装备，当侦测到反舰导弹来袭时，直升机起飞，并释放交叉眼干扰。

图 2.15　AN/ALQ－248 作战场景示意图

在独立工作模式下，利用自己的接收器系统检测、识别和跟踪威胁辐射源，然后激活电子攻击子系统生成和发射适当的干扰信号。在协作工作模式下，舰载宙斯盾雷达和电子战系统 SLQ－32（v）6/7 检测来袭的反舰导弹威胁，然后使用软杀伤系统（SKCS）功能通过 Link16 数据链提示并控制 AN/ALQ－248，将舷内和舷外电子攻击手段相结合。

2.3 地形反弹干扰

现代空战条件下，作战飞机面临复杂电磁环境，遂行作战任务的飞机在遭遇敌攻击时必须采取适当的电子对抗措施以躲避威胁。地形反弹干扰借助多路径传播策略来阻碍雷达截获作战飞机或者自卫干扰机平台所在的准确位置，干扰机发射信号照射到地面上，并发生了反弹，就产生了地形反弹干扰。此时，通过地面反射的干扰信号和真实目标回波都能够进入导引头天线，使得导引头视场角内存在两个角跟踪信号，从而使导弹跟踪的角度不是实际目标的角度，形成角度欺骗的干扰效果。地形反弹干扰也称为多路径干扰或对映体干扰。外军普遍认为，地形反弹干扰（对映体干扰）是对抗机载（弹载）雷达的有效自卫干扰方式之一。

2.4 交叉极化干扰

美军为了应对全球范围内广泛使用的单脉冲技术在精确制导武器应用带来的挑战，已经在空军、海军多个型号装备上部署了具备交叉极化干扰能力的电子对抗装备。例如，F－16CD Block60 吊舱、宙斯盾舰载电子战系统 APECS－Ⅱ、SLQ－32（V）电子战系统等，美军的 APECS－Ⅱ舰载电子战系统，具有自适应交叉极化干扰功能，具有噪声/欺骗多种干扰波形。APECS－Ⅱ舰载电子战系统采用了相控阵多波束天线，可覆盖方位 360°和高低角 30°的范围，它以脉冲和连续波方式辐射大功率干扰，可同时对付 16 个目标，与以前的相控阵天线相比，此系统可实现变极化（专门对付单脉冲威胁源），能对付多种复杂信号，是世界上第一部以交叉极化干扰为主要手段、以单脉冲主动雷达导引头为作战对象的 ECM 系统。该系统已经出口了包括葡萄牙、荷兰、希腊、巴基斯坦等在内的多个国家，美军新一代干扰机 AN/ALQ－167、美军航空兵机载威胁仿真模拟器使用说明上也提到了交叉极化干扰样式。无疑，交叉极化干扰技术属于一种智能的极化分集干扰，对雷达系统会产生全程、不同效果的干扰威胁。

2010 年，美国空军实验室对某 X 波段雷达导引头在交叉极化干扰条件下的定向性能进行了大量的微波暗室实验，实验结果表明极化干扰具有非常好的干扰效果。图 2.16 为微波暗室实验的场景照片，但是没有详细的实验细节公布。在最新一版的美国《应对新一代威胁的电子战》一书中，变极化干扰被归结为下一代雷达干扰技术。

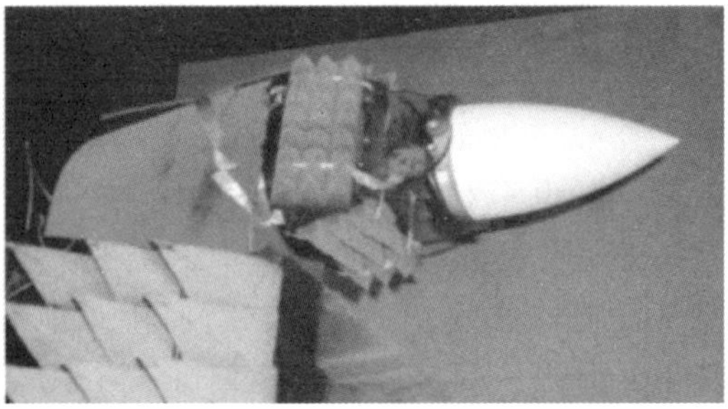

图 2.16　美国空军实验室微波暗室实验的场景

交叉极化干扰机试图在 Δ 通道中产生一个交叉极化分量如图 2.17 所示，该分量相对于雷达极化分量更大，从而使得误差达到或超过雷达波束宽度的一半。交叉极化利用了单脉冲天线的固有缺陷：其对交叉极化信号的响应与共极化信号的响应显著不同，如图 2.18 所示，交叉极化 Σ 波束在视轴方向上为零陷，此外还有一个高于共极化波束的旁瓣结构。相反，Δ 交叉极化波束在视轴方向具有最大值。如果交叉极化干扰机具有足够的功率（干信比为 30dB），则接收到的交叉极化分量比同极化分量强。这将使得单脉冲跟踪雷达跟踪使用交叉极化的干扰信号，从而远离目标。

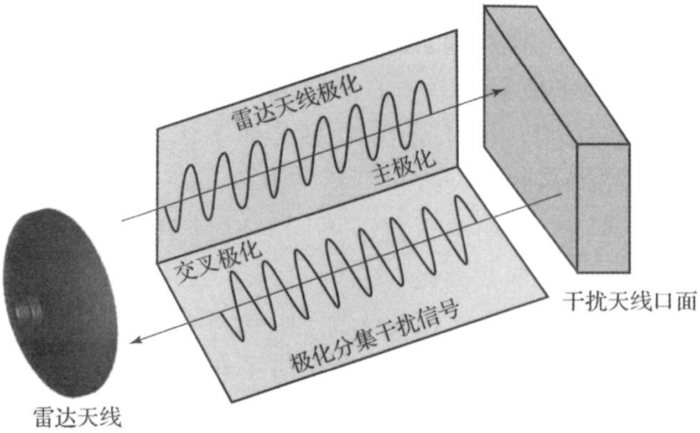

图 2.17　交叉极化干扰机对交叉极化信号的响应与共极化信号的响应

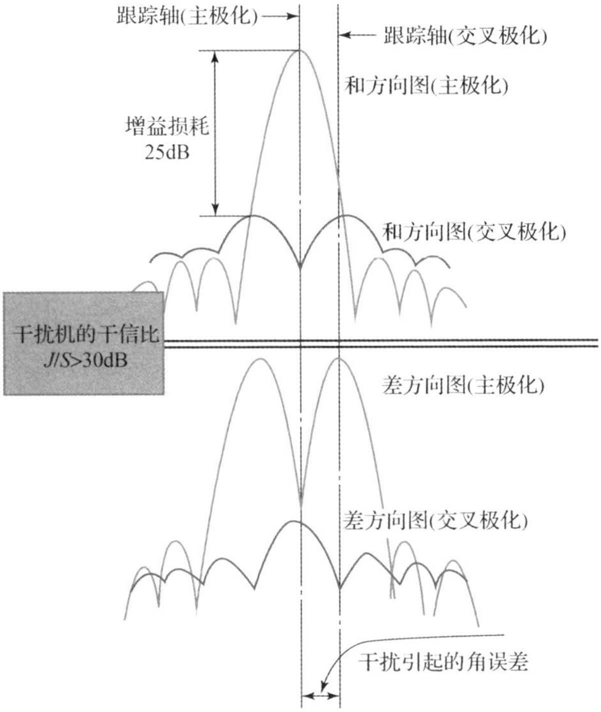

图 2.18　单脉冲跟踪雷达跟踪使用交叉极化的干扰信号情况

此外，由于交叉极化模式具有较高的旁瓣，干扰能量也可能从它们进入，从而进一步干扰跟踪。而天线罩对交叉极化信号响应的差异，可能会进一步引入角度误差。

常有两种交叉极化类型：

(1) 非自适应，不具备测量预干扰雷达信号极化的能力，因此需要在扫描模式下尝试不同极化，遍历不同的极化状态，破坏雷达的稳定探测从而达到某种干扰效果（图 2.19）。

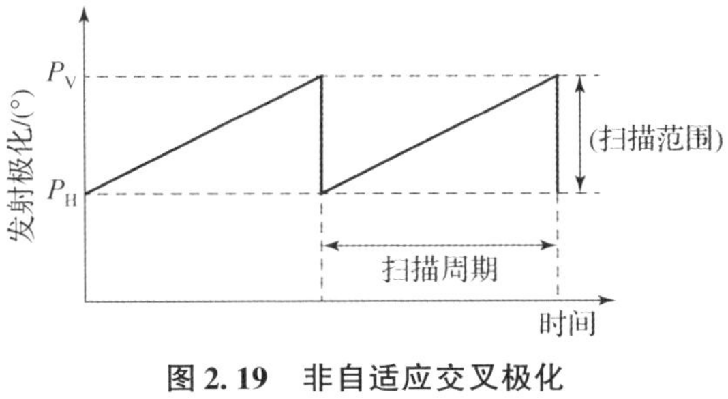

图 2.19　非自适应交叉极化

（2）自适应，使用两个交叉极化接收天线，通过极化变换的方式自动产生一个正交的极化干扰信号。

交叉极化干扰采用噪声类型干扰或复制转发类干扰信号（相干），也使用重复噪声（基于 DRFM 的相干噪声调制）。

图 2.20 所示为一款由洛克希德·马丁加拿大公司研制的水面舰艇电子对抗系统，RAVEN 电子对抗系统通过广泛的干扰技术提供现代、高效、基于 DRFM 的射频（RF）ECM。使用交叉极化的欺骗、噪声和复合干扰，以干扰敌对势力对电磁频谱的利用。

RAVEN（图 2.20）为所有海军平台提供 360°的反舰导弹（ASMD）自我保护，并具有高度可扩展性。RAVEN 由一组极化可操控的中/高频天线（6～18GHz）组成，可选择低频或甚高频。RAVEN 基于 RAMSES（可重编程的高级多模式舰载电子对抗系统）的现代改进技术，并采用开放架构，使设计、升级更快，以适应现代威胁。与传统的雷达干扰机不同，RAVEN 使用先进的射频和 PRI 预测技术，能够对使用多种复杂 PRI 和 RF 捷变模式的现代雷达系统，产生超前和滞后的假目标。对各种雷达系统和雷达制导导弹，RAVEN 采用了经过验证的先进接收技术，来产生先进的欺骗和遮蔽对抗信号。RAVEN 实现了片上系统（SoC）技术，应用于特殊模式技术、软杀伤评估以及天线稳定和控制技术。SoC 设计是高度模块化的，易于适应各种天线组件和船舶稳定接口。

（1）方位覆盖：360°；

（2）俯仰覆盖：-30°～+60°；

（3）DRFM 瞬时带宽：2GHz；

（4）DRFM 中心频率精度：1MHz。

图 2.20　交叉极化干扰装备应用情况：RAVEN 电子对抗（ECM）系统

据最新报道，美国雷声公司下一代干扰机（NGJ）具备智能、变极化干扰能力，并已完成飞行试验。该系统为吊舱形式，其中最重要的技术是有源电子扫描阵列（AESA）。AESA 带宽非常宽，采用瓦片式 T/R 组件，包含 T 支路的高效高功率 GaN 放大器和 R 支路的低噪声放大器，两个支路都包含移相器和增益控制元件。双极化孔径元件使系统极化可以选择。阵列包含与 FIRES 软件定义接收器/技术生成器单元（SDREU）进行通信的数字控制器，并向每个模块发送数字信号，设置控制 AESA 波束（波束指向角、极化、频率等）的参数。交叉极化技术 AESA 使得该干扰系统具有了多极化、变极化干扰的能力。2016 年 10 月 27 日，NGJ 在飞行中进行了极化分集的验证，RMR 在测试范围内对所接收的极化数据进行测量和记录。7 次飞行后获得图 2.21 中的数据，发射线极化的角度分别为 15°，30°，45°，60°，75°，90°。在飞机飞行期间，AESA 从 +45° ~ -45°进行指向角度扫描。数据还通过开放式四边形四角形喇叭和一组频谱仪进行采集。后面，下一代干扰机还开展了多次性能试验。

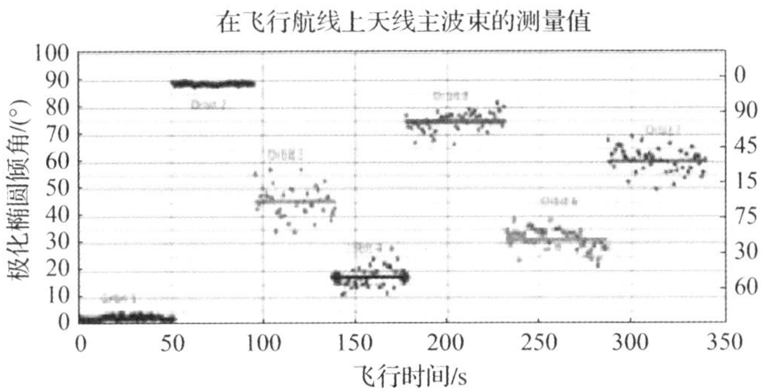

图 2.21　系统极化测试结果

第 3 章　拖曳式诱饵干扰对雷达导引头工作性能影响原理分析

作为一种自卫式干扰，有源雷达诱饵干扰用于保护飞机、舰船等武器平台免遭主动、半主动雷达制导导弹击毁或击伤。对被干扰雷达导引头而言，有源雷达诱饵干扰等价于雷达导引头的一个距离/多普勒分辨单元内同时包含两个目标，即雷达导引头对不可分辨双目标的测角输出问题。受两个点源信号间相位差随机性的影响，雷达导引头被诱偏的方向具有随机性，既可能被诱偏至两干扰点源的内侧，也可能被诱偏至两干扰点源的外侧。实际上，被诱偏的方向还会受到两点源信号间的多普勒频差、到达时差及脉冲积累的影响。

3.1　拖曳式有源雷达诱饵干扰机理分析

末制导有源诱饵角度欺骗干扰的本质是通过诱饵发射干扰信号模拟目标雷达特性，与真实目标构成导引头波束内的两点源，干扰和破坏导引头正常的角度测量与跟踪，实现对导引头雷达的角度诱偏。

雷达的角度测量是通过测量目标回波信号的相位波前方向并以此确定目标的方向为垂直于波前的方向来实现的。相位波前畸变将严重影响雷达的测角性能。有源诱饵干扰雷达角度跟踪系统实质上就是通过形成波束内的两点源使得导引头雷达接收回波的相位波前发生畸变，导致雷达测角误差。根据诱饵干扰信号与真实目标回波信号在相位上的相互关系，空间两点源干扰可以分为相干两点源干扰和非相干两点源干扰。典型单脉冲测角方法有比幅和比相测角两种，本节以振幅和差单脉冲测角为例分析两点源干扰原理。当目标和诱饵同时存在于导引头雷达波束内时，二者形成导引头视场内的空间两点源，用 S_1 和 S_2 表示。振幅和差单脉冲雷达方向图以及 S_1、S_2 的位置如图 3.1 所示。其中，两个波束的方向性函数分别为 $F(\theta-\theta_0)$ 和 $F(\theta+\theta_0)$，θ 为目标与电轴的角距离，θ_0 为波束 1 和波束 2 最大值点偏离等信号轴的角距离，$\Delta\theta$ 为两源之间的角度间隔。

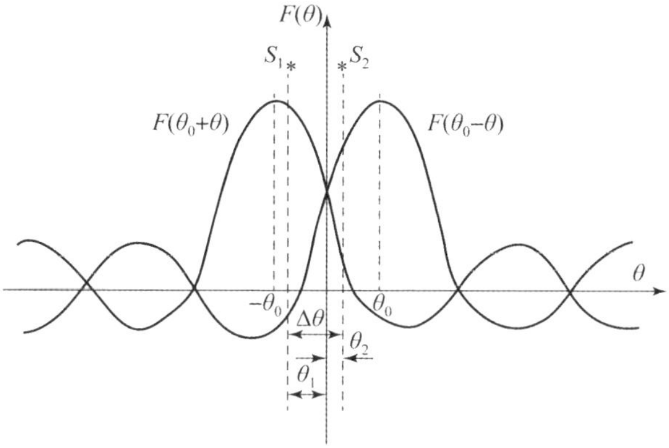

图 3.1　单脉冲雷达天线方向图

3.1.1　相干两点源干扰

如果导引头雷达波束内目标和诱饵到达天线口面的信号具有稳定的相位关系，即二者相位差为一个常数，则二者形成的干扰称为相干两点源干扰。设 ϕ 为 S_1、S_2 在天线口面处信号的相位差，则雷达天线 1 和 2 接收到的信号可表示为

$$E_1 = \left[A_{S_1}F\left(\theta_0 - \frac{\Delta\theta}{2} - \theta\right) + A_{S_2}F\left(\theta_0 + \frac{\Delta\theta}{2} - \theta\right)e^{j\phi}\right] * e^{j\omega t} \tag{3.1}$$

$$E_2 = \left[A_{S_1}F\left(\theta_0 + \frac{\Delta\theta}{2} + \theta\right) + A_{S_2}F\left(\theta_0 - \frac{\Delta\theta}{2} + \theta\right)e^{j\phi}\right] * e^{j\omega t} \tag{3.2}$$

式中：A_{S_1}、A_{S_2}分别表示 S_1 和 S_2 的信号幅度。

经过波束形成网络，则可得 E_1、E_2 的和差信号 E_Σ、E_Δ 分别为

$$\begin{aligned} E_\Sigma = E_1 + E_2 = \Big\{ & A_{S_1}\left[F\left(\theta_0 - \frac{\Delta\theta}{2} - \theta\right) + F\left(\theta_0 + \frac{\Delta\theta}{2} - \theta\right)\right] + \\ & A_{S_2}\left[F\left(\theta_0 + \frac{\Delta\theta}{2} - \theta\right) + F\left(\theta_0 - \frac{\Delta\theta}{2} + \theta\right)\right]e^{j\phi}\Big\} e^{j\omega t} \end{aligned} \tag{3.3}$$

$$\begin{aligned} E_\Delta = E_1 - E_2 = \Big\{ & A_{S_1}\left[F\left(\theta_0 - \frac{\Delta\theta}{2} - \theta\right) - F\left(\theta_0 + \frac{\Delta\theta}{2} - \theta\right)\right] + \\ & A_{S_2}\left[F\left(\theta_0 + \frac{\Delta\theta}{2} - \theta\right) - F\left(\theta_0 - \frac{\Delta\theta}{2} + \theta\right)\right]e^{j\phi}\Big\} e^{j\omega t} \end{aligned} \tag{3.4}$$

令

$$\theta_1 = \frac{\Delta\theta}{2} + \theta, \theta_2 = \frac{\Delta\theta}{2} - \theta \tag{3.5}$$

式中：θ_1、θ_2 分别表示源 S_1、S_2 在波束内的角度。和、差信号 E_Σ 和 E_Δ 经混

频、中放（包括 AGC 控制）、检波、低通滤波后输出的误差信号为

$$S_e(t)=K\{A_{S_1}^2[F^2(\theta_0-\theta_1)-F^2(\theta_0+\theta_1)]+A_{S_2}^2[F^2(\theta_0+\theta_2)-F^2(\theta_0-\theta_2)]$$
$$+2A_{S_1}A_{S_2}\cos\phi[F(\theta_0-\theta_1)F(\theta_0+\theta_2)-F(\theta_0+\theta_1)F(\theta_0-\theta_2)]\} \quad (3.6)$$

将天线方向图在 θ_0 方向展开成幂级数，并取一阶近似，则有

$$F(\theta_0\pm\theta)=F(\theta)\mp|F'(\theta_0)|\theta \quad (3.7)$$

根据式（3.7）天线方向图近似表示，并令 $\beta=A_{S_1}/A_{S_2}$，则误差输出信号可以表示为

$$S_e(t)\approx\frac{4K_d|F'(\theta_0)|}{F(\theta_0)(A_{S_1}^2+A_{S_2}^2)}\left[\left(\theta+\frac{\Delta\theta}{2}\right)+\beta^2\left(\theta-\frac{\Delta\theta}{2}\right)+2\beta\cos\phi\right] \quad (3.8)$$

当误差信号 $S_e(t)=0$ 时，雷达跟踪天线即波束中心指向相对于两个点源几何中心线的偏离角 θ 为

$$\theta=\frac{\Delta\theta}{2}\times\frac{\beta^2-1}{\beta^2+1+2\beta\cos\phi} \quad (3.9)$$

由式（3.9），不同幅度比 β 和相位差 ϕ 条件下相干诱偏形成的角偏差关系如图 3.2 所示。

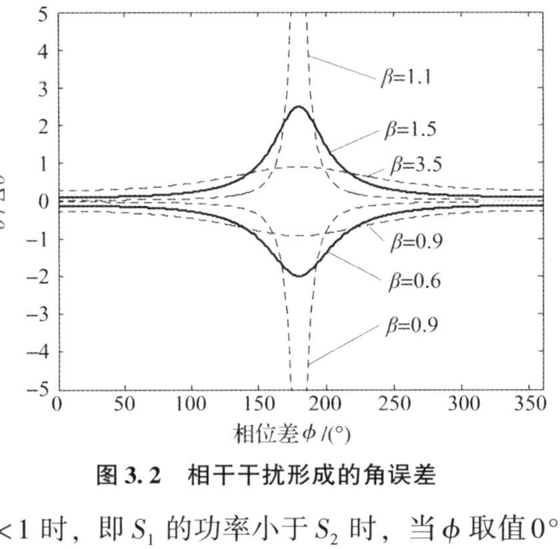

图 3.2　相干干扰形成的角误差

图 3.2 中：$\beta<1$ 时，即 S_1 的功率小于 S_2 时，当 ϕ 取值0°～120°时，天线电轴指向 S_1 和 S_2 之间，且靠近 S_2；当 ϕ 取值120°～240°时，天线电轴指向 S_2 的右边；当 ϕ 取值240°～360°时，天线电轴重新指向 S_1 和 S_2 之间，且靠近 S_2。这一变化可以由式（3.9）中 $\cos\phi$ 的偶函数性质解释。总体来看，当两个源的相位差 ϕ 在 0°～360°变化过程中，天线电轴指向在 S_2 左右变化，即在能量大的源附近变化。$\beta>1$ 时，由图 3.6 可知，与 $\beta<1$ 时情况正好对称。$\beta=1$ 时，即 S_1 和 S_2 的功率相等时，两点源的相位差 ϕ 在 0°～360°变化过程中，天

线电轴始终指向两点源连线的中点，只有在 $\phi=180^\circ$附近有几个不确定点。造成这一现象的原因是在式（3.8）的推导中天线方向图采用了等信号方向的近似展开式来替代，而实际的误差角将受到天线方向图的限制。以上分析表明，波束内两个相干点源产生的相位波前畸变程度取决于两源之间的振幅比 β、相位差 ϕ 以及角度间隔 $\Delta\theta$。当 $\Delta\theta$ 固定，两源相位相反且振幅相等时，相位波前畸变最大。单脉冲雷达导引头在对波束内两个相干点源的跟踪过程中，天线指向将在能量大的源附近变化，而不会指向能量小的源，当两个点源的能量相等时，天线电轴将指向二者连线的几何中点。

3.1.2 非相干两点源干扰

如果导引头雷达波束内目标和诱饵到达天线口面的信号没有稳定的相位关系，即二者相位差为一个随机变量，在$(0,2\pi]$之间均匀分布，则二者形成的干扰称为非相干两点源干扰。设 ϕ_1、ϕ_2 分别为 S_1 和 S_2 在导引头雷达天线口面处信号的相位，则天线 1 和 2 的接收信号可分别表示为

$$E_1=A_{S_1}F(\theta_0-\frac{\Delta\theta}{2}-\theta)\mathrm{e}^{\mathrm{j}\omega t+\phi_1}+A_{S_2}F\left(\theta_0+\frac{\Delta\theta}{2}-\theta\right)\mathrm{e}^{\mathrm{j}\omega\phi+\phi_2} \tag{3.10}$$

$$E_2=A_{S_1}F\left(\theta_0+\frac{\Delta\theta}{2}+\theta\right)\mathrm{e}^{\mathrm{j}\omega t+\phi_1}+A_{S_2}F\left(\theta_0-\frac{\Delta\theta}{2}+\theta\right)\mathrm{e}^{\mathrm{j}\omega\phi+\phi_2} \tag{3.11}$$

经过波束形成网络，得到 E_1、E_2 的和差信号 E_Σ、E_Δ 分别为

$$\begin{aligned}E_\Sigma=E_1+E_2=&A_{S_1}\left[F\left(\theta_0-\frac{\Delta\theta}{2}-\theta\right)+F\left(\theta_0+\frac{\Delta\theta}{2}+\theta\right)\right]\mathrm{e}^{\mathrm{j}\omega t+\phi_1}\\&+A_{S_2}\left[F\left(\theta_0+\frac{\Delta\theta}{2}-\theta\right)+F\left(\theta_0-\frac{\Delta\theta}{2}+\theta\right)\right]\mathrm{e}^{\mathrm{j}\omega t+\phi_2}\end{aligned} \tag{3.12}$$

$$\begin{aligned}E_\Delta=E_1-E_2=&A_{S_1}\left[F\left(\theta_0-\frac{\Delta\theta}{2}-\theta\right)-F\left(\theta_0+\frac{\Delta\theta}{2}+\theta\right)\right]\mathrm{e}^{\mathrm{j}\omega t+\phi_1}\\&+A_{S_2}\left[F\left(\theta_0+\frac{\Delta\theta}{2}-\theta\right)-F\left(\theta_0-\frac{\Delta\theta}{2}+\theta\right)\right]\mathrm{e}^{\mathrm{j}\omega t+\phi_2}\end{aligned} \tag{3.13}$$

和、差信号 E_Σ 和 E_Δ 经过相应处理可得输出的误差信号 $S_\mathrm{e}(t)$ 为

$$S_\mathrm{e}(t)=\frac{4K_\mathrm{d}\,|F'(\theta_0)|}{F(\theta_0)}\left[\begin{aligned}&\beta^2\left(F^2\left(\theta_0-\frac{\Delta\theta}{2}-\theta\right)-F^2\left(\theta_0+\frac{\Delta\theta}{2}+\theta\right)\right)\\&+F^2\left(\theta_0+\frac{\Delta\theta}{2}-\theta\right)-F^2\left(\theta_0-\frac{\Delta\theta}{2}+\theta\right)\end{aligned}\right] \tag{3.14}$$

根据式（3.7）的天线方向图近似表示，当误差信号 $S_\mathrm{e}(t)=0$ 时，雷达跟踪天线即波束中心指向相对于两个点源中心线的偏离角 θ 为

$$\theta=\frac{\Delta\theta}{2}\times\frac{1-\beta^2}{1+\beta^2} \tag{3.15}$$

由式（3.15）可以看出，非相干两点源干扰条件下，单脉冲雷达天线电轴将指向两源的能量重心。图 3.3 给出了当两个点源的角度间隔在雷达半功率点波束宽度($\theta_{0.5}=4°$)内时，天线波束指向与角度间隔以及振幅比之间的关系。当幅度比$\beta=1$时，无论角度间隔为多少，波束中心都将指向两源连线的中点位置。幅度比不为 1 时，波束中心将指向二者的能量重心，能量越大的源，波束指向越靠近其位置。角度间隔对于雷达波束指向不产生直接影响，而是反映在相对角度偏移上。图 3.3 同时表明不需要很大的振幅比，强干扰源就可以将雷达天线波束诱偏离目标位置。

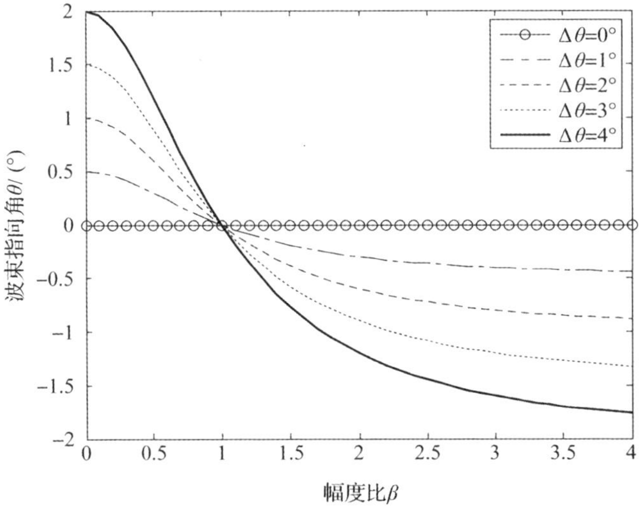

图 3.3　不同角度间隔条件下波束指向与幅度比的关系

3.1.3　有源诱饵干扰的相位特性

上述相干、非相干两点源干扰原理分析表明，两种干扰方式都能够造成雷达接收回波的相位波前畸变，致使导引头天线波束偏离目标，造成测角偏差。两种干扰的区别在于导引头雷达波束内目标和诱饵到达天线口面的信号是不是具有稳定的相位关系，即相位差$\phi(t)$是常数还是随机变量。下面结合末制导空空导弹作战背景下有源诱饵干扰场景条件及其特点分析有源诱饵角度欺骗的具体干扰类型。

目标载机释放诱饵后，二者同处于导引头雷达波束内，构成空间两点源干扰。当有源诱饵工作于应答干扰方式时，由于诱饵干扰信号与目标回波信号是同频相位非相干信号，不具备稳定的相位关系，因此其对单脉冲雷达导引头形成两点源非相干干扰，干扰效果符合非相干两点源干扰规律。当诱饵工作于转发干扰方式时，诱饵干扰信号是对雷达探测脉冲经直接放大后转发出去的，并且干扰过程中诱饵与目标的相对位置是不固定的。因此诱饵干扰信号与目标回波信号到达雷达天线口面时的相位差也是变化的，但与同频相位非相干干扰相比，$\phi(t)$不是一个在$0\sim2\pi$内均匀分布的随机变量，而是一个随时间在$0\sim2\pi$内连续变化的量，其变化速度与诱饵在空中飞行时的波动速度有关。也就是说诱饵和目标相对雷达径向距离的变化率决定了$\phi(t)$的变化速度。由于雷达对目标回波数据的获取通常在毫秒级，因此如果在毫秒时间范围内，诱饵和目标相对于雷达径向距离的变化远大于雷达波长，则数据样本中的$\phi(t)$将覆盖$0\sim2\pi$的相位空间，可看作是同频相位非相干干扰，其干扰效果符合非相干两点源干扰规律；如果在毫秒时间范围内，诱饵和目标相对于雷达径向距离的变化小于雷达波长，则雷达数据样本中的变化量将只覆盖相位空间中的某一小块区域，数据样本平均的结果将会具有相干信号的特征，因此可看作同频相位相干干扰，其干扰效果符合前面讨论的干扰规律。

显然，在末制导空空导弹作战中，弹目、弹诱之间的径向速度很大，相对运动剧烈，在毫秒级的时间内诱饵与目标相对于导引头雷达径向距离的变化远大于雷达波长，属于典型的非相干两点源干扰。因此在有源诱饵角度欺骗干扰下，如果不采取相应的抗干扰措施，导引头雷达的天线电轴将指向目标与诱饵的能量重心。在拖曳式诱饵干扰过程中，为确保诱饵能够有效诱偏导弹攻击，保护目标安全，要求导引头接收的诱饵干扰信号功率与目标回波功率的比值，即通常定义的干扰压制比（Interference Suppression Ratio，ISR）大于1，其典型值为ISR＝2～10。由于诱饵的强干扰压制比特性，雷达天线电轴将偏离目标而偏向功率大的诱饵，造成导弹失跟或误导攻击，失去毁伤目标的能力。

3.1.4 有源诱饵干扰方程

有源雷达诱饵作为载机电子防御系统的重要组成部分，具有复合干扰能力和多种干扰样式。根据不同的应用场景和干扰需求，诱饵在实现简单转发干扰的同时，还能够利用载机电子对抗系统形成距离欺骗、速度欺骗、RCS调制、引擎模拟调制等复合干扰方式，以逼真地模拟真实目标的雷达回波特性，实现诱饵与目标的“精确”相似，从而更加有效地吸引和迷惑雷达导引头，实现更好的角度欺骗。简单转发干扰是有源诱饵的最基本干扰样式，除此之外，距离拖引干扰、速度拖引干扰、距离－速度组合拖引干扰、调频诱饵干扰、闪烁干扰等其他欺骗干扰样式也都可以通过有源诱饵干扰系统实现。复合干扰的目的是使得有源诱饵与真实目标之间对应特征的差异小于导引头系统的分辨力，从而有效捕获和欺骗导引头的检测、测量和跟踪系统。随着干扰技术的不断进步，有源诱饵已经从单一的角度欺骗干扰逐步发展成为性能优越的复合干扰，干扰样式不断创新，干扰功能不断增强。

根据干扰发射功率的变化情况，有源诱饵干扰信号的产生方式可以分为恒功率体制和恒增益体制两种。恒功率体制指的是干扰信号由发射机的压控振荡器产生，始终以发射机的峰值功率产生干扰信号；恒增益体制则是指诱饵通过对接收信号进行恒定倍数的放大来产生干扰信号。下面分析这两种体制下的干扰方程。

设末制导干扰过程中某一时刻导弹、目标、诱饵之间的几何位置关系如图 3.4 所示，雷达的天线增益 G_t 与其有效孔径 A 具有如下的关系式：

$$G_t = (4\pi A)/\lambda^2 \tag{3.16}$$

式中：λ 为雷达信号的波长。

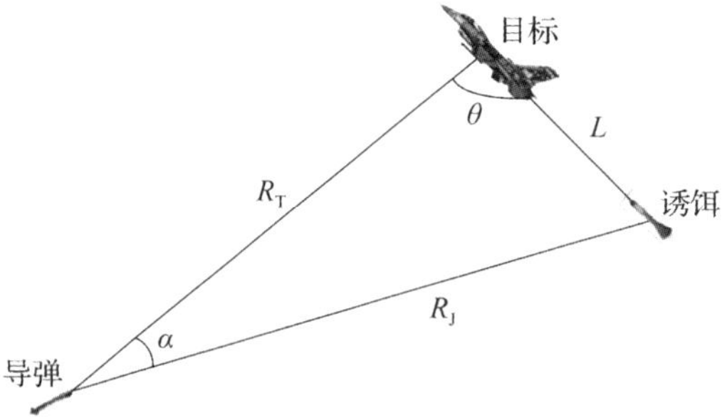

图 3.4　导弹、目标和诱饵的三角态势

设导引头雷达发射功率为 P_t，雷达导引头接收的目标回波功率为

$$P_{rt} = \frac{P_t G_t \sigma_t A}{(4\pi R_T^2)^2} = \frac{P_t G_t \lambda^2 \sigma_t}{(4\pi)^3 R_T^4} \tag{3.17}$$

式中：σ_t 表示载机目标的雷达截面积。

对于恒功率干扰体制，诱饵以发射机的峰值功率发射干扰信号，则雷达导引头接收到的诱饵干扰信号功率为

$$P_{rj} = \frac{P_J G_{JT} A \gamma_J}{4\pi R_J^2} = \frac{P_J G_{JT} G_t \lambda^2 \gamma_J}{(4\pi)^2 R_J^2} \tag{3.18}$$

式中：P_J 为诱饵峰值功率；G_{JT}为诱饵发射天线增益；γ_J 为极化损失系数。则由式（3.17）和式（3.18）可得恒功率体制下雷达接收回波中诱饵干扰与目标回波的功率比为

$$\frac{J}{S} = \frac{P_{rj}}{P_{rt}} = \frac{P_J G_{JT} 4\pi \gamma_J R_T^4}{P_t G_t \sigma_t R_J^2} \tag{3.19}$$

从式（3.17）~式（3.19）可以看出，恒功率体制下干扰信号为单程传

输，而目标回波信号为双程传输，随着距离的减小，干信比也呈现减小的趋势。在某一距离上，当干信比减小到1，即0dB时，诱饵强干扰作用丧失，这一距离称为烧穿距离（Burn Through Range）。为使诱饵干扰在更大的距离范围内有效，通常希望烧穿距离越小越好，但相应的发射功率会迅速增加，因此实际中需要折中考虑。

对于恒增益干扰体制，其干扰信号是对接收信号进行固定增益的放大产生的。设诱饵接收天线的增益为 G_{JR}，则诱饵所接收到的导引头雷达发射信号功率为

$$P_{jr}=\frac{P_tG_t\sigma_J\gamma_J}{(4\pi)^2R_E^2}=\frac{P_tG_tG_{JR}\lambda^2\gamma_J}{(4\pi)^2R_E^2} \tag{3.20}$$

式中：σ_J 表示诱饵接收天线的 RCS；R_E 为诱饵接收天线与雷达导引头之间的距离。

对于收发天线一体的传统诱饵，$R_E=R_J$；对于收发天线分置的新型诱饵，$R_E=R_T$。设诱饵干扰信号生成的放大增益为 G_J，诱饵发射天线增益为 G_{JT}，则雷达导引头接收到的干扰信号功率为

$$P_{rj}=\frac{P_{jr}G_JG_{JT}A\gamma_J}{4\pi R_J^2}=\frac{P_tG_t^2G_{JR}G_JG_{JT}\lambda^4\gamma_J^2}{(4\pi)^4R_J^2R_E^2}=\frac{P_tG_t^2G_\Sigma\lambda^4\gamma_J^2}{(4\pi)^4R_J^2R_E^2} \tag{3.21}$$

式中：G_{JT}表示诱饵发射天线增益；G_Σ表示诱饵的总增益。

则由式（3.17）和式（3.21）可得恒增益体制下雷达导引头接收回波中诱饵干扰与目标回波之间的干信比为

$$\frac{J}{S}=\frac{P_{rj}}{P_{rt}}=\frac{G_\Sigma\lambda^2\gamma_J^2}{4\pi\sigma_t}\times\frac{R_T^4}{R_E^2R_J^2} \tag{3.22}$$

对于收发一体有源诱饵，由 $R_E=R_J$，诱饵干扰与目标回波之间的干信比为

$$\frac{J}{S}=\frac{G_\Sigma\lambda^2\gamma_J^2}{4\pi\sigma_t}\times\frac{R_T^4}{R_J^4} \tag{3.23}$$

对于收发分置有源诱饵，其 $R_E=R_J$，则诱饵干扰与目标回波之间的干信比为

$$\frac{J}{S}=\frac{G_\Sigma\lambda^2\gamma_J^2}{4\pi\sigma_t}\times\frac{R_T^2}{R_J^2} \tag{3.24}$$

在近距离情况下，诱饵发射功率随距离的减小而迅速上升，在某一距离上诱饵发射功率达到最大值，发射机将饱和。这时恒增益体制干扰方程将变为式（3.18）所示的恒功率体制干扰方程。发射机饱和距离的计算公式如下：

$$R_{SA}=\sqrt{\frac{P_tG_tG_{JR}G_J\lambda^2\gamma_J}{(4\pi)^2P_J}} \tag{3.25}$$

式中：P_J 表示发射机最大功率。

3.2 拖曳式有源干扰信号的等效模拟数学模型

为叙述方便，假设被干扰雷达导引头、有源雷达诱饵及其所保护武器平台位于同一水平面内。记 $s_1(t)$、$s_2(t)$分别为雷达导引头所接收到的两个干扰信号，$s_1(t)$为诱饵所保护平台的雷达回波信号，$s_2(t)$为诱饵所发射的干扰信号。记 $s_1(t)$、$s_2(t)$的波达方向分别为 θ_T、θ_D，则雷达导引头所接收和、差信号可分别表示成：

$$r_\Sigma(t) = F_\Sigma(\theta_T)s_1(t) + F_\Sigma(\theta_D)s_2(t) \tag{3.26}$$

$$r_\Delta(t) = F_\Delta(\theta_T)s_1(t) + F_\Delta(\theta_D)s_2(t) \tag{3.27}$$

式中：$F_\Sigma(\theta)$、$F_\Delta(\theta)$分别为雷达导引头和、差波束方向图。假设 $s_2(t)$能完全模拟被保护平台的雷达散射特征（尽管这是一种理想情况，却代表着有源雷达诱饵干扰技术的一种发展趋势，在工程上也是可以近似实现的），则 $s_1(t)$与 $s_2(t)$间具有如下关系：

$$s_2(t) = \beta s_1(t-\tau)\exp\{j[2\pi\Delta f_d(t-\tau)+\gamma]\} \tag{3.28}$$

式中：$\beta = |s_2(t)/s_1(t)|$；Δf_d、τ 及 γ 分别为 $s_2(t)$相对于 $s_1(t)$的多普勒频差、到达时差及相位差。

通常，γ 可视为在 $-180° \sim 180°$范围内均匀分布的随机量。仅考虑雷达导引头无法从频率域对两个干扰信号分量进行分辨的情况，并假定 $\Delta f_d \leqslant 75\text{Hz}$。由式（3.26）~式（3.27）可得，雷达导引头的测角输出 η 为

$$\eta = \frac{F_\Delta(\theta_T)F_\Sigma(\theta_T) + \beta^2 F_\Delta(\theta_D)F_\Sigma(\theta_D) + \beta[F_\Delta(\theta_T)F_\Sigma(\theta_D) + F_\Delta(\theta_D)F_\Sigma(\theta_T)]\cos\phi}{[F_\Sigma(\theta_T)]^2 + \beta^2[F_\Sigma(\theta_D)]^2 + 2\beta F_\Sigma(\theta_T)F_\Sigma(\theta_D)\cos\phi} \tag{3.29}$$

式中：$\phi = 2\pi\Delta f_d(t-\tau)+\gamma$。

由式（3.29）可知，当 $\Delta f_d \neq 0$ 时，η 将是时变的。下面以仿真计算的形式定性分析 η 的时变性与 Δf_d 间的关系，并定量分析 Δf_d 对诱偏方向性的影响。仿真计算条件：①雷达导引头所发射相参脉冲串的脉冲宽度、PRI 及信号持续时间分别为 3μs、12μs、732μs；②雷达导引头和波束宽度约为 4.4°；③雷达导引头直接对各脉冲信号进行单脉冲测角；④采用单散射点模型生成信号 $s_1(t)$；⑤仿真数据中不包含噪声信号。

图 3.5 示出了当 $\Delta f_d = 75\text{Hz}$、$\tau = 12.15\mu s$（τ 的取值被设置为采样周期的整数倍，以下同）、两干扰点源相对于雷达导引头的张角 $\Delta\theta = 1°$及 $\theta_T = 0.5°$时，不同 γ、β 取值情况下，雷达导引头对接收脉冲序列的单脉冲测角输出。

由于 $\tau \neq 0$，$s_1(t)$、$s_2(t)$在时域内首尾部分是不重叠的，所以，在整个观测时间内雷达导引头输出了三种角度值，如图 3.5 所示。其中，标识为“目标信号”及“干扰信号”的角度值分别对应于 $s_1(t)$、$s_2(t)$的波达方向，标识为“合成信号”的角度值对应于雷达导引头对 $s_1(t)$、$s_2(t)$重叠部分的测角输出。由于 $s_1(t)$、$s_2(t)$不重叠部分的持续时间通常很短，所以，书中仅考察雷达导引头对 $s_1(t)$、$s_2(t)$重叠部分（称之为合成信号）的测角输出。

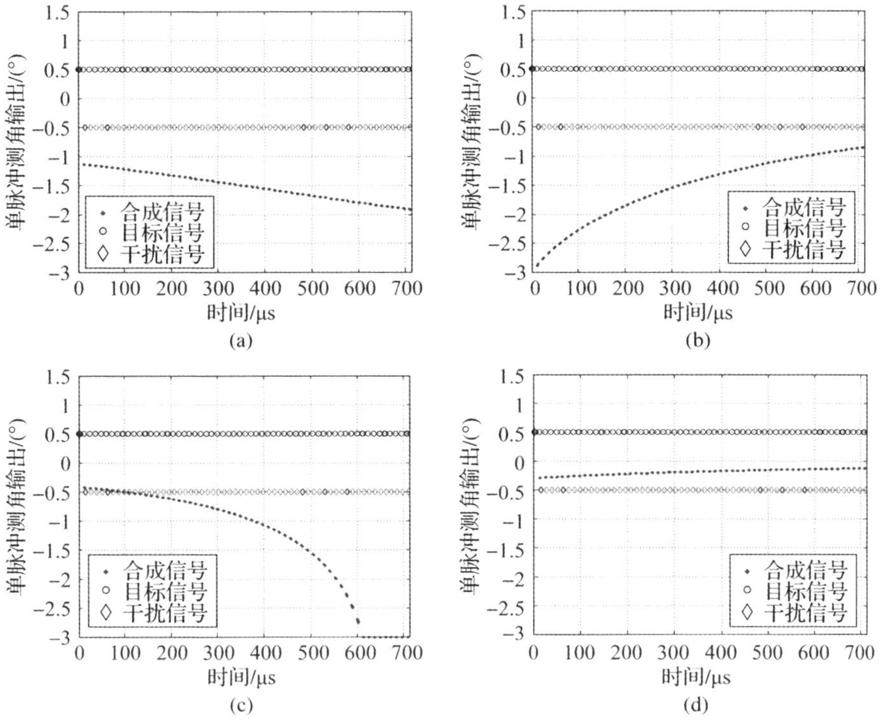

图 3.5　雷达导引头对接收脉冲序列的单脉冲测角输出

（a）$\beta=1.8$、$\gamma=-180°$；（b）$\beta=1.4$、$\gamma=-140°$；

（c）$\beta=1.1$、$\gamma=-180°$；（d）$\beta=1.1$、$\gamma=-120°$。

由图 3.5 可见：

（1）当 $\beta=1.8$、$\gamma=-180°$或 $\beta=1.4$、$\gamma=-140°$时，在整个观测时间内雷达导引头均被诱偏至两干扰点源的外侧，且诱偏角度具有明显的时变性；

（2）当 $\beta=1.1$、$\gamma=-180°$时，在整个观测时间内既出现了雷达导引头被诱偏至两干扰点源内侧的情况，也出现了被诱偏至两干扰点源外侧时的情况，诱偏角度同样具有明显的时变性；

（3）当 $\beta=1.1$、$\gamma=-120°$时，在整个观测时间内雷达导引头均被诱偏至两干扰点源的内侧，尽管诱偏方向也是时变的，但其时变性明显减弱；

（4）由于图 3.5 中各子图示出的均为给定 β 取值条件下，诱偏角度随时间发生最大变化量时的情况。由此可以看出，β 越大时，诱偏角度随时间发生的最大变化量越小。

通常情况下，受雷达导引头与两干扰点源间相互位置关系等因素的影响，γ 可视为在 $-180° \sim 180°$ 范围内均匀分布的随机量。因此，雷达导引头被诱偏至两干扰点源内、外侧的可能性可以概率的形式表示。这里的“概率”定义为雷达导引头被诱偏至两干扰点源内（外）侧时，所对应的 γ 的取值范围（雷达导引头被诱偏至两干扰点源内侧时，所对应的 γ 的取值范围是连续的。当被诱偏至两干扰点源内侧时，所对应的 γ 的取值范围是分段连续的）与 360°的比值。图 3.6 示出了当 $\Delta\theta = 2°$时，两种 θ_T 取值情况下雷达导引头被诱偏至两干扰点源内、外侧的概率与 β 间的关系曲线，其中，Δf_d、τ 为参变量。

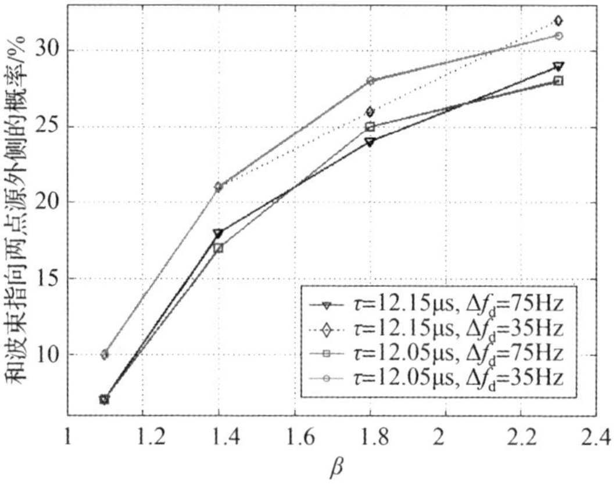

(a)

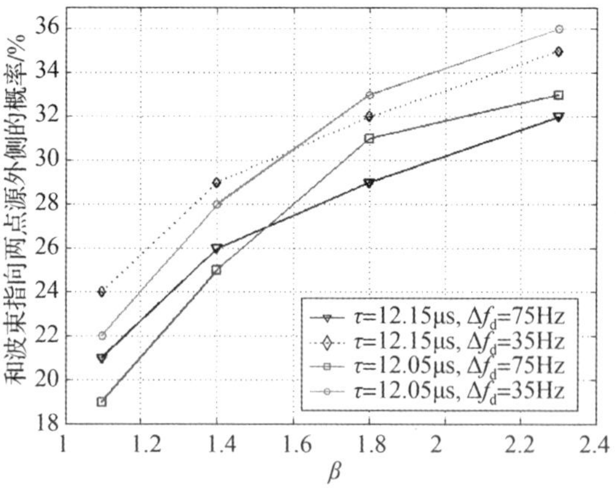

(b)

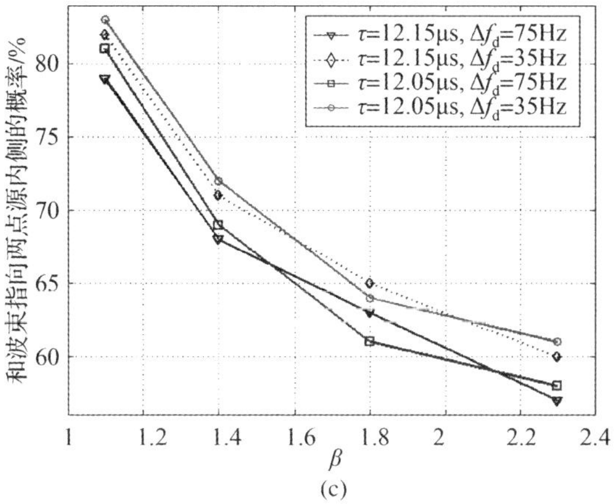

(c)

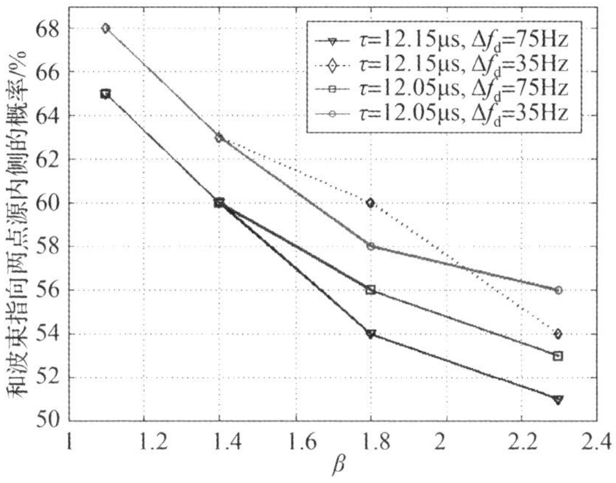

(d)

图 3.6　雷达导引头被诱偏至两干扰点源内、外侧的概率

(a) $\theta_T=1°$；(b) $\theta_T=2.2°$；(c) $\theta_T=1°$；(d) $\theta_T=2.2°$。

由图 3.6 可见：

(1) 在参数 Δf_d、τ 所有给定的取值组合条件下，无论 $\theta_T=1°$，还是 $\theta_T=2.2°$，雷达导引头被诱偏至两干扰点源内（外）侧的概率均随 β 的增大而非线性减小（增大）；

(2) 当 τ、β 的取值一定时，两种 θ_T 取值情况下雷达导引头被诱偏至两干扰点源内或外侧的概率均随 Δf_d 的减小而增大，而与 τ 的取值基本无关；

(3) 同 $\theta_T=1°$时的情况相比，当 $\theta_T=2.2°$时，相同 Δf_d、τ 及 β 取值条件下雷达导引头被诱偏至两干扰点源内（外）侧的概率更小（更大），如图 3.7 所示，且其概率之差均随 β 的增大而减小，而 Δf_d 的取值对概率之差的影响并不显著；

（4）Δf_d 对雷达导引头被诱偏至两干扰点源内、外侧的概率的贡献远小于 β。

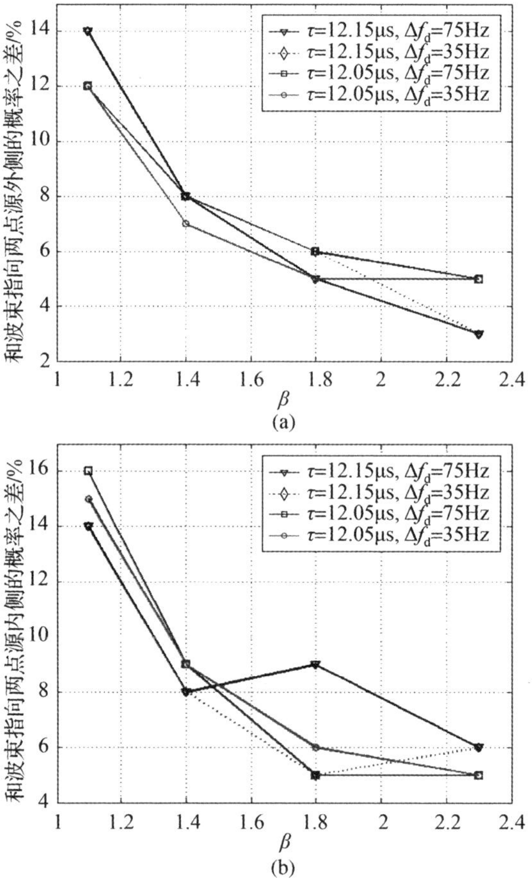

图 3.7　雷达导引头被诱偏至两点源内、外侧的概率之差

（a）外侧；（b）内侧。

实际上，由于两干扰信号间的相位差主要由两干扰点源与被干扰雷达导引头间的相对位置关系决定，因此，两干扰信号间的到达时差 τ 对雷达导引头被诱偏的方向肯定是有影响的，只是该影响体现在两干扰信号间的相位差中，而书中为了分析方便，人为地剔除了 τ 对两干扰信号间相位差的影响。

综上所述可知：

（1）雷达导引头被诱偏方向具有随机性。该随机性不因两干扰信号间存在一定的多普勒频差而发生改变，但多普勒频差及雷达导引头初始和波束指向均对雷达导引头被诱偏至两干扰点源内、外侧的概率具有一定的影响。多普勒频差越小，雷达导引头被诱偏至两干扰点源外（内）侧的概率越大（小）；

（2）两干扰信号间的多普勒频差会导致被干扰雷达导引头的测角输出产生波动。波动的大小与两干扰信号间的相对幅度及相位差均有关；

（3）鉴于雷达诱饵位于雷达导引头被诱偏的角度范围内，因此，雷达诱饵被命中的概率应当是存在的。

第4章　反向交叉眼干扰技术

4.1　反向交叉眼干扰关键技术

4.1.1　双点源交叉眼干扰技术

交叉眼干扰的工作原理如图4.1所示，外部辐射源发射的信号被干扰源1的接收天线收到，干扰源1将信号反相，然后转发到干扰源2，由干扰源2的发射天线辐射出去。干扰源2将接收到的信号转发到干扰源1的发射端发射出去。如果能够保证两个收发环路的相位和幅度一致性，由于空间波程相同，则两干扰信号将在外部辐射源处进行反相叠加，从而产生扭曲的磁场，改变信号的波前，实现交叉眼干扰。

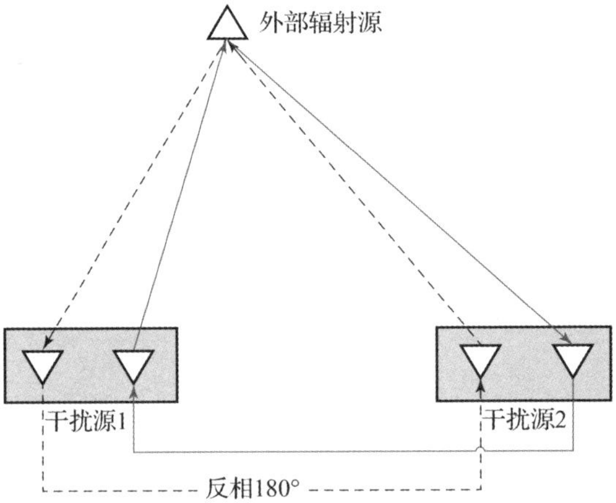

图4.1　双点源交叉眼干扰原理图

交叉眼干扰取得较好的干扰效果时，最好是雷达目标回波与干扰信号处于同一距离波门内。由于单脉冲雷达距离波门较窄，最小的只有150m左右，这就要求干扰和回波时延差小于1μs，这样就能够保证干扰信号和目标回波信号重叠。

（1）根据其工作原理，交叉眼干扰经互相转发之后，干扰本就滞后于回波，若再存储后转发（DRFM），由于不知道与雷达的距离，回波和干扰不在一个距离波门，干扰会失效；

（2）由于 A/D 和 D/A 存在处理延时，要满足小于 1μs 要求，AD/DA 芯片与 FPGA 之间采用 LVDS 高速传输方式。

4.1.2 高精度幅相校正技术

实现交叉眼干扰的关键是能够对两路收发信号的幅度和相位进行精确控制，因此需要设计高精度的幅相校正方案。本系统的工作路径如图 4.2 所示。

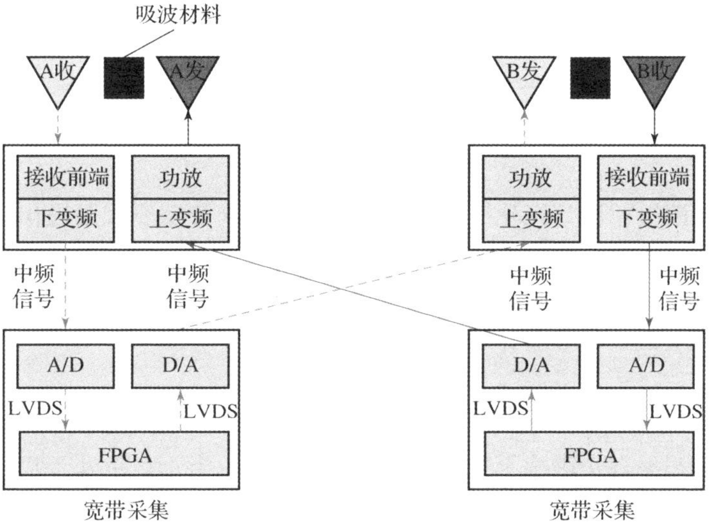

图 4.2 工作路径

采用交叉眼干扰时，系统信号路径如图 4.2 所示，需要保证两路发射信号从两个天线发射出去后幅度相等、初始相位相差 180°。经过 A/D 转换之后的信号为数字信号，因此在两块数字采集模块间传输时不会引起相位的变化（但是要考虑两块采集模块的同步问题），校正路径如图 4.3 所示。

根据校正原理，若校正环路和工作环路完全一致，则经过校正后能够满足交叉眼干扰的使用需求。但是校正环路比工作环路多出两部分：

（1）功放的校正信号到接收通道，包含功放内部功分器、耦合器，频综到接收通道的射频电缆；

（2）同时收发天线及其到达变频模块耦合口的长射频电缆需要考虑幅度和相位的一致性，在暗室内部将收发天线连同射频电缆一起测量，将测量结果作为校正补偿，要对天线和收发天线进行标记，连接到系统时，天线和射频电缆连接关系要与测量时相对应。

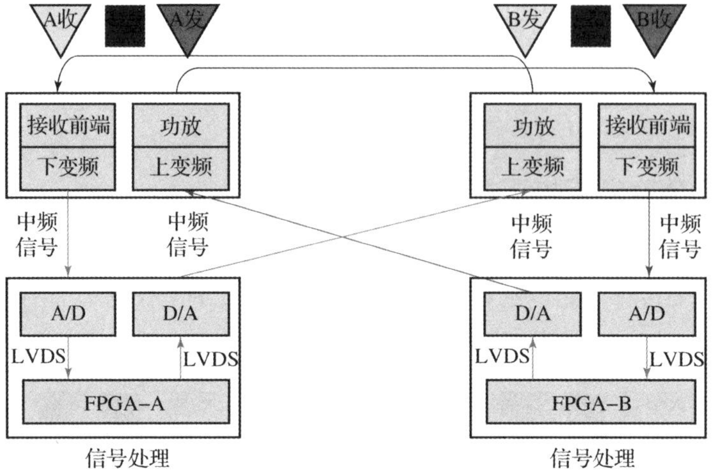

图 4.3　校正路径

为了保证幅相误差在允许范围内，针对上述部分需要采用稳相电缆，同时还需要对模块的幅度、相位稳定性提出要求，根据目前的器件及工艺水平，采用稳相电缆并经过校正后，上述几部分的相位误差总和控制在 15°以内，幅度误差控制在 1.5dB 是容易做到的。

4.1.3　收发同时工作隔离度设计技术

收发隔离一直是影响干扰机性能的重要因素，当干扰机处于收发同时工作模式时，干扰通过空间耦合同路进入接收天线将降低侦察灵敏度，造成接收端目标检测困难或接收信号质量下降，严重时更可能发生自激现象，使整个电子对抗系统处于瘫痪状态。为了保障己方侦察设备对雷达信号的正确检测，有效获取敌方目标信息，有必要研究行之有效的收发隔离方法，提高干扰机工作性能。

根据指标要求，系统要具备收发同时和收发分时工作。同时根据交叉眼实际应用分析，为了使得干扰与目标回波在同一个雷达波门内，应该采用收发同时工作方式。对于常规干扰而言，可以通过将收发天线分置，通过加大收发天线的距离达到增加隔离度的目的。而对于交叉眼干扰，每组收发天线的距离一般不超过 1m，因此需要考虑隔离度设计。

根据指标要求，功放输出功率不低于 10W（40dBm），按照瞬时带宽 1GHz、接收机噪声系数 10、检测信噪比 13dB 得到接收机灵敏度为

$$S_{\min} = -114 + 10\log 1000 + 10 = -74(\text{dBm}) \tag{4.1}$$

因此，不考虑功放到收发天线之间的电缆损耗时，至少要求收发天线间隔

离度达到 40 + 74 = 114 (dB)。考虑电缆损耗时，技术指标要求交叉眼基线 1 ~ 10m 可变，从功放到发射天线以及接收天线到接收机，本系统选取 6m 长度的稳相电缆，收发两段电缆损耗约为 16dB，因此收发隔离度要求不小于 40 + 74 − 16 = 98 (dB)，见表 4.1。

表 4.1　隔离度估算表

功放输出功率	40dBm
功放到发射天线 6m 电缆损耗	8dB
发射天线增益	0dB（收发天线远区副瓣相对）
接收天线增益	0dB
接收天线到通道 6m 电缆损耗	8dB
接收机灵敏度	−74dBm
隔离度要求	98dB

收发天线距离为 0.5m 时，空间衰减为

$$L_{space} = 32 + 20\log D + 20\log f \tag{4.2}$$

式中：D 单位为 km；f 单位为 MHz。按照指标要求，交叉眼工作频段为 16 ~ 18GHz，按照 16GHz 计算，则空间衰减为 50dB，难以满足隔离度要求。为了进一步增加隔离度，收发天线设计时，采用如下两种措施：

(1) 外部包裹吸波材料，如图 4.4 所示。

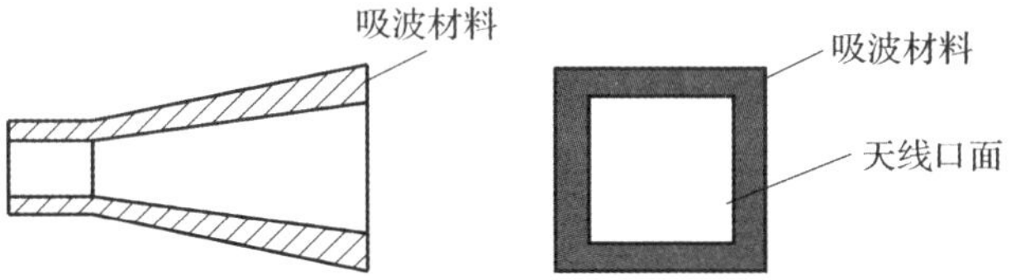

图 4.4　吸波材料粘贴图示

(2) 收发天线之间增加吸波墙体，如图 4.5 所示。

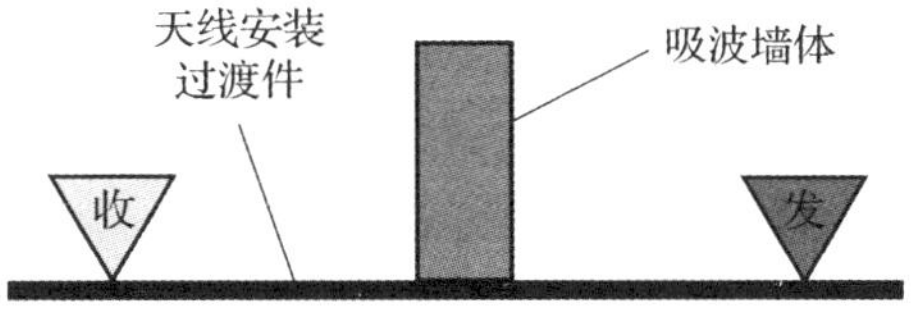

图 4.5　吸波墙体图示

采用上述两种措施（图4.6）后能够保证达到98dB的隔离度要求，仿真结果如图4.7所示。

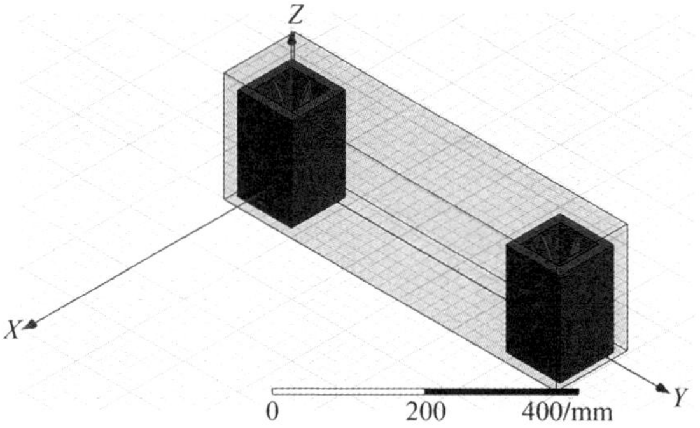

图4.6 天线包覆吸波材料

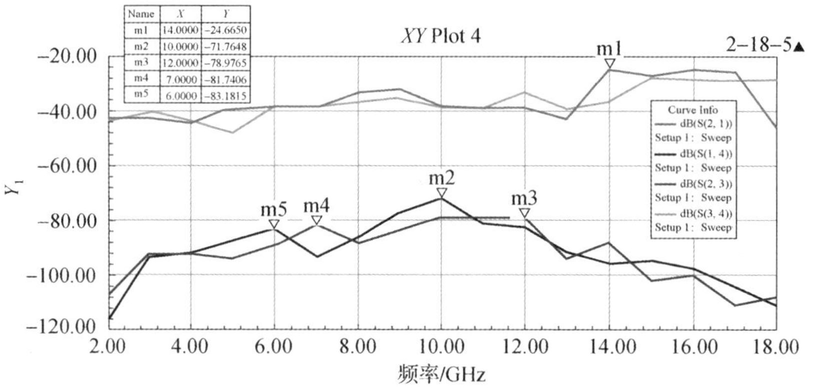

图4.7 包覆吸波材料后隔离度仿真结果

根据仿真结果，在喇叭外包覆吸波材料之前，当两个喇叭天线之间隔离度不到50dB时，增加包覆材料后可以大大提高隔离度。但是，在3～16GHz频段内，仍然难以达到98dB以上的隔离度要求。因此，在两个喇叭天线之间增加隔板（图4.8），隔板尺寸为205mm×130mm，仿真模型如图4.9所示。

根据仿真结果，进一步在喇叭天线之间增加隔板，能够进一步增加隔离度，能够保证在全频段内隔离度大于98dB。采取的隔离设计措施，主要是针对天线的副瓣方向进行电磁波吸收设计，因此不影响天线的主瓣增益。

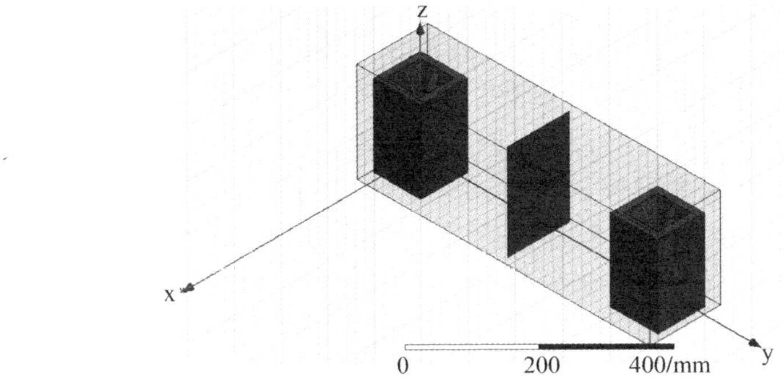

图 4.8　增加隔板

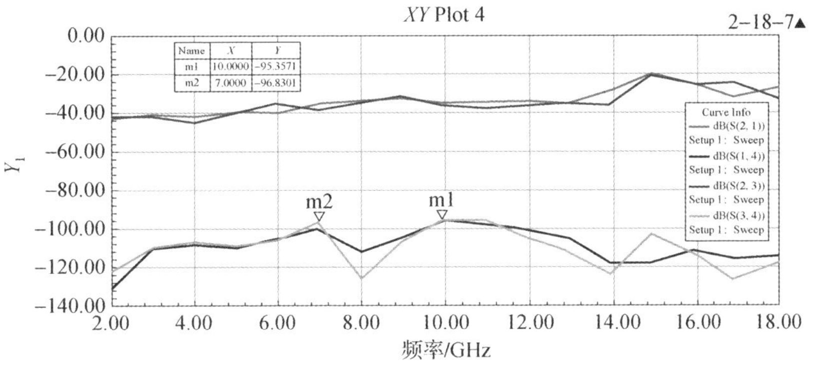

图 4.9　增加隔板后的隔离度仿真结果

4.2　动态交叉眼干扰技术

交叉眼干扰系统的有效性严格依赖于两干扰源信号幅度比率和干扰信号相位差的精确控制。在实际工程应用中，由于机载或弹载单脉冲雷达平台位置或者姿态快速变化，以及采样、时钟不同步等因素，要实现两点源之间的高精度相位、幅度控制难度很大，造成常规的交叉眼静态干扰无法达到预期的干扰效果。

针对交叉眼干扰幅度、相位不易精确控制，难以对单脉冲雷达导引头角跟踪系统实施有效干扰的问题，提出了一种交叉眼动态干扰方法和装置。同其他静态方法相比，动态交叉眼干扰通过实时控制干扰装置中两个干扰源功率，对单脉冲雷达实施交叉眼动态干扰，引诱其主波束偏离目标，并且诱偏角度逐渐增大，形成多个稳定跟踪偏差角，最终迫使雷达导引头视场无目标，导致雷达失锁。该干扰的实现方法简单，降低了对干扰幅度控制的精度要求，达到了较理想的干扰效果。干扰装置采用的都是商用成品器件，器件水平比较成熟，成本较低，易于实现。这可以大幅度降低干扰装置的复杂度及研发成本。

交叉眼干扰系统采用两副天线，两个环形器，两个信号接收模块，两个数字储频模块，一个干扰决策控制模块，一个移相器，两个发射机。间隔 L 距离的两副天线，分别接收到单脉冲雷达威胁信号，接收到的信号经接收模块前段处理后，被送入各自的数字储频模块，在数字信号处理器控制下，完成信号的存储和转发，其中一路信号经移相器进行动态移相。两路信号通过发射机输入各自天线进行发射，根据外部输入的干扰控制决策命令，实时控制两路信号的发射功率，实现对单脉冲雷达导引头角跟踪系统的交叉眼动态干扰。

图 4.10 是对单脉冲雷达导引头角跟踪系统的动态干扰装置组成结构示意图。干扰装置包括：两副天线，两个环形器，两个信号接收模块，两个数字储频模块，干扰决策控制模块，移相器，两个发射机模块。天线通过环形器与信号接收模块相连。信号接收模块由低噪声场放、混频器、放大器、滤波器组成。数字储频模块由下变频器、上变频器、A/D、存储器、D/A 及数字信号处理器（DSP）组成。干扰决策控制模块由功率控制电路和干扰指令输入端口组成。

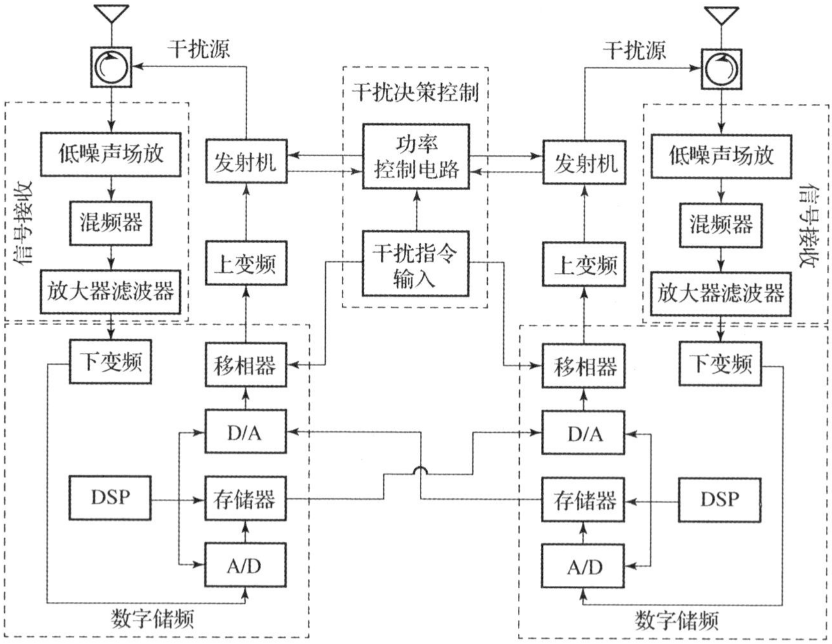

图 4.10　对单脉冲雷达导引头角跟踪系统的动态干扰装置组成结构示意图

干扰装置通过两副天线接收单脉冲雷达跟踪信号或威胁信号。两副天线都能够发射和接收信号，且其间距 L 要远大于单脉冲雷达发射的跟踪制导雷达信号的波长。接收的两路威胁信号通过环形器送入各自的信号接收模块。接收模块对威胁信号进行放大、混频、滤波等预处理后，送入数字储频模块。DSP 控制 D/A 转换模块 1 读取存储器 2 中的数字信号，D/A 转换模块 2 读取存储器 1 中的数字信号，完成信号的发射转换。输出的两路信号，理想状态下应该是幅度相等、相位差 180°的两路信号，然而实际应用中，很难进行精确控制，因此引入干扰决策控制模块，对两路信号进行动态控制，降低精度要求。

图 4.11 是动态干扰装置中干扰决策控制模块结构示意图。干扰决策控制模块包括两个相位控制单元、两个增益控制单元、两个功率检测单元、功放微控制器和干扰指令输入端口。输入干扰控制命令，动态控制两个干扰源的相位和功率，生成干扰信号。

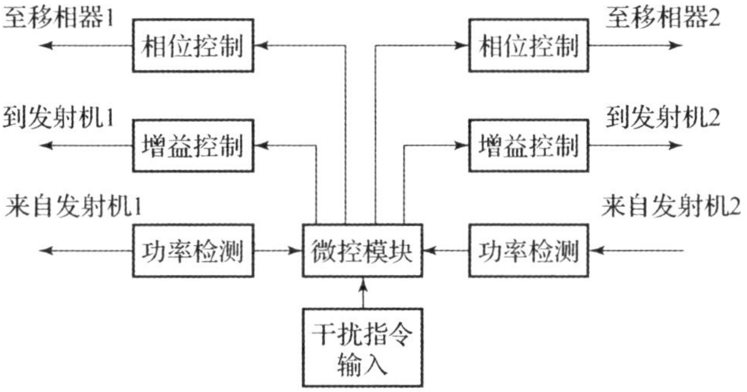

图 4.11　干扰决策控制模块结构示意图

相位/功率控制方式分单周期和多周期两种功率控制方式。下面以功率控制为例进行分析。若选择单周期功率控制方式，如图 4.12（a）所示，开始时，发射机 1 开机，且功率保持恒定，发射机 2 保持关闭状态，则单脉冲雷达导引头角跟踪系统主波束将指向干扰源 1。随后发射机 2 开机，增益控制模块控制发射机 2 以低功率状态线性逐渐增大，如图 4.12（b）所示。功放微控制器实时比较发射机 1、2 的功率，若发射机 1 与发射机 2 的发射功率相等，功放微控模块通过增益控制单元，使发射机 2 的功率保持恒定，控制发射机 1 的功率线性减小直至关机。若选择多周期功率控制方式，如图 4.13 所示，首先实施一次单周期功率控制，当发射机 1 功率减小为零后，功放微控制器通过增益控制单元控制发射机 1 重新开机，并保持一恒定发射功率。同时，发射机 2 转为关机状态，进而开机以低功率状态开始逐渐增大，亦即开始下一周期干扰功率控制过程。

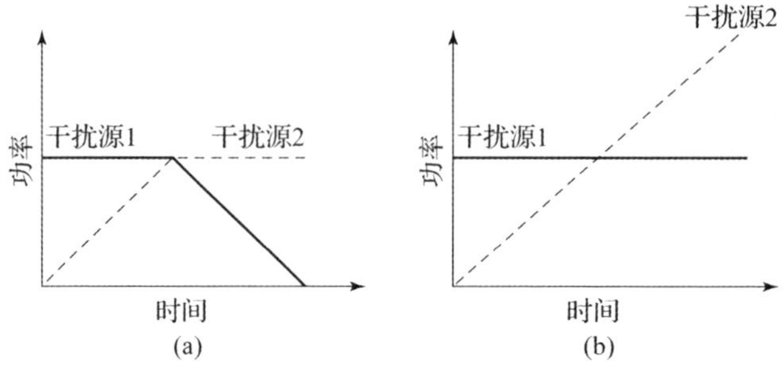

图 4.12　两种单周期干扰功率控制方式示意图

（a）功率交替化；（b）功率线性变换。

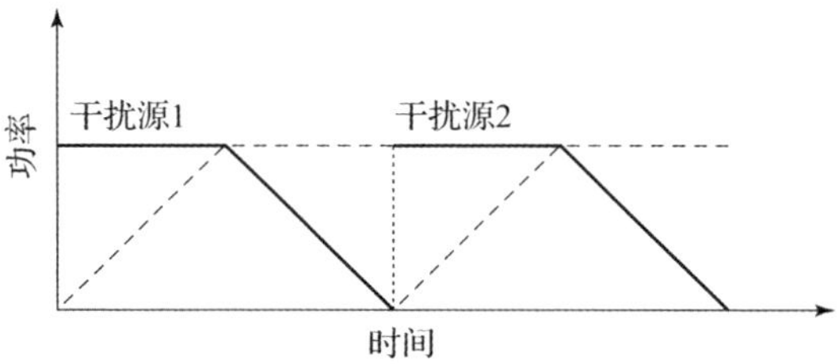

图 4.13　多周期干扰功率控制方式示意图

相位动态控制方式类似，这里不再赘述。通过动态控制，避免了功率保持相等、相位差保持 180°的精准控制方法，降低了系统难度。

图 4.14 是对单脉冲雷达导引头角跟踪系统的动态干扰方法基本流程图。基本流程包括：接收单脉冲雷达导引头的跟踪信号或威胁信号，经过放大、混频、滤波后，馈入数字储频模块完成信号存储和转发，最后由干扰决策控制模块控制两路信号的相位和发射功率，实现对单脉冲雷达导引头角跟踪系统的动态干扰。

分别对传统的交叉眼干扰和本书所述的动态交叉眼干扰方法进行了仿真实验。设置一组飞机或舰船等自卫平台受到来袭导弹威胁时的典型仿真参数，入射信号波长为 λ，两相干干扰源相隔距离为 10m，雷达天线中心到两干扰源位置中心距离为 1km，取目标与等信号轴方向的夹角 $\theta_r = 0$，两干扰点源相对雷达天线中心点的张角为 $\theta_e = 0.56°$。图 4.15 ~ 图 4.17 给出了仿真结果，仿真结果说明，同常规的交叉眼静态干扰方法相比，本书所述交叉眼动态干扰方法，增加了单脉冲雷达主波束稳定跟踪点的偏离角度，诱偏效果显著增加。同时，该方法降低了对干扰信号幅度的精度要求，更易于工程实现。

图 4.15 所示为传统交叉眼静态干扰方式下，单脉冲雷达误差信号 $K(\theta)$ 的仿真图，此时到达雷达天线阵中心的两干扰信号相位相反、功率相等。可以看

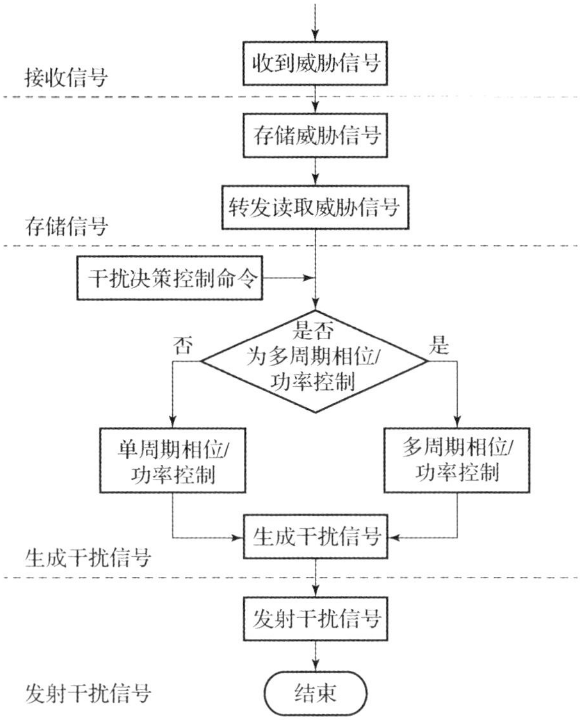

图 4.14　对单脉冲雷达导引头角跟踪系统的动态干扰方法的基本流程图

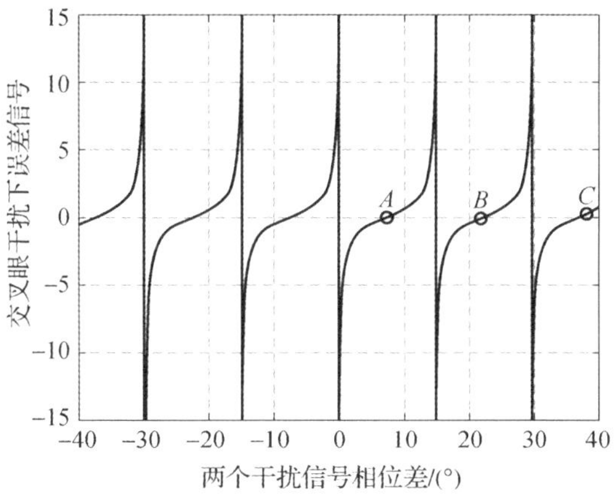

图 4.15　静态交叉眼干扰误差信号仿真结果

出，单脉冲雷达的稳定跟踪点不再指向 0°，离视轴最近的稳定跟踪点指向 ±5.3°（*A* 点），此时单脉冲雷达角跟踪系统受到诱偏，波束指向自卫平台之外。同样，±14.5°（*B* 点）、±21.5°（*C* 点）也是单脉冲雷达的稳定跟踪点。

图 4. 16 所示为单周期功率控制方式下，单脉冲雷达的稳定跟踪点逐渐偏离的整个周期过程。实施干扰开始时干扰源 2 与干扰源 1 幅度比近似为零，单

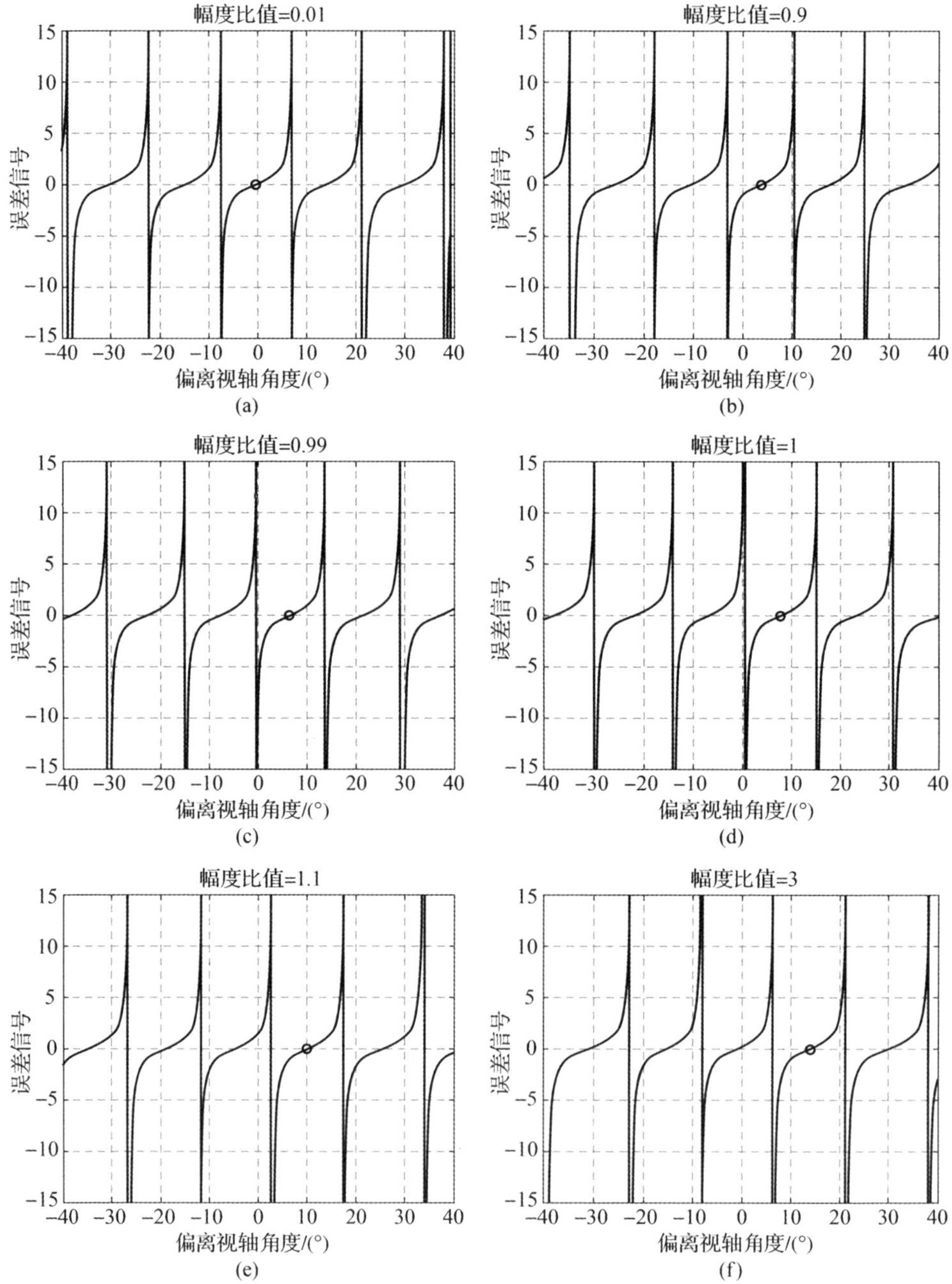

图 4. 16　单周期相位/功率控制方式下跟踪点偏离过程

脉冲雷达波束稳定跟踪点在视轴方向。随着干扰源2的功率逐渐增大，两干扰源幅度比逐渐增大，稳定跟踪点偏离视轴方向，当两干扰源功率相等，即其幅度比为1时，跟踪误差曲线与图4.15所示交叉眼静态干扰误差曲线重合，稳定跟踪点为偏离视轴+5.3°的A点（与图4.15中A点一致）。两干扰源功率相等后，干扰源2功率保持恒定，干扰源1功率逐渐减小，其幅度比进一步增大，此时单脉冲雷达的稳定跟踪点在同一方向上自A点继续偏转，逐渐指向第一旁瓣的稳定跟踪点B点（与图4.15中B点一致），雷达天线的主波束也逐渐指向B点。

图4.17所示为多周期功率控制方式下，单脉冲雷达稳定跟踪点偏离过程，从图中可以看出，此种方式下，单脉冲雷达的稳定跟踪点沿着粗线方向偏离目标方向，且其偏离量呈增大趋势。

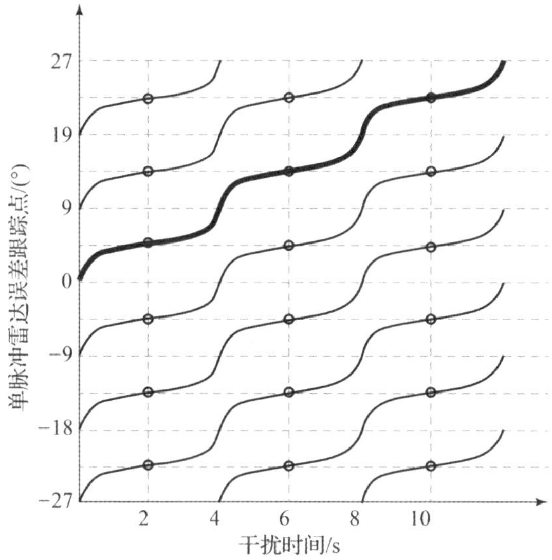

图4.17　多周期相位/功率控制方式下跟踪点偏离过程

4.3　交叉眼干扰验证试验

4.3.1　评估准则

1. 功率准则

功率准则有时也称为能量准则或信息损失准则，通常适用于对雷达系统的压制性干扰，一般用压制系数表征，即对雷达实施有效压制干扰或使被压制干扰的雷达产生指定的信息损失时，在雷达接收机输入端所需要的最小干扰信号与雷达信号的功率（或能量）比。

由于干扰信号的作用，造成的信息损失表现在对雷达信号的遮盖、模拟或产生误差，甚至中断信息进入等。信息损失的特性取决于干扰信号和被干扰对象的特性。雷达类型不同，有效干扰的含义不同。对于目标搜索指示雷达，有效干扰指的是使雷达的发现概率下降到某一数值。对于跟踪雷达，有效干扰指的是使其跟踪误差增大到一定程度，或使其误差信号的频谱特性变坏，使雷达失去跟踪能力。有效干扰也可利用受干扰覆盖住的雷达观测空间体积（或面积），或利用受干扰覆盖住的空间体积（或面积）与整个观测空间体积（或面积）之比来量度。

2. 概率准则

概率准则有时也被称为战术运用准则或效能准则，是从被干扰对象（雷达或无线电制导导弹武器系统）在电子干扰条件下，完成给定任务的概率出发来评估干扰效果。一般是通过比较被干扰对象在有无干扰条件下，完成同一任务（或性能指标）的概率来评估干扰效果。比较的基准值是无干扰条件下，被干扰对象完成同一任务的概率。对于目标搜索指示雷达，可以采用目标发现概率作为干扰效果评估指标，以雷达发现概率的下降程度来评估干扰效果。一般情况下，压制性干扰主要用于对目标搜索指示雷达的干扰。压制性干扰通常以各种调制的噪声干扰为基本样式，强干扰作用于雷达接收机后，可使接收机通道中的信噪比降低，造成雷达的信号检测系统无法提取出目标信息。因此，压制性干扰的本质是降低搜索雷达对目标的发现概率。一般情况下，当搜索雷达的发现概率下降到小于0.2，即可判定干扰有效；当发现概率大于0.8时，干扰无效；而当发现概率在(0.2,0.8)范围时，可采用蒙特卡罗（Monte Carlo）法，取随机数决定干扰是否有效。

对于无线电制导导弹武器系统，其战术技术指标中以对目标的杀伤概率为一级指标，所有性能指标受干扰后最终都会反映到杀伤概率的变化上，所以可以选杀伤概率作为干扰效果评估指标，依据导弹武器系统在有无干扰条件下对目标的杀伤概率之比评估电子干扰对导弹武器系统的干扰效果。杀伤概率直接反映了导弹武器系统攻击目标的有效程度，概率准则将电子干扰对导弹武器系统的干扰效果和导弹的作战使命联系起来，通过比较导弹武器系统在有无干扰条件下的杀伤概率，可以直观反映电子干扰的战术效果。因此，概率准则也被称为战术运用准则或效能准则，被认为是一种比较理想的干扰效果评估准则。

3. 效率准则

通过比较被干扰对象在有无干扰条件下同一性能指标的变化来评估干扰效果。一般可以采用有无干扰条件下同一性能指标的比值表征干扰效果。因此，效率准则的比较基准是被干扰对象在无干扰条件下同一性能指标的值。例如，对于雷达，可以依据受干扰后雷达对目标的探测距离相对于无干扰条件下的探测距离下降的程度，来评估干扰机对雷达的干扰效果。

电子干扰的目的是使被干扰对象的工作性能下降，所以应用效率准则评估干扰效果具有直观明了的显著特点。利用效率准则，通过直接比较被干扰对象在有无干扰条件下同一性能指标的检测数据，就可得出对干扰效果的评估结果。因此，效率准则还具有简便、工程易行的优点。效率准则采用的干扰效果评估指标可以是被干扰对象的任何一项会受电子干扰影响的战术技术性能指标，而不论其是否具有概率特性。在这些性能指标中，不具有概率特性的指标不需要特地变换为概率形式，所以也就不需要通过大量重复试验去检测，或经过复杂的数据处理而得到。因此，与概率准则相比，采用效率准则评估干扰效果更为直观、简单和方便。

4.3.2 评估指标

1. 测角误差

交叉眼干扰主要用于实现对雷达的角度欺骗干扰，测角误差是其一个重要指标。

对于比相单脉冲雷达的指示角 θ_i 可由单脉冲比 M_J 得到，关系式为

$$\beta \frac{d_p}{2}\sin(\theta_i) = \arctan(M_J) \tag{4.3}$$

对于比幅单脉冲测角系统，目标指示角 θ_i 与单脉冲比 M_J 为线性关系，θ_i 可以表示为

$$\theta_i = \frac{M_J}{k_m} \tag{4.4}$$

式中：k_m 为单脉冲角度鉴别曲线斜率，其值近似为一个固定常数。

当不存在干扰时，单脉冲雷达跟踪到目标并能够给出正确的目标角度，此时 $\theta_i = \theta_r$，即目标指示角等于目标（干扰机）偏离雷达主轴的角度；当存在交叉眼干扰时，$\theta_i \neq \theta_r$，即目标指示角不等于目标（干扰机）偏离雷达主轴的角度，测角误差可以表示为

$$\theta_{err} = \theta_r - \theta_i \tag{4.5}$$

2. 交叉眼干扰增益

交叉眼干扰增益也是评估交叉眼干扰效果的重要指标，存在干扰时，可以

得到单脉冲指示角与交叉眼干扰增益的关系表示为

$$G_{cn} = \frac{\theta_i - \theta_r}{\theta_e} \tag{4.6}$$

式中：G_{cn}为交叉眼干扰增益；θ_i 为目标指示角；θ_r 为目标（干扰机）偏离雷达主轴的角度；θ_e 为干扰机天线相对于雷达视线的半张角。

3. 真假目标距离

交叉眼干扰对于近距离的导弹具有较好的干扰效果。对于安装了交叉眼干扰设备的载机，在对导弹进行角度干扰后，导弹锁定干扰产生的假目标进行攻击，真假目标距离越远，导弹命中概率越低，如图 4.18 所示。在只进行角度欺骗时，真假目标距离可以表示为

$$\begin{aligned} L_i &= G_{cn} d_c / 2 \\ &= (\theta_r - \theta_i) r \end{aligned} \tag{4.7}$$

式中：r 为雷达天线中心到干扰机中心（目标）的距离；d_c 为干扰机天线阵列基线长度。

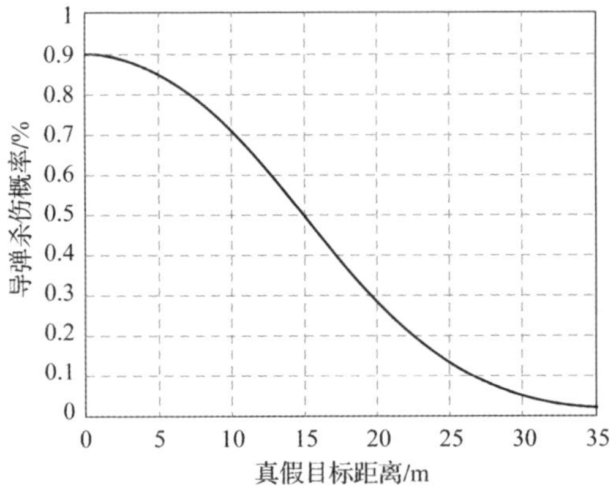

图 4.18　导弹命中概率

4.3.3　试验设计

内场干扰试验验证由雷达、目标模拟器、干扰机、雷达信号源、数据测量记录设备、总控制台、暗室、转台、电源等几部分组成，组成框图如图 4.19 所示。试验的整个工作流程可分为三部分：试验初始设置、干扰试验、试验数据处理与评估。

通过设置典型参数，检验交叉眼干扰方法的有效性。雷达工作频率 Ku 波段（12～18GHz），波束宽度为 7°，天线孔径为 0.3m，测角体制为子阵级比相单脉冲测角。干扰机天线间距设置为 1m，干扰机相对于雷达转角设置为 0°。

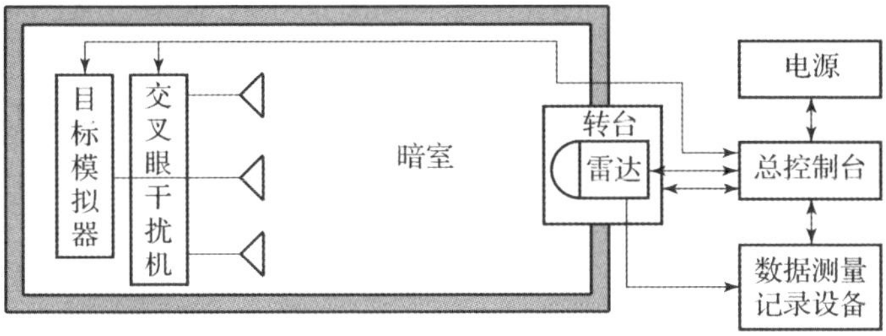

图 4.19 试验部署示意图

干扰机两个天线初始幅度比设置为 1，初始相位差设置为 180°。目标模拟器放置于干扰机天线中间位置，干信比设置为 30dB。

首先雷达开机，处于搜索状态，然后打开目标模拟器，使雷达跟踪到目标，固定伺服系统，输出测角值。然后打开干扰机，调整干扰机干扰参数，分别测试干扰机关闭和打开情况下的干扰效果，对雷达数据进行测量和记录。

4.3.4 单脉冲雷达半实物仿真系统的干扰试验

图 4.20 所示为内场暗室试验场景，某单脉冲雷达半实物仿真系统的微波天线可以划分为 4 个子阵，对应的四个波束分别接收信号，然后经过处理后形成和差信号进行单脉冲测角。图 4.21 所示为测试数据记录界面。

图 4.20 试验场景

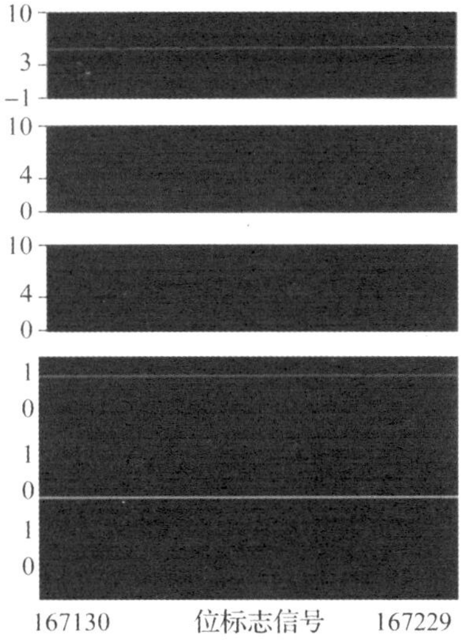

图 4.21 测试数据记录界面

图4.22所示为只开一路进行常规干扰时的干扰效果，从图中可以看出，此时接收信号幅度和测角输出保持稳定。这说明单独的一路干扰，雷达可以作为干扰源定向，干扰源所在方向就是目标辐射源方向，此时没有干扰效果，能够稳定跟踪目标。

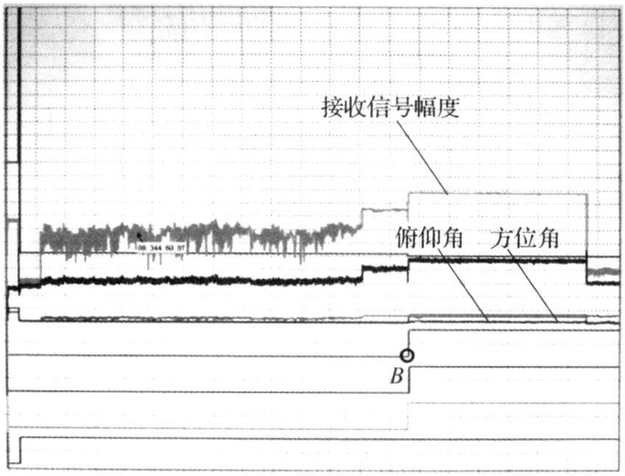

图4.22　试验结果（1）

试验一：干扰机两个发射端幅度比设置为相等，相位差设置为180°。图4.23给出试验中导引头跟踪误差及工作状态字的变化曲线。*A*点为干扰机开机时刻，此时雷达模拟器接收信号，但是不进行测角处理。*B*点为雷达模拟器开始进行测角并进行角度跟踪的时刻。从图中可以看出，在干扰开启后，雷达模拟器收到的信号变大。然后利用上位机软件控制改变雷达模拟器工作状态，在*B*时刻开始测角并进行跟踪，此时，雷达模拟器天线持续偏转，方位角和俯仰角持续增大，误差达到了20°左右，显示了很好的干扰效果。

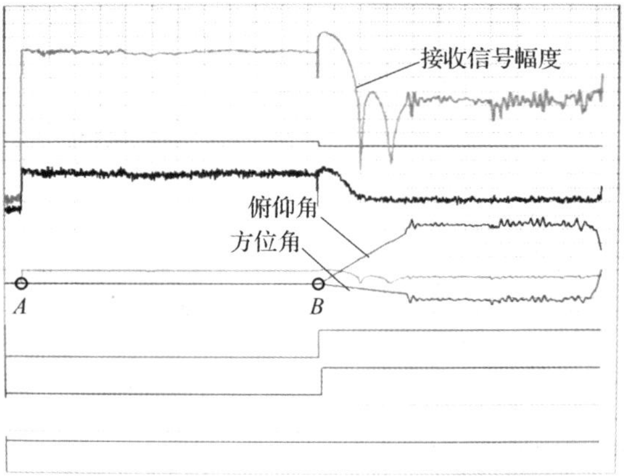

图4.23　试验结果（2）

试验二：干扰机实施动态交叉眼干扰，即干扰机两个发射端幅度比设置为相等，相位差设置为在指定几个值上进行动态变化，变化频率为1Hz，每次变化5°。图4.24给出试验中雷达模拟器跟踪误差及工作状态字的变化曲线。从图中可以看出，干扰开启后，雷达模拟器的测角曲线出现周期性的变化，变化周期与相位扫描周期一致。

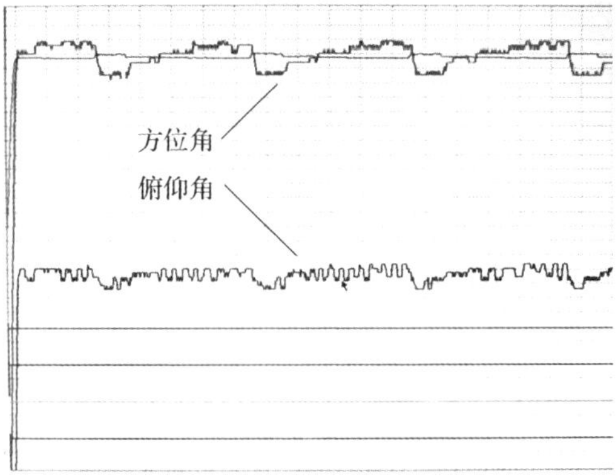

图4.24　试验结果（3）

试验三：干扰机两个发射端幅度比设置为相等，相位差设置为在指定几个值上进行动态变化，变化频率为1Hz，每次变化45°，并且增大发射功率。图4.25给出试验中雷达模拟器跟踪误差及工作状态字的变化曲线。从图中可以看出，干扰开启后，雷达模拟器的测角曲线出现周期性的变化，变化周期与相位扫描周期一致。方位角误差变化范围为5°，俯仰角误差变化范围为3°，这样可以让单脉冲雷达无法形成稳定的跟踪，显示了动态交叉眼干扰的实际角度干扰效果。

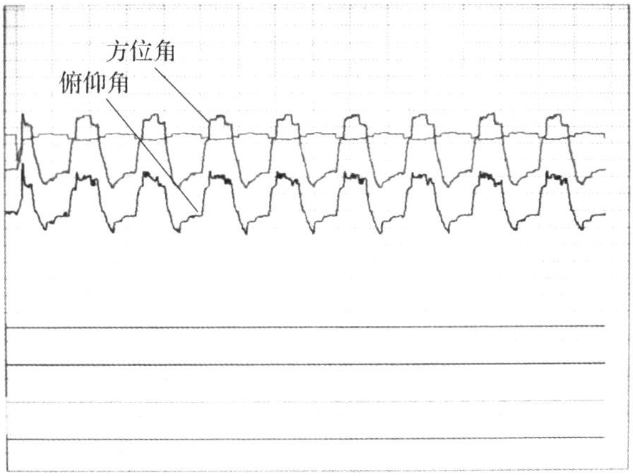

图4.25　试验结果（4）

4.3.5 制导雷达干扰试验

针对某型 Ku 波段制导雷达模拟系统进行了交叉眼角度干扰试验（图4.26）。

图 4.26　展开后的干扰机

1. 交叉眼干扰试验

试验中，首先通过观察和测试雷达接收噪声干扰信号的强度，手动调整雷达天线伺服，使得干扰机位于雷达天线主瓣中心位置；然后使雷达跟踪盲区外的某一距离杂波，稳定跟踪后干扰机释放交叉眼干扰信号，雷达转入被动跟杂模式，在雷达显示屏如图 4.27（a）所示，雷达波束指向发生偏转，在(45°，60°)范围内变化，在方位向角度形成一个虚假航迹。这种干扰现象和国外公布的交叉眼干扰视频效果几乎一样，如图 4.27（b）所示。

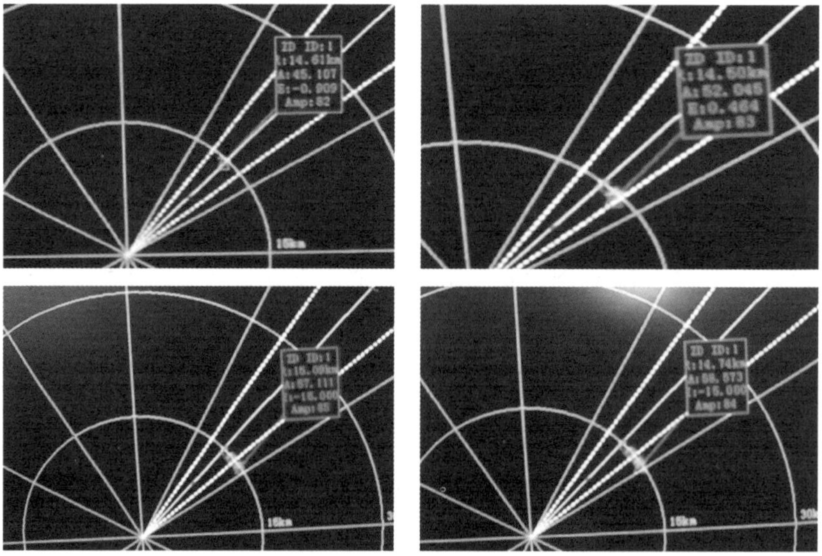

(a)

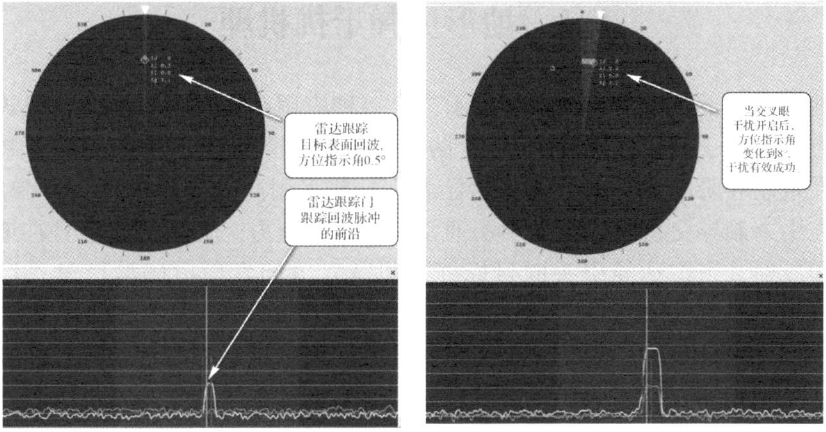

(b)

图 4.27　交叉眼干扰试验结果

(a) Ku 波段制导雷达显示结果；(b) 国外公布的交叉眼干扰视频。

第 5 章　地形反弹干扰及对抗技术

5.1　地形反弹干扰机理

地形反弹干扰原理如图 5.1 所示，是一种应用在机载平台上的自卫式有源干扰方式。由于现代先进的中/远程防空导弹武器系统，通常采用复合制导体制，在末制导阶段多采用主动雷达导引头，并采用高抛弹道来增大导弹射程，因此在中末制导交班阶段，导引头通常位于目标上方。假设干扰信号在地面发生镜面反射，当雷达导引头向目标（飞机 A）方向发射电磁波信号，目标主动降低自身高度，使目标雷达波束工作于下视状态。同时，飞机 A 携带的机载自卫干扰设备接收、复制导引头雷达信号并调制后形成干扰信号，由专用天线向地面发射，到达地面后发生反弹，产生地形反弹干扰。地形反弹干扰信号进入导引头接收系统。同时进入导引头雷达系统的信号还有目标的真实反射回波信号，如果干扰信号功率强于目标真实反射回波信号功率，而且干扰信号与目标真实反射回波所携带的一种以上信息（距离、速度、角度）之间的差别不足以使导引头雷达将干扰信号和真实反射回波信号区别开，雷达自动增益控制系统就会跟踪较强回波信号，也就是把目标回波方向判断为功率较强的 BG 方向，将目标确定为机 A 在地面下的镜像机 A′，则制导导弹的命中点将会是图 5.1 中 G 点。

地形反弹干扰信号从地面方向进入雷达导引头，导引头的天线波束一般比较窄，当目标位于导引头下视或正视方向时，进入的干扰信号强度足够大。同时，地形反弹干扰效果除由干扰机发射功率决定外，还由地面对干扰信号的反射特性决定，在不同季节、时间、温度、照射方向条件下，其干扰效果也存在差异。上述分析可以看出，地形反弹干扰实际上属于一种多路径干扰，A 释放干扰的时候，进入 B 系统的信号有两个：真实回波信号和地形反弹干扰信号。干扰信号是雷达发射信号经过射频存储延迟转发生成的，则干扰信号与雷达发射信号保持相干，并且当满足一定空间关系时，可以实现对速度、距离、角度三个通道的同时干扰。因此，导引头 B 或火控雷达就面临真假目标回波识别的问题。极化域是时域、频域、空域之外又一个可以挖掘利用的信息域，5.2节给出一种基于极化技术的干扰信号识别方法。

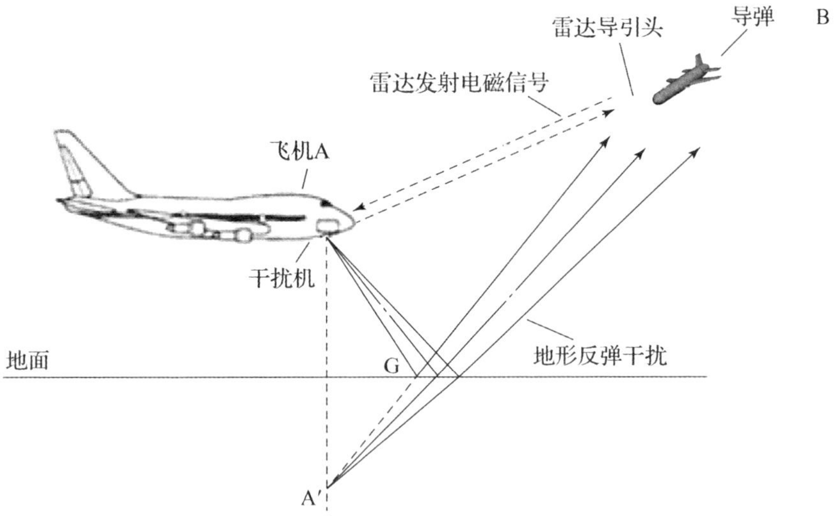

图5.1　地形反弹干扰原理示意图

5.2　雷达导引头对地形反弹干扰的极化识别方法

5.2.1　地形反弹干扰回波信号建模

干扰机发射信号照射到地面上，产生地形反弹干扰。发射的干扰信号最初可以是任何极化方式。但是由于地面不是像金属、玻璃一样的光滑表面，照射到地面上的任何信号都将被去极化，因此地形反弹干扰信号的极化相位差通常是随机的。

对于直达干扰信号，主极化和交叉极化回波如下：

$$\begin{bmatrix} S_1 \\ S_2 \end{bmatrix} = \begin{bmatrix} \cos\theta & \sin\theta \\ -\sin\theta & \cos\theta \end{bmatrix} \begin{bmatrix} E_y \\ E_x \end{bmatrix} + \begin{bmatrix} n_1 \\ n_2 \end{bmatrix} \tag{5.1}$$

式中：E_x、E_y 为干扰机发射的水平和垂直极化分量信号；n_1、n_2 为两个分量的热噪声分量；θ 为导弹的横滚角，当 $\theta=0$ 时，天线照射方向与导引头发射极化方向一致。

一般而言，E_x、E_y 为同相的线极化信号，不考虑热噪声的影响，S_1、S_2

也应是同相的。

对于地形反弹干扰信号，主极化和交叉极化回波如下：

$$\begin{bmatrix} S_1^c \\ S_2^x \end{bmatrix} = \begin{bmatrix} \cos\theta & \sin\theta \\ -\sin\theta & \cos\theta \end{bmatrix} \begin{bmatrix} c_{yy} & c_{yx} \\ c_{xy} & c_{xx} \end{bmatrix} \begin{bmatrix} E_y \\ E_x \end{bmatrix} + \begin{bmatrix} n_1 \\ n_2 \end{bmatrix} \tag{5.2}$$

式中：c_{yy}、c_{yx}、c_{xy}、c_{xx}为地形杂波后向散射系数，系数下标的第一个字母代表发射极化，第二个字母代表接收极化。在满足互易性条件下：$c_{yx} = c_{xy}$。

根据杂波的后向散射理论可知，杂波后向散射以非相干散射为主，即电磁波的相位是随机的，并且在 2π 区间均匀分布的，称之为非相干。杂波的散射截面积可以表示如下：

$$\sigma = \left| \sum_{i=1}^{n} \sqrt{\sigma_i} e^{j\phi_i} \right|^2 \tag{5.3}$$

式中：σ_i 为独立散射体的 RCS；ϕ_i 为各独立散射体的相位。

相位因子 $e^{j\phi_i}$包含了反射造成的相位变化，以及雷达距离导致的相位延迟。举一个简单的例子，如果所有的散射体具有同样的散射能量（即 $\sigma_i = \sigma$），对于非相干散射，得到

$$\overline{\sigma_c} = \sum_{i=1}^{n} \sigma = n\sigma \tag{5.4}$$

对于相干散射，当所有散射体同相时，有

$$\bar{\sigma} = \left| \sum_{i=1}^{n} \sqrt{\sigma} \right|^2 = \left| n\sqrt{\sigma} \right|^2 = n^2\sigma \tag{5.5}$$

因此，如果杂波区域有 10 个散射截面积为 $\sigma = 1\text{m}^2$ 的散射体，根据杂波的散射类型，最终杂波区的 RCS 会在 10～100m^2 区间随机变化。

总的来说，杂波的散射特性取决于入射电磁波的极化，以及散射体的表面特性。杂波的极化散射矩阵用 RCS 表示如下：

$$\boldsymbol{S}_c = \begin{bmatrix} c_{yy} & c_{yx} \\ c_{xy} & c_{xx} \end{bmatrix} = \begin{pmatrix} (\sigma_{\text{HH}})^{1/2} e^{j\phi_{\text{HH}}} & (\sigma_{\text{HV}})^{1/2} e^{j\phi_{\text{HV}}} \\ (\sigma_{\text{VH}})^{1/2} e^{j\phi_{\text{VH}}} & (\sigma_{\text{VV}})^{1/2} e^{j\phi_{\text{VV}}} \end{pmatrix} \tag{5.6}$$

式中：下标表示水平和垂直极化的发射和接收，单基地雷达满足收发互易性，$(\sigma_{\text{HV}})^{1/2} = (\sigma_{\text{VH}})^{1/2}$，$\phi_{\text{HV}} = \phi_{\text{VH}}$因此该矩阵是一个对称矩阵。通常，散射表面对入射电磁波起到一定的去极化作用，例如落叶林和松树林的极化比测量值 $\bar{\sigma}_{\text{HH}}/\bar{\sigma}_{\text{HV}}$和$\bar{\sigma}_{\text{VV}}/\bar{\sigma}_{\text{VH}}$位于 3～10dB 的范围内。

地杂波参量模型提供了一种适用于有大量地面杂波试验采样数据的经验模式，可用于平均后向散射系数（σ^0），参量模型如下：

$$\overline{\sigma^0} = A\ (\psi + C)^B \exp\left[\frac{-D}{\left(1 + \frac{0.1\sigma_h}{\lambda}\right)}\right] \tag{5.7}$$

式中：ψ 为掠射角（rad）；σ_h 为地表面标准方差（cm）；λ 为雷达波长；A、B、C 和 D 为经验常数。

该模型提供的$\overline{\sigma^0}$是擦地角、表面粗糙度和频率的函数，可用于包括土壤、草地、树林、沙地、岩石、城市、雪地等多种类型的地杂波。参数 A、B、C 和 D 的值在表5.1中给出。

表5.1 地杂波模型常数

常数	频率	土壤/沙地	草地	庄稼	树木	城市	湿雪	干雪
A	3	0.0045	0.0071	0.0071	0.0028	0.362	—	—
	5	0.0096	0.015	0.015	0.0047	0.779	—	—
	10	0.025	0.039	0.039	0.0095	2.0	0.0246	0.195
	15	0.05	0.079	0.079	0.019	2.0	—	—
	35	—	0.125	0.301	0.036	—	0.195	2.45
	95	—	—	—	0.046	—	1.138	3.6
B	3	0.83	1.5	1.5	0.64	1.8	—	—
	5	0.83	1.5	1.5	0.64	1.8	—	—
	10	0.83	1.5	1.5	0.64	1.8	1.7	1.7
	15	0.83	1.5	1.5	0.64	1.8	—	—
	35	—	1.5	1.5	0.64	—	1.7	1.7
	95	—	1.5	1.5	1.1	—	0.83	0.83
C	3	0.0013	0.012	0.012	0.002	0.0015	—	—
	5	0.0013	0.012	0.012	0.002	0.0015	—	—
	10	0.0013	0.012	0.012	0.002	0.0015	0.0016	0.0016
	15	0.0013	0.012	0.012	0.002	0.0015	—	—
	35	—	0.012	0.012	0.012	—	0.008	0.0016
	95	—	0.012	0.012	0.012	—	0.008	0.0016

续表

常数	频率	土壤/沙地	草地	庄稼	树木	城市	湿雪	干雪
D	3	2.3	0.0	0.0	0.0	0.0	—	—
	5	2.3	0.0	0.0	0.0	0.0	—	—
	10	2.3	0.0	0.0	0.0	0.0	0.0	0.0
	15	2.3	0.0	0.0	0.0	0.0	—	—
	35	—	0.0	0.0	0.0	—	0.0	0.0
	95	—	0.0	0.0	0.0	—	0.0	0.0

从上述分析可以看出，地形反弹干扰信号的回波幅度、相位与地形特性有关，并且干扰信号主极化和交叉极化分量间的相位差是随机的，而直达干扰信号的极化相位差是确定的。通过分析接收信号的极化相位差是否服从一定的随机分布，就可以判断雷达接收信号是否受到干扰，以及干扰信号是直达干扰还是地形反弹干扰，这有助于雷达采取进一步的抗干扰措施。

5.2.2 地形反弹干扰信号的极化识别方法

利用极化相位特性，来进行地形反弹干扰检测，需要在雷达系统中安装正交双极化天线和双通道接收机。双极化通道接收机与正交双极化天线相连，能够同时接收回波信号的水平极化和垂直极化分量，如图 5.2 所示。接收机的主极化通道允许接收与发射信号极化方式近似一致的回波信号，交叉极化通道接收与主极化通道相正交的信号。

将主极化和交叉极化两个接收通道的回波信号分成多个距离单元，每个距离单元相当于一个特殊的时间窗，代表目标的距离。处理器对每个距离单元进行快时间采样，并对每个距离单元内的信号进行多普勒滤波处理。类似于大多数脉冲多普勒雷达，多普勒滤波器组补偿了信号回波由于目标与雷达系统相对运动产生的多普勒频移。内部处理器根据两个通道每个距离单元的多普勒滤波器组输出的相位值，计算对应滤波器组输出的相位差，然后计算该距离单元的相位差均值和标准差。假设 ϕ_{di} 为距离单元内第 i 个多普勒滤波器输出的相位差，m 为距离单元内多普勒滤波器个数，n 为每个通道的距离单元个数，那么两接收通道在各个距离单元上的相位差均值和标准差可以通过下式计算得到：

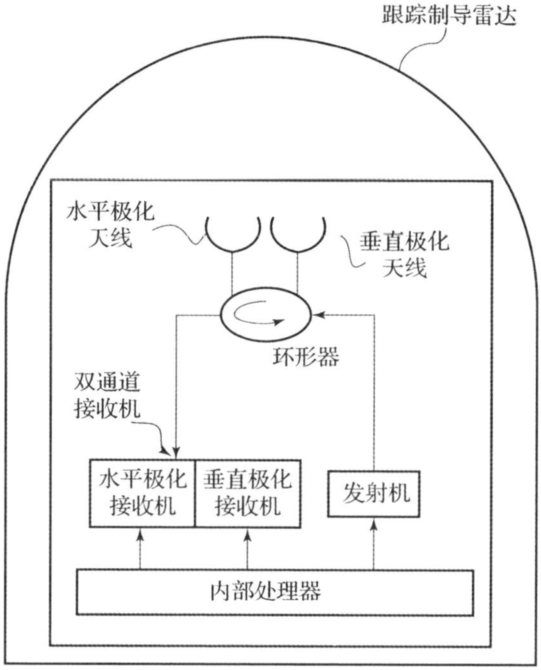

图 5.2　双极化雷达导引头结构示意图

$$\overline{\phi_j} = \frac{\sum_{i=1}^{m} \phi_{di}}{m}, j = 1, 2, \cdots, n \tag{5.8}$$

$$s_j = \sqrt{\frac{\sum_{i=1}^{m} (\phi_{di} - \overline{\phi_j})^2}{m - 1}}, j = 1, 2, \cdots, n \tag{5.9}$$

然后，对所有距离单元求得的相位差均值和相位差标准差再取均值：

$$\bar{\phi} = \frac{\sum_{j=1}^{n} \phi_j}{n} \tag{5.10}$$

$$\bar{s} = \frac{\sum_{j=1}^{n} s_j}{n} \tag{5.11}$$

建立如下干扰识别原则：

$$\begin{cases} \bar{\phi} \to 0^\circ \text{且 } \bar{s} \leqslant s_e, & \text{线极化直达干扰} \\ \bar{\phi} \to 90^\circ \text{且 } \bar{s} \leqslant s_e, & \text{圆极化直达干扰} \\ \bar{s} > m s_e, & \text{地形反弹干扰} \end{cases} \tag{5.12}$$

式中：s_e 为直达干扰相位差判定精度的经验值；$m=2$ 或 3。

当 $\bar{s}$ 小于判定精度时，若 $\bar{\phi}$ 接近0°，则判定干扰信号为直达干扰，极化方式为线极化；若 $\bar{\phi}$ 接近 90°，则判定干扰信号为直达干扰，极化方式为圆极化。反之，如果 $\bar{s}$ 很大，达到了判定精度的2~3 倍，则判定干扰信号为地形反弹干扰。

5.2.3 地形反弹干扰的识别流程设计

(1) 记录发射信号极化方式。

雷达导引头向期望目标发射雷达探测信号的同时其内部处理器记录发射信号的极化特性。

(2) 接收回波信号。

雷达导引头通过正交双极化天线以及双通道接收机接收回波信号。接收到的回波信号可能包括真实目标回波、干扰机发射的直达干扰以及地形反弹干扰。接收机的主极化通道允许接收与发射信号极化方式一致的回波信号，交叉极化通道接收与主极化通道相正交的信号。

(3) 判定是否存在干扰。

雷达导引头中的处理器分析接收机通道接收到信号的极化方式。期望目标的表面回波应保留发射信号的极化特征，如果交叉极化通道接收到可测的交叉极化回波信号，处理器就认为接收信号与发射信号的极化方式不同，确定存在干扰信号，并进一步判定干扰类型。否则，处理器就判定干扰不存在，继续对回波进行常规的信号处理。

(4) 确定干扰类型。

一旦发现干扰存在，处理器根据接收信号的极化相位特性来识别地形反弹干扰。如果处理器分析接收信号相位差是随机的，就判定存在地形干扰地形反弹干扰，否则判定存在直达干扰。然后处理器启动相应的抗干扰程序，重新获取目标的真实回波。

图 5.3 所示为雷达地形反弹干扰极化识别方法的仿真流程。

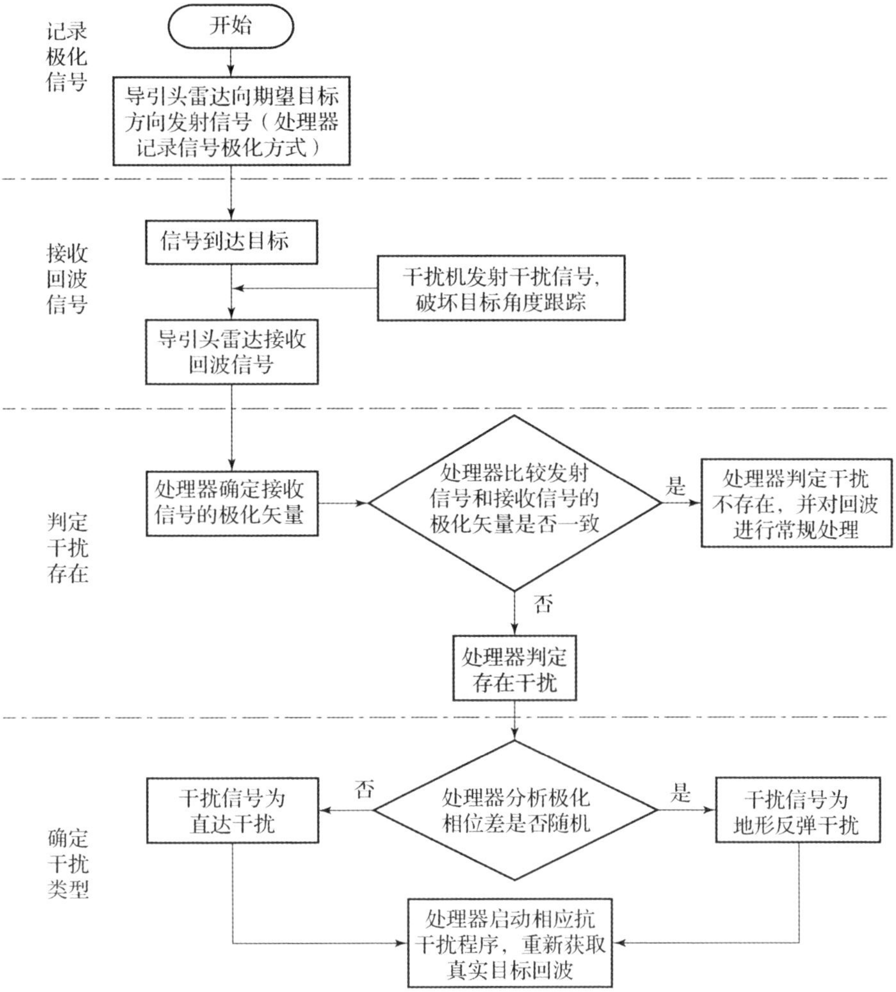

图 5.3　雷达地形反弹干扰极化识别方法的仿真流程

5.3　仿真试验

根据本书提出的方法，进行了不同类型干扰信号下的仿真对比试验。图 5.4～图 5.9 为试验结果。通过试验结果对比可以看出，直达干扰信号和地形反弹信号的极化特征具有明显的统计特性差异，在不同的距离单元，对于直达干扰，垂直极化与水平极化信号的相位差更加集中，分布标准差较小，而对于地形反弹干扰，垂直极化与水平极化信号的相位差分布较广，标准差较大，可以通过本发明方法区分这两种信号。

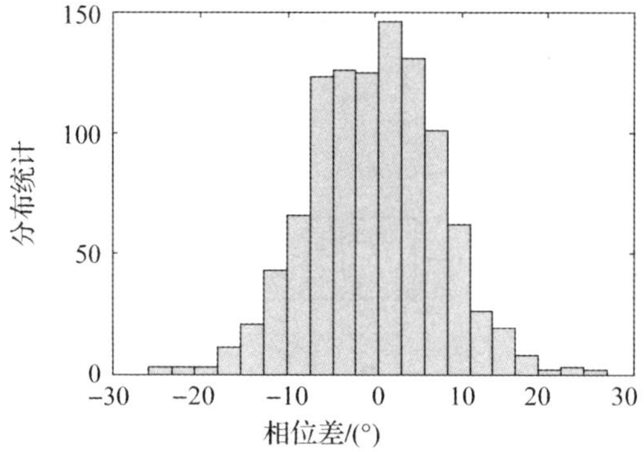

图 5.4　45°斜线极化直达干扰极化均值统计直方图

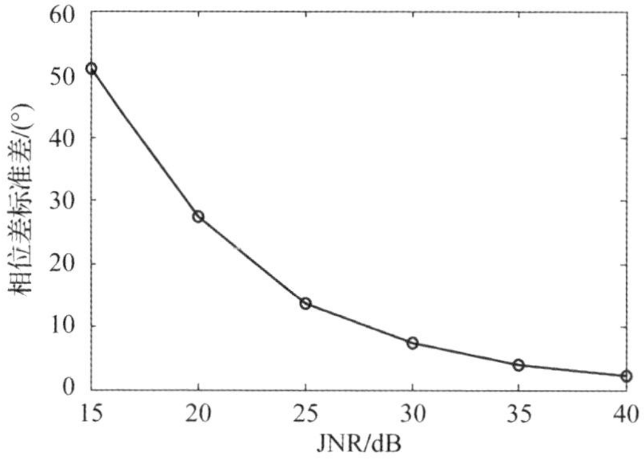

图 5.5　45°斜线极化直达干扰极化标准差性能曲线

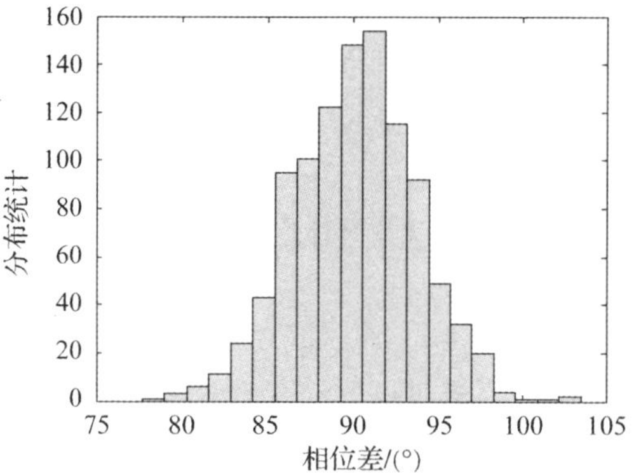

图 5.6　圆极化直达干扰极化均值统计直方图

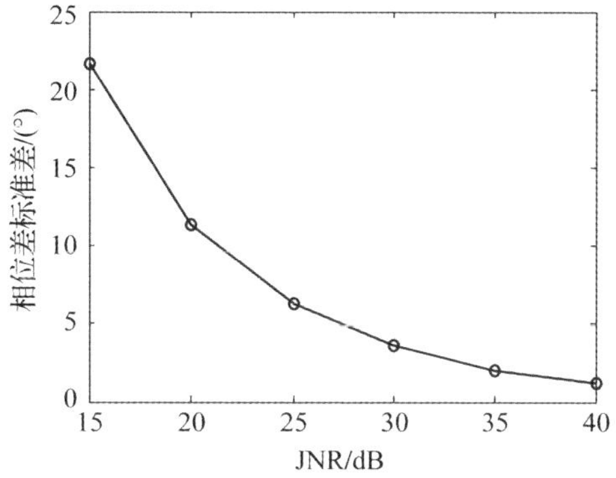

图 5.7　圆极化直达干扰极化标准差性能曲线

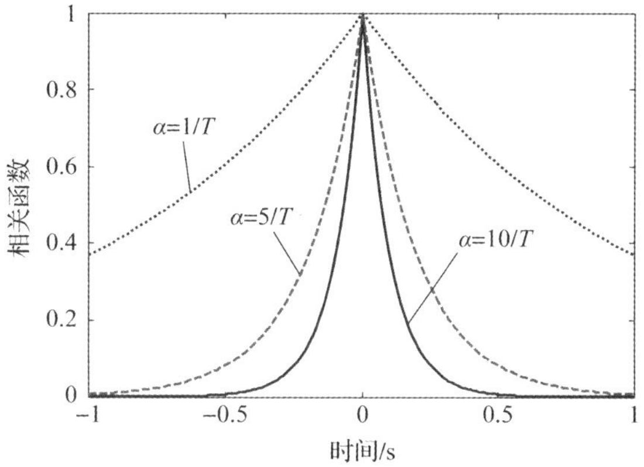

图 5.8　地面杂波散射系数

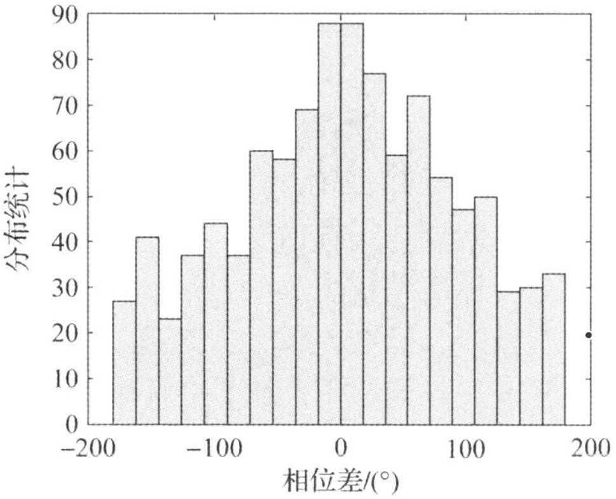

图 5.9　45°斜线极化地形反弹干扰极化均值统计直方图

图 5.4、图 5.6 分别为 45°斜线极化直达干扰、圆极化直达干扰在干噪比 JNR = 30dB、导引头的横滚角 $\theta = 30°$ 时，计算机仿真得到的 1024 个距离单元的相位差统计分布。其中，45°斜线极化时仿真结果为：相位差均值 0.0153°，相位差标准差为 7.4432°；圆极化时仿真结果为：相位差均值为 90.1088°，相位差标准差为 3.5787°。可以看出，在 1024 个距离单元，直达干扰的垂直极化与水平极化信号的相位差更加集中，分布标准差较小。

图 5.5、图 5.7 分别为 45°斜线极化直达干扰、圆极化直达干扰相位差标准差统计值与干噪比的关系曲线，其中 JNR = 15 ~ 40dB，随着干扰信号功率的不断增大，标准差统计值也由大到小逐渐趋于稳定，在 5°范围内。

图 5.8 为某地形条件下，地面杂波后向散射系数仿真结果。其中，杂波散射系数 c_{yy}、c_{xy}、c_{xx} 服从相干复高斯分布，系数 c_{yy} 幅度服从瑞利分布 $f(A) = A\exp\left(-\dfrac{A^2}{2}\right)$，相位服从 $[-\pi,\pi]$ 内的均匀分布 $f(\varphi) = \begin{cases} \dfrac{1}{2\pi}, & -\pi \leqslant \varphi \leqslant \varphi, \\ 0, & \text{其他情况} \end{cases}$，$c_{yy}$ 的相关函数为 $\gamma(\tau) = \mathrm{e}^{-\alpha|\tau|}$，$\alpha = \dfrac{10}{T}$；$c_{xy}$ 的相关函数为 $\gamma(\tau) = \mathrm{e}^{-\alpha|\tau|}$，$\alpha = \dfrac{5}{T}$；$c_{xx}$ 的相关函数为 $\gamma(\tau) = \mathrm{e}^{-\alpha|\tau|}$，$\alpha = \dfrac{1}{T}$。

图 5.9 为 45°斜线极化在图 5.8 所示地形时产生的地形反弹干扰。干噪比 JNR = 30dB，导引头的横滚角 $\theta = 30°$，计算机仿真得到的 1024 个距离单元的相位差统计分布，相位差均值为 4.1829°，相位差标准差为 87.9125°。可以看出，在 1024 个距离单元，地形反弹干扰的垂直极化与水平极化信号的相位差分布范围广，分布标准差较大。图 5.10 为地形反弹干扰相位差标准差统计值与干噪比的关系曲线，其中，JNR = 15 ~ 40dB，随着干扰信号功率的不断增大，标准差的统计值很大，且变化范围不大，保持在 87°左右。

通过大量仿真试验结果对比可以看出，直达干扰信号和地形反弹信号的极化相位差特征具有明显的统计特性差异，在不同的距离单元，无论是 45°线极化的直达干扰，还是圆极化的直达干扰信号，其垂直极化分量与水平极化分量的相位差更加集中，且分布标准差较小。而对于地形反弹干扰，垂直极化与水平极化分量的相位差分布较广，标准差较大，通过本书给出的方法可以较好地识别出地形反弹干扰信号，并且能够识别出直达干扰信号的极化方式，这就能够改善雷达导引头适应复杂电磁环境的能力，特别是地形反弹干扰条件下正确跟踪真实目标提供了有效的技术手段。该方法物理内涵清晰，算法实现简单，不仅可以判断是否受到干扰，并判断干扰信号的类型方式，还能够鉴别干扰信

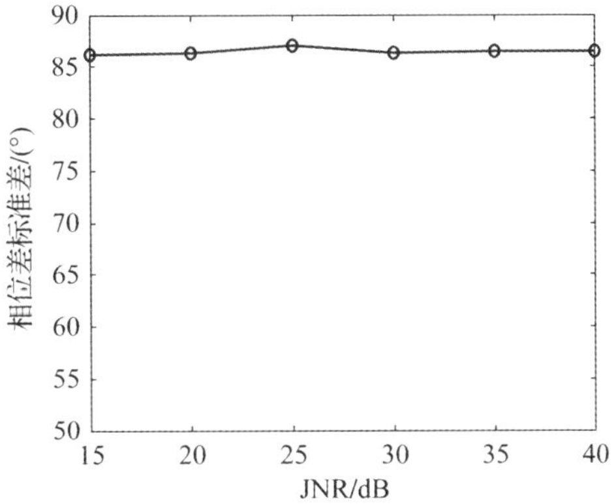

图 5.10　45°斜线极化地形反弹干扰极化标准差性能曲线

号的极化。通过仿真试验，验证了方法的可行性，为有效对抗地形反弹干扰提供了有益参考。该方法可以应用于飞机火控雷达、巡航导弹末制导雷达以及多种信号探测、识别、跟踪装置中，快速识别地形反弹干扰信号，提高系统的抗干扰能力。

第6章　交叉极化干扰技术

6.1　交叉极化干扰建模

天线除辐射预定极化的电磁波以外还辐射非期望极化的电磁波，前者称为主极化，后者称为交叉极化（也称寄生极化），二者在空间上是正交的。交叉极化角欺骗干扰就是利用雷达天线主极化和交叉极化接收矢量之间的不一致性，发射与雷达工作频率相同、与主极化正交的电磁波照射雷达，从而达到角度欺骗干扰的目的。由于交叉极化干扰只需在一个点就可实施，所以很适宜用来保护单个目标，以下分析均假定干扰机和被保护目标处于同一空间位置。交叉极化角欺骗干扰的实施过程包括了极化侦察，极化干扰发射。极化侦察是指对雷达工作频率、极化方式等的侦察和测量；极化参数估计是指根据极化侦察的结果，通过一定的方法和准则，对雷达工作频率、极化方式等参数进行估计；发射干扰是指通过调节干扰机的正交极化双通道的幅度和相位，使干扰机发射极化矢量与估计的雷达主极化矢量正交的同频电磁波去照射雷达。值得指出的是，由于干扰机的运动或雷达视线的调整，雷达视线与干扰机相对角度可能发生变化，进而带来干扰机处雷达极化的变化。

根据雷达极化理论可知，电磁波在接收天线上感应的开路电压可用下式表示：

$$V = \boldsymbol{h}^{\mathrm{T}}\boldsymbol{E}_i \tag{6.1}$$

式中：$\boldsymbol{E}_i$ 为回波的电场矢量；$\boldsymbol{h}$ 为天线在该方向上的有效接收矢量。考虑到雷达天线的交叉极化特性，这里把 $\boldsymbol{h}$ 分解为主极化和交叉极化两个相互正交的分量，记为

$$\boldsymbol{h} = [\, m(\theta,\phi) \quad c(\theta,\phi)\mathrm{e}^{\mathrm{j}\psi} \,]^{\mathrm{T}} \tag{6.2}$$

式中：θ、ϕ 分别为方位角和俯仰角；$m(\theta,\phi)$、$c(\theta,\phi)$ 分别对应天线主极化和交叉极化的幅度方向图；ψ 为交叉极化接收矢量与主极化接收矢量的相对相位差。为方便讨论，以下只考虑一个方位，记波束 1 和波束 2 的主极化幅度方向图为 $m_1(\theta)$、$m_2(\theta)$，交叉极化幅度方向图分别为 $c_1(\theta)$ 和 $c_2(\theta)$，θ 为目

标/干扰机偏离雷达瞄准轴线的真实方位角度。相应地回波电场也分解成两个正交的部分，即

$$\boldsymbol{E}=[\boldsymbol{s}_m(t)\quad \boldsymbol{s}_c(t)]^{\mathrm{T}} \tag{6.3}$$

式中：$\boldsymbol{s}_m(t)$、$\boldsymbol{s}_c(t)$分别为回波电场的主极化分量和交叉极化分量。则有

$$\boldsymbol{V}(t)=[m(\theta)\quad c(\theta)\mathrm{e}^{\mathrm{j}\psi}]\begin{bmatrix}\boldsymbol{s}_m(t)\\ s_c(t)\end{bmatrix}=m(\theta)\boldsymbol{s}_m(t)+c(\theta)\boldsymbol{s}_c(t)\mathrm{e}^{\mathrm{j}\psi} \tag{6.4}$$

针对旋转抛物面式单脉冲雷达天线而言，其交叉极化产生的原因可分为两部分，一是馈源所引起的，二是反射面所引起的。根据抛物面天线的交叉极化特性，只考虑一个方向、两个波束的情况。图6.1分别给出了波束1和波束2的幅度方向图，其中实线为主极化，虚线为交叉极化。

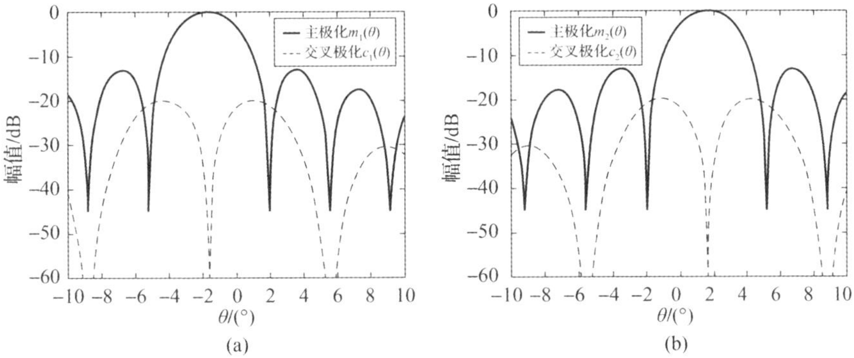

图6.1　单脉冲雷达天线的极化方向图

（a）波束1的极化方向图；（b）波束2的极化方向图。

通常在无干扰的情况下，雷达天线的交叉极化接收分量比主极化接收分量的幅值低20～40dB，式（6.4）变为

$$\boldsymbol{V}(t)\approx m(\theta)\boldsymbol{s}_m(t) \tag{6.5}$$

为简便起见，只考虑一个方位，假定已把测角用的四个天线在该方向上等效为两个，对于幅度和差单脉冲测角体制雷达而言，根据角度鉴别公式，得雷达测得的目标角度θ_1为

$$\begin{aligned}\theta_1&=k_m\frac{\mathrm{Re}(\Delta\Sigma^*)}{\Sigma\Sigma^*}=k_m\frac{\mathrm{Re}\{[m_1(\theta)s_m(t)-m_2(\theta)s_m(t)][m_1(\theta)s_m(t)+m_2(\theta)s_m(t)]^*\}}{[m_1(\theta)s_m(t)+m_2(\theta)s_m(t)][m_1(\theta)s_m(t)+m_2(\theta)s_m(t)]^*}\\&=k_m\frac{m_1(\theta)-m_2(\theta)}{m_1(\theta)+m_2(\theta)}\end{aligned} \tag{6.6}$$

式中：“ * ”为共轭；k_m为雷达角度鉴别曲线斜率。图6.2给出了无干扰情况下的雷达角度鉴别曲线示意图，可以看出在主瓣（雷达线性）以内，目标角度真实值与雷达测量值吻合得很好。

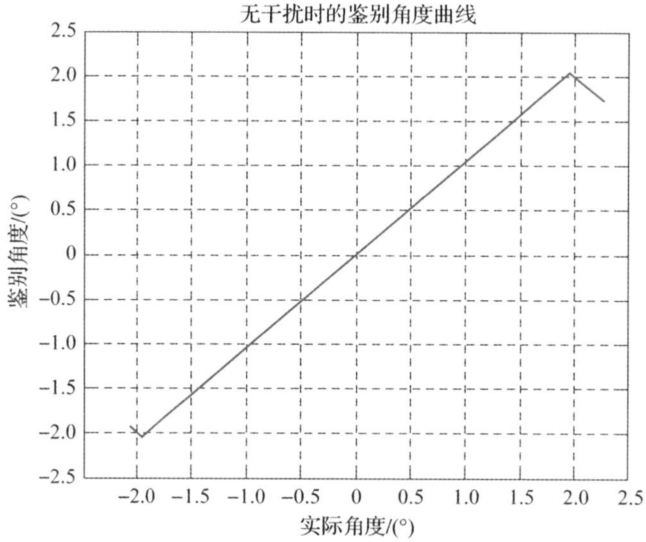

图 6.2　无干扰情况下的雷达角度鉴别曲线示意图

当交叉极化干扰存在时，由于 $\boldsymbol{s}_c(t)$ 往往比 $\boldsymbol{s}_m(t)$ 大很多，这样交叉极化接收的分量就不可忽略。不妨设

$$\boldsymbol{s}_c(t)=k\mathrm{e}^{\mathrm{j}\alpha}\boldsymbol{s}_m(t) \tag{6.7}$$

式中：k 为干扰干扰与回波信号幅度比；α 为干扰信号对目标回波信号的相位差。则由于交叉极化干扰的存在，使得雷达实际测出的角度 θ_2 为

$$\theta_2=k_m\frac{\mathrm{Re}\{\Delta\Sigma^*\}}{\Sigma\Sigma^*}=k_m\frac{A+B\cos(\alpha+\psi)}{C+D\cos(\alpha+\psi)} \tag{6.8}$$

其中

$$\begin{aligned}
A&=m_1^2(\theta)-m_2^2(\theta)+k^2[c_1^2(\theta)-c_2^2(\theta)]\\
B&=2k[m_1(\theta)c_1(\theta)-m_2(\theta)c_2(\theta)]\\
C&=[m_1(\theta)+m_2(\theta)]^2+k^2[c_1(\theta)+c_2(\theta)]^2\\
D&=2k[m_1(\theta)+m_2(\theta)][c_1(\theta)+c_2(\theta)]
\end{aligned} \tag{6.9}$$

显然当 $k\to 0$ 时，式（6.8）即退化为式（6.6）。当 $k\to+\infty$ 时，式（6.8）简化为

$$\theta_3=k_m\frac{c_1(\theta)-c_2(\theta)}{c_1(\theta)+c_2(\theta)} \tag{6.10}$$

即此时天线测出的角度完全由交叉极化幅度方向图决定。图 6.3 给出了这种极限情况与无干扰情况的对比示意图。从图中可看出在这种极限的情况下，角度鉴别曲线已出现了翻转。此时由于天线的主极化幅度响应和交叉极化幅度响应

的不同，显然能造成角度欺骗干扰效果。这也是交叉极化干扰的出发点和理论根据。然而，实际上发射如此大的干扰功率是不经济的，有时因为发射功率的限制甚至是不可能的。由于交叉极化角欺骗干扰的实质就使得雷达实际工作的角度鉴别曲线发生畸变。只要使测角数据差异变大，即达到了好的欺骗效果。

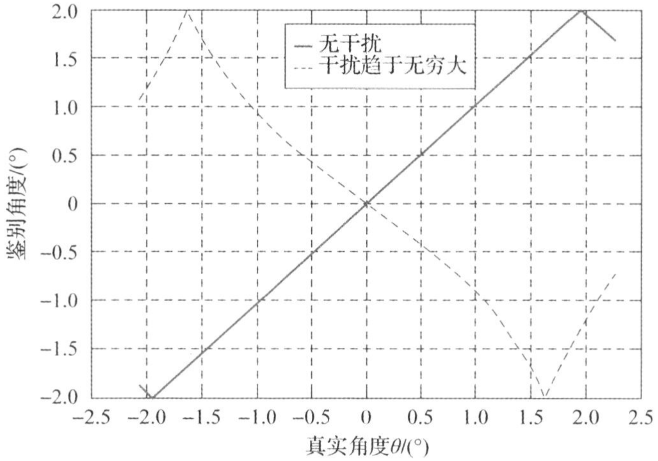

图 6.3　$k \to +\infty$ 情况下和无干扰情况下的雷达角度鉴别曲线比较示意图

定义有效欺骗角度为目标真实角度与有干扰时雷达实际测得的角度之差，即

$$\tilde{\theta} = |\theta - \theta_2| \approx |\theta_1 - \theta_2| = \left| k_m \left(\frac{m_1(\theta) - m_2(\theta)}{m_1(\theta) + m_2(\theta)} - \frac{A + B\cos(\alpha + \psi)}{C + D\cos(\alpha + \psi)} \right) \right| \tag{6.11}$$

式中：$|\cdot|$ 为绝对值。易知 $\tilde{\theta}$ 不仅是干扰信号比 k 的函数，而且与干扰处天线的极化状态（$m_1(\theta), c_1(\theta), m_2(\theta), c_2(\theta), \psi$）以及干扰信号相位差 α 有关。下面分析在 θ 固定的情况下，如何选取 k 和 α 使得 $\tilde{\theta}$ 达到最大，显然这是一个二元函数优化问题，即

$$\begin{cases} \max\limits_{(k,\alpha)} \tilde{\theta} \\ \alpha \in [0, 2\pi] \\ k > 0 \end{cases} \tag{6.12}$$

当 k 较小时，可近似认为

$$\theta_1 = k_m \frac{m_1(\theta) - m_2(\theta)}{m_1(\theta) + m_2(\theta)} \approx k_m \frac{m_1^2(\theta) - m_2^2(\theta) + k^2 [c_1^2(\theta) + c_2^2(\theta)]^2}{[m_1(\theta) + m_2(\theta)]^2 + k^2 [c_1(\theta) + c_2(\theta)]^2} = k_m \frac{A}{C} \tag{6.13}$$

进一步代入可得

$$\tilde{\theta}=\left|k_m\frac{A+B\cos(\alpha+\psi)}{C+D\cos(\alpha+\psi)}-k_m\frac{A}{C}\right|=|k_m(BC-AD)|\cdot\left|\frac{\cos(\alpha+\psi)}{C^2+CD\cos(\alpha+\psi)}\right| \tag{6.14}$$

对于固定的 θ 和干扰信号比 k，第一项为常数；又因为 $C\geqslant D$，第二项的分母恒大于零，显然当 $\alpha+\psi=180°$时达到最小值，而此时分子达到最大值。即对于固定的 θ 和干扰信号比 k，式（6.14）达到最优的条件是 $\alpha+\psi=180°$。此时将二元转化为一元的最优问题。

$$\tilde{\theta}=\left|k_m\frac{A-B}{C-D}-k_m\frac{A}{C}\right|=\left|\frac{k_m(BC-AD)}{C^2-CD}\right| \tag{6.15}$$

值得指出的是，以上得出的最优干扰信号相位差条件 $\alpha+\psi=180°$是在 k 较小的条件下给出的。但实际上对于绝大多数 k 值，上述条件都是适用的。这是因为从式（6.14）可以看出，$\alpha+\psi=180°$时，对应着式（6.15）的分母较小，即此时雷达接收到的和信号较小。表明此时很可能雷达已经认为没有目标，从而无法完成测角。但从干扰的角度来看，它使得目标不被发现，正好达到了干扰的目的。图 6.4 给出了在真实角度 $\theta=2°$时的，有效欺骗角度随 k 和 $\alpha+\psi$ 的变换关系图。图中明显存在一个隆起，此时正好对应着最优的 k 和 $\alpha+\psi$。在偏离了最优的 k 和 $\alpha+\psi$ 时，k 值越大，欺骗效果越好，但趋向于一个极限，显然此极限等于

$$\lim_{k\to\infty}\tilde{\theta}=|\theta_1-\theta_3|=\left|k_m\left[\frac{m_1(\theta)-m_2(\theta)}{m_1(\theta)+m_2(\theta)}-\frac{c_1(\theta)-c_2(\theta)}{c_1(\theta)+c_2(\theta)}\right]\right| \tag{6.16}$$

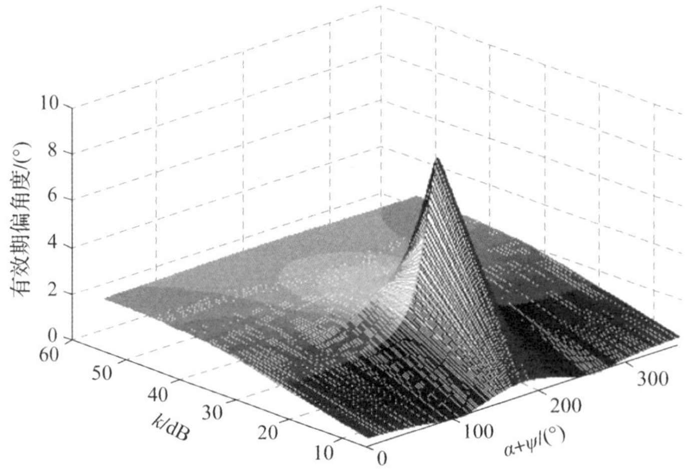

图 6.4　有效欺骗角度随 k 和 $\alpha+\psi$ 的变换关系图

6.2 交叉极化干扰的关键技术

控制干扰信号极化的手段常有两种。第一种是在天线口面加装极化天线罩的无源手段，这不便用于机载电子自卫对抗系统。因为随着飞机的运动，交叉极化干扰的极化形式必须实时地与接收到的雷达极化特性保持正交，无源控制极化的方法无法保证实时变极化的要求。第二种是通过给一对正交双极化的天线馈入相干信号，控制两个信号的幅度和相位来实现。前面说过电磁波的极化是电场矢量的轨迹，可以看作水平矢量和垂直矢量的合成。通过控制电场的水平极化分量和垂直极化分量的幅度比、相位差，就可以实时改变信号的极化方向。图6.5给出了一种基于应答式的交叉极化干扰机框图。

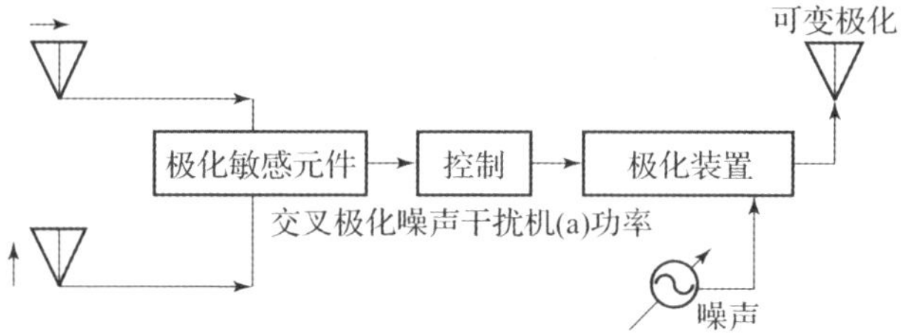

图6.5 基于应答式交叉极化干扰机的结构框图

图6.5中采用一对正交极化天线接收雷达信号，极化敏感元件用于测量正交极化天线接收信号，获得雷达信号的极化特性，并在干扰时通过控制极化装置对噪声信号的调制，产生与雷达信号正交极化的干扰信号。其原理看似很简单，但实际上极化敏感元件和极化控制装置并不容易设计，特别是要在数倍倍频程的宽带微波系统上实现优于3°的控制精度几乎不可能。

图6.6是基于反向极化变换转发原理的自适应交叉极化干扰框图，反向结构设计和反向交叉眼的前端结构设计类似，发射和接收有一个180°的相位反相。但是差别在于采用一对正交极化天线接收雷达信号，并分别在与自身正交的天线上转发接收的信号，其产生正交极化干扰信号的原理可以用图6.7矢量图直观地表示。

图6.6表明，利用双通道反向转发产生正交极化的必要条件是：两个通道在转发过程中增益保持一致，相位差反相，相差180°。过去，图6.6在工程化时也很难满足，因为行波管属于非线性器件，难以保证幅度的一致性和相位的稳定性。但随着固态功率放大器技术水平的不断提高，在不同频段上可以采用相应频段的功放，其线性放大特性得以保证一致，此外，随着数字储频技

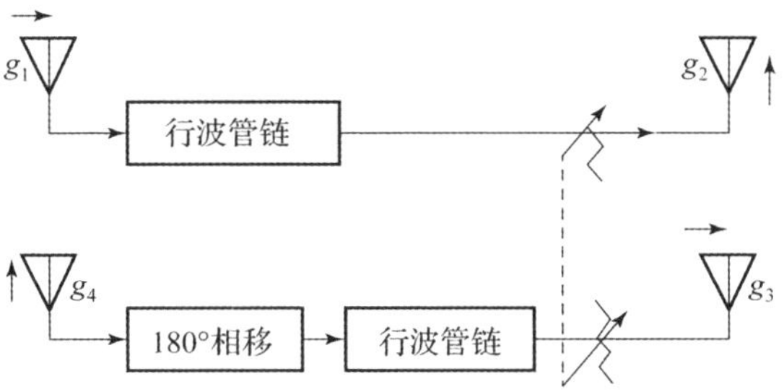

图 6.6　基于转发干扰的结构

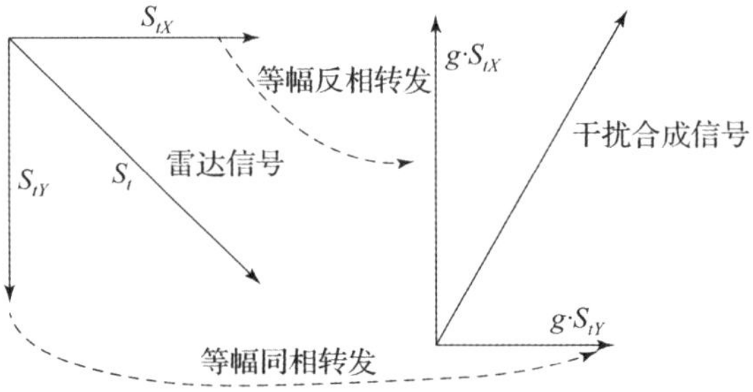

图 6.7　矢量转换图

术、收发隔离技术的不断发展，干扰机不仅可以做到收发分时工作，通过特殊设计还可以实现收发同时工作，这就使转发式交叉极化干扰具备了工程实现的可能。

基于极化变换转发原理的自适应交叉极化干扰，可以自适应地生成与之极化正交的干扰信号，省却了极化估计的环节，通过收发分时/同时工作、功率放大、数字射频存储并转发给雷达，使单脉冲雷达形成错误的角度测量信息，能够有效地掩盖真实目标所在空间位置。

下面给出一种简易的技术方案：交叉极化干扰机包括接收天线、发射天线、接收系统、收发隔离装置、干扰控制系统。接收天线和发射天线均是正交双极化天线。接收天线接收的水平极化信号输入到接收系统的第一通道，接收天线接收的垂直极化信号输入到接收系统的第二通道。接收系统的第一通道和接收系统的第二通道的结构相同，每个通道包括依次连接的低噪声功率放大器、检波器、射频存储器；接收系统的第一通道输出至干扰控制系统的第三通道，接收系统的第二通道输出至干扰控制模块的第四通道。干扰控制系统的第三通道包括依次连接的 180°移相器、功率放大器、极化隔离器；干扰控制系统的第四通道包括依次连接的 0°移相器、功率放大器、极化隔离器。除此之外，还包括一个收发隔离装置，连接在接收天线和发射天线之间，收发隔离度

不低于 -25dB。

达到的效果及优点是：干扰机的正交极化接收天线，可以接收雷达信号的正交极化分量，进而通过干扰机的接收系统和干扰控制系统的处理，在一个脉冲重复周期内自适应地产生与雷达信号极化严格正交的干扰信号，并通过正交极化发射天线辐射出去，在远场空间合成后形成交叉极化信号。该信号被单脉冲雷达接收后，能够使雷达产生错误的测角信息。与常规的单脉冲雷达干扰技术相比，该干扰机的优势在于仅通过对雷达发射信号进行一定的干扰控制处理，就能够自适应地产生交叉极化干扰，从而比较容易获得稳定、有效的干扰效果，大幅度降低单脉冲雷达的测角精度。自适应交叉极化干扰机的系统结构和工程实现并不复杂，而且不需要采用多个干扰机同时工作来制造多点源角度欺骗干扰，一个干扰机即可达到多个干扰机同时工作的干扰效果，大大降低了干扰机研制和维护的成本，能够掩护重要目标的位置，有效提高真实目标的隐蔽能力和生存能力，样式灵活、适用范围广。

在图6.8所示干扰器的组成示意图中，干扰机的发射天线和接收天线中间连接一个收发隔离装置，收发隔离装置的收发隔离度不低于 -25dB，从而保证干扰机发射干扰信号的时候不会耦合进入接收天线和接收模块。接收天线包括一个水平极化天线和一个垂直极化天线，两个天线将接收到的水平极化信号和垂直极化信号送入接收模块，完成对雷达发射信号的低噪声功率放大，包络检波和射频存储处理。接收模块的输出信号经过干扰控制模块产生干扰信号，干扰信号再通过发射天线（包括一个水平极化天线和一个垂直极化天线）将干扰信号的水平极化分量和垂直极化分量发射出去，在空间合成出极化状态与雷达信号极化状态相互正交的干扰信号，从而干扰单脉冲雷达测角。

图6.8　干扰器的组成示意图

在图6.9所示的接收模块组成示意图中，接收模块包括两个等电长度设计的基本一致的通道，每个通道包括依次连接的低噪声功率放大器、检波器、射频存储器；接收天线接收的水平极化信号输入到接收模块的第一通道，接收天线接收的垂直极化信号输入到接收模块的第二通道。

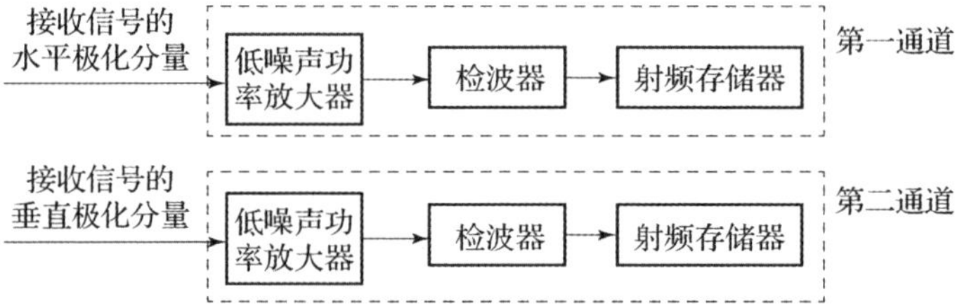

图 6.9　接收模块组成示意图

在图 6.10 所示的干扰控制模块组成示意图中，干扰控制模块包括两个通道：第三通道包括依次连接的 180°移相器、功率放大器、极化隔离器；第四通道包括依次连接的 0°移相器、功率放大器、极化隔离器。接收模块的第一通道输出至干扰控制模块的第三通道，接收模块的第二通道输出至干扰控制模块的第四通道，功率放大器的放大倍数不低于 20dB，极化隔离器的隔离度不低于 -25dB。

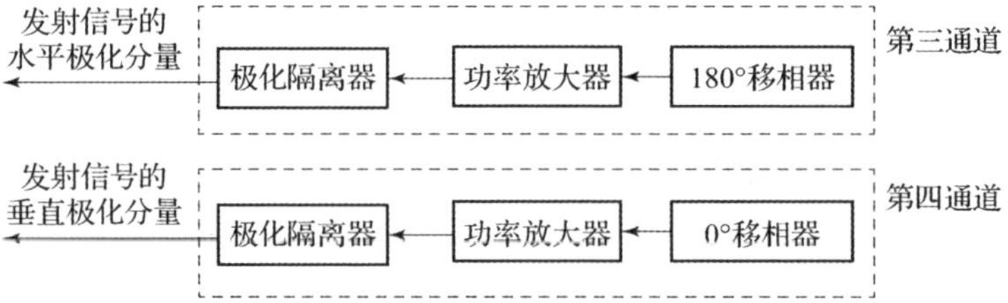

图 6.10　干扰控制模块组成示意图

另外一种收发天线共用条件下的干扰机简易组成，如图 6.11 所示，包括收发共用天线、环形器、第一开关、接收模块、时分隔电路、第二开关和第三开关、激励放大器、干扰控制模块。其中，收发共用天线包括第一收发天线和第二收发天线，第一收发天线是水平极化的，第二收发天线是垂直极化的，两个天线连接在环形器上，环形器的输出信号通过第一开关连接在接收模块上，接收模块的输出信号按顺序依次连接在干扰控制模块、激励放大器，第二开关和第三开关上。时分隔电路有三路输出信号，分别连接第一开关、第二开关和第三开关。在初始时刻，时分隔电路使第一开关导通，第二开关和第三开关断开，收发天线将接收到的雷达信号依次通过环形器、第一开关，输入到接收模块，当第一开关的导通时间为 $t_1 = (1 \sim 2)T$，T 为被干扰雷达的脉冲重复周期。当第一开关的导通时间完毕后，接收模块输出两路信号，一路输出触发信号给时分隔电路，时分隔电路同时发出指令信号使第一开关断开，使第二开关和第三开关导通；另一路输出信号至干扰控制模块，干扰控制模块产生交叉极化干扰信号，输出的干扰信号依次通过激励放大器、第二开关、第三开关、环形器，最后通过收发天线将交叉极化干扰信号发射出去，发射时间为 $t_2=(3\sim4)T$。当发射时间结束后，时分隔电路发出指令信号，断开第二开关和第三开关，使第一开关导通，如此循环工作。

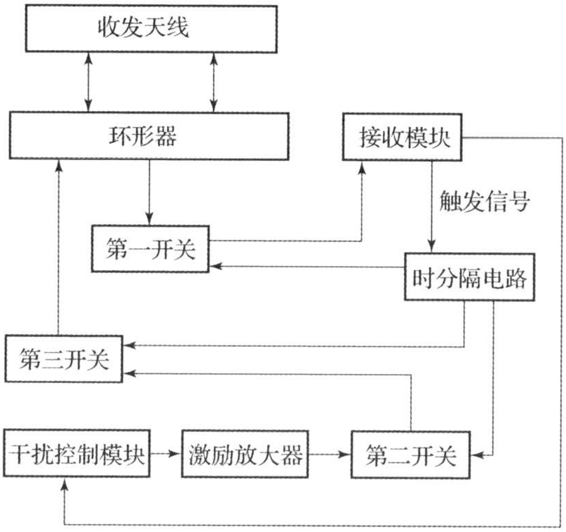

图 6.11　收发共用条件下的干扰机组成示意图

在图 6.12 所示的接收模块组成示意图中，接收模块包括两个完全相同的通道，通道包括依次连接的低噪声功率放大器、检波器、射频存储器；接收天线接收的水平极化信号输入到接收模块的第一通道，接收天线接收的垂直极化信号输入到接收模块的第二通道。

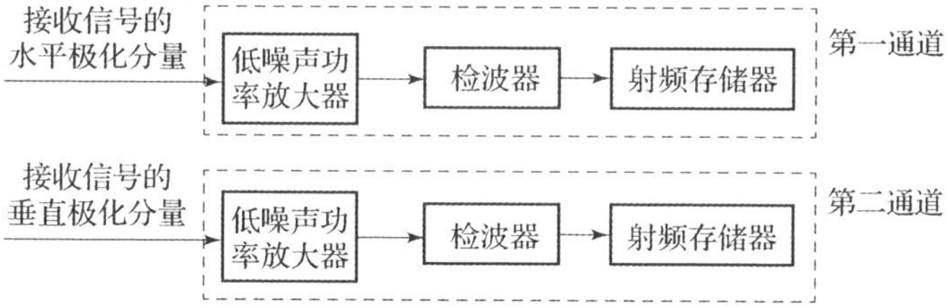

图 6.12　接收模块组成示意图

在图 6.13 所示收发共用条件下的干扰机的干扰控制模块组成示意图中，干扰控制模块包括两个通道，第三通道包括依次连接的 180°移相器、功率放大器、极化隔离器；第四通道包括依次连接的 0°移相器、功率放大器、极化隔离器。接收模块的第一通道输出至干扰控制模块的第三通道，接收模块的第二通道输出至干扰控制模块的第四通道。功率放大器的放大倍数是 20dB，极化隔离器的隔离度不低于 −25dB。

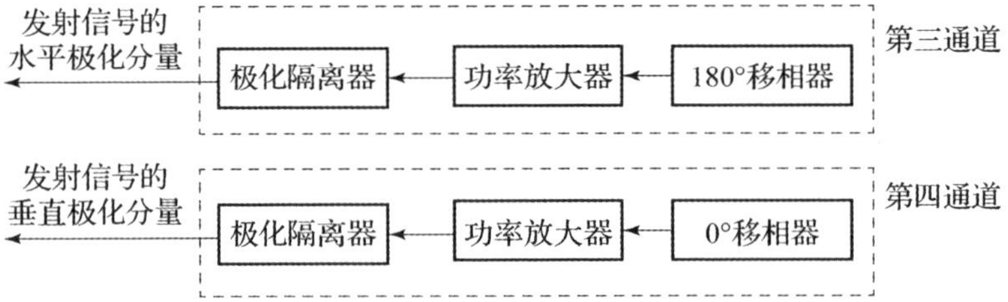

图 6.13　收发共用条件下干扰机干扰控制模块组成示意图

无论雷达发射信号是线极化还是圆极化的，通过上述设计的干扰机能够产生交叉极化的干扰信号，干扰信号和雷达发射信号的极化状态是严格正交的，并且干扰信号幅度比雷达回波信号幅度要大，从而干扰单脉冲雷达的测角功能。

6.3　交叉极化干扰的验证试验

1. 试验目的

考察交叉极化干扰对主动雷达单脉冲测角的影响。

2. 试验条件和设备

干扰模拟器，线极化标准天线，雷达样机，毫米波暗室。

3. 试验内容

测量比相单脉冲雷达样机的和支路、方位差支路、俯仰差支路的水平极化方向图和垂直极化方向图，分析方向结构差异，分析角度鉴别曲线特性差异。记录方位通道和俯仰通道的角度测量数据，分析干扰效果。

4. 试验步骤

打开模拟器，同时输出两路信号，其中一路模拟目标回波，另一路模拟干扰，目标和干扰同时位于单脉冲雷达样机天线主瓣内，如图 6.14 所示角度基本一致。此时，两路信号的极化方式和比相单脉冲雷达样机的工作方式一致。雷达样机自动完成目标搜索截获跟踪等处理过程，测角并伺服控制，对准点源（目标和干扰）方向，采集 1 组方位、俯仰变化数据，并令雷达锁死（天线不转动）；然后，令其中一路干扰天线极化旋转 90°，即改变干扰信号极化为正交极化方式，增加输出功率，提高 10～25dB，雷达开环测角，输出角偏差作为真实值，采集 1 组方位、俯仰变化数据。

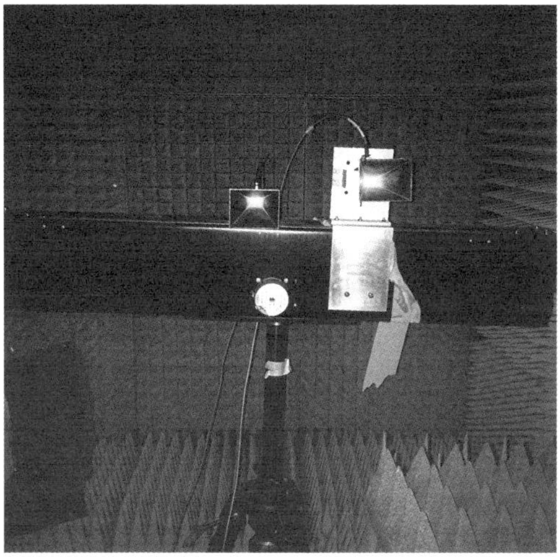

图 6.14　信号源和正交极化干扰源

5. 幅度方向图实测结果

各个面的实测幅度方向图如图 6.15 所示。从图中可以看出，和波束、方位差波束、俯仰差波束特性比较理想，交叉极化方向图与主极化方向图的幅度结构基本一致，比主极化的水平低 30dB。

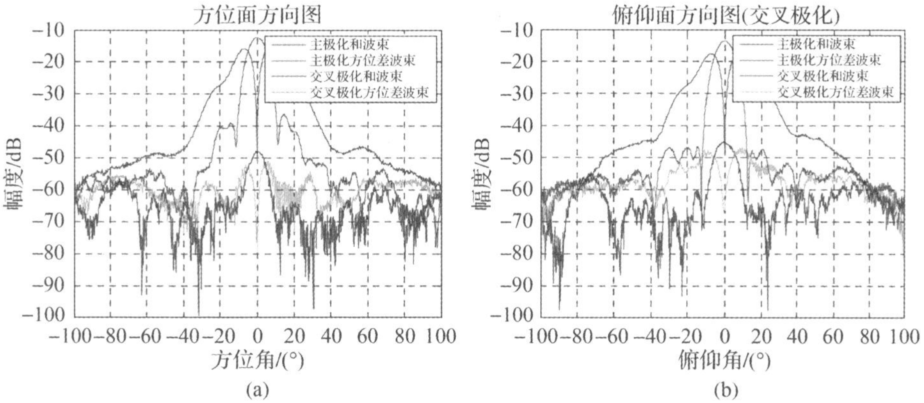

图 6.15　实测幅度方向图

(a) 方位面；(b) 俯仰面。

6. 角度鉴别曲线实测结果

如图 6.16 所示，俯仰向的 DS 曲线，在线性区间性能良好，主极化和交叉极化的结构类似，斜率接近，差异较小，交叉极化的 DS 曲线平坦度比主极化差一些，存在明显起伏。

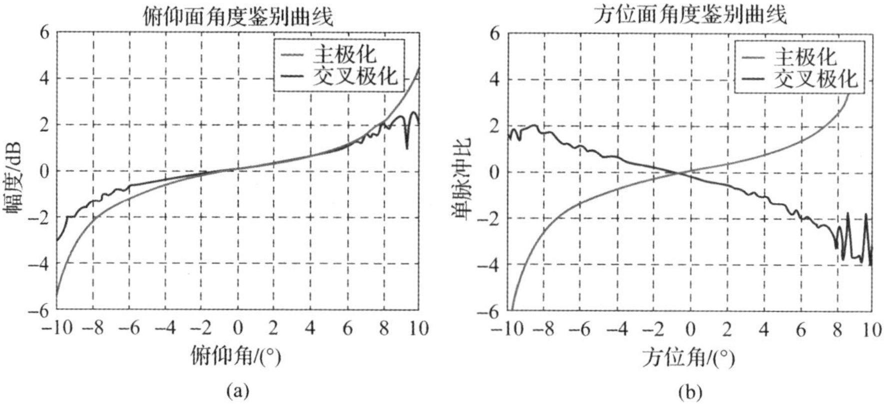

图 6.16 主、交叉极化的角度鉴别曲线

（a）俯仰面；（b）方位面。

方位向的 DS 曲线，在线性区间性能良好，主极化和交叉极化的结构类似，斜率相反。交叉极化的 DS 曲线平坦度比主极化差一些，在非线性区域存在明显起伏。

7. 干扰条件下：方位通道和俯仰通道的变化情况

图 6.17 给出了两种不同干信比条件下雷达角度测量输出结果，从图 6.17（a）可以看出，在无干扰条件下，目标基本位于中心方位，方位和俯仰测量值基本是 0，有微小的起伏，关掉目标源后，角度量测值完全是噪声，此时角度输出值是无效值；当切换为交叉极化干扰后，角度输出值发生很大变化，方位和俯仰测量值不再是0°方向，方位输出在 -1° ~ -2°范围起伏变化，俯仰值是 -1° ~ +1°起伏变化。将干信比提高到 26dB，从图 6.17（b）可以看出，角度输出值发生很大变化，方位和俯仰测量值不再是0°方向，方位输出在 -3° ~ -4°范围起伏变化，俯仰值是 -1°起伏变化。上述结果说明了交叉极化干扰的有效性。

8. 试验结论

第一，通过分析大量的试验数据，可以发现：根据 DS 曲线分析可以得到干扰从中心方向进入时，引起的最大测角偏差，但是这和实际比相单脉冲雷达样机输出测角偏差数据不一致，实际的测角偏差远大于此，一组是(1°, -1°)，另一组是(-1°, -4°)。这说明雷达系统本身可能存在非理想条件，还有一种可能就是干扰不是从绝对的零中心方向进入（雷达波束宽度是 9°），如果这个假设成立，当干扰从偏离中心方位 1.4°进入时，引入的方位测角误差可以达到4° ~4.5°，接近甚至大于半波束宽度。

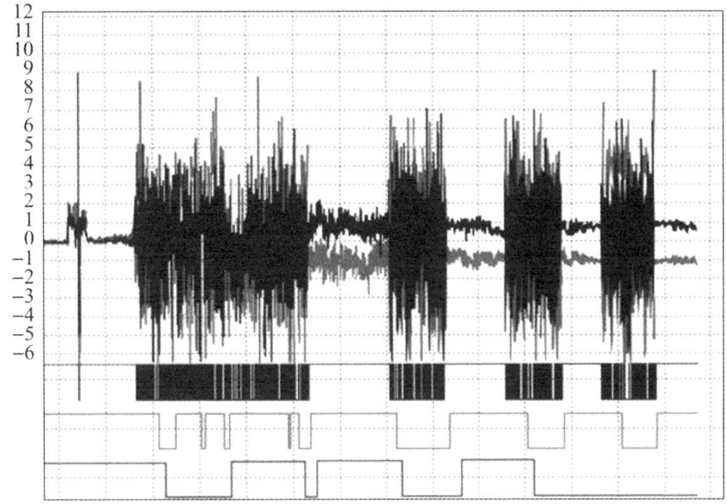

(a)

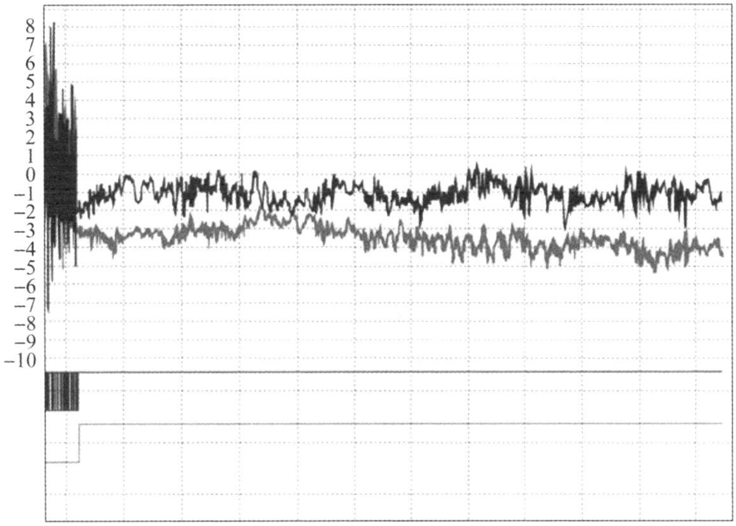

(b)

图 6.17　干扰加载后雷达样机的方位通道俯仰通道输出

（a）干信比 22dB；（b）干信比 26dB。

第二，雷达样机的方位测量误差和俯仰测量误差不一样，这也是比较符合实际的，因为入射方向仅在方位上可控，当控制的角度产生偏差时，就会产生较大的方位偏差，而俯仰不能控制，所以俯仰误差一直都是1°的量级。

第 7 章　转发多假目标干扰、灵巧噪声干扰特性分析

多假目标干扰，由转发式干扰机转发雷达脉冲来实现，随着工作状态参数的不同，这种干扰可以体现出压制或者欺骗的两种不同的干扰效果。当假目标的分布满足一定关系时，真实目标周围密集假目标的存在可能抬升雷达检测中CFAR 参考单元的电平，从而造成真目标检测概率下降，也就是说，满足一定条件的密集多假目标干扰能够对真实目标起到类似噪声的压制干扰效果。

灵巧噪声干扰是将假目标脉冲和随机噪声组合的干扰波形，这种干扰既可利用欺骗干扰的特性使得干扰信号能够顺利进入敌方雷达，得到相参雷达的全部或部分处理增益，而且要比纯欺骗性干扰更具迷惑性。

7.1　常用的雷达波形

常用的雷达信号主要有单频脉冲信号、调制脉冲信号和连续波信号，按其具体实现方式又可以进行更详细的划分，如图 7.1 所示。以下将详细讨论几种比较常用的雷达信号。

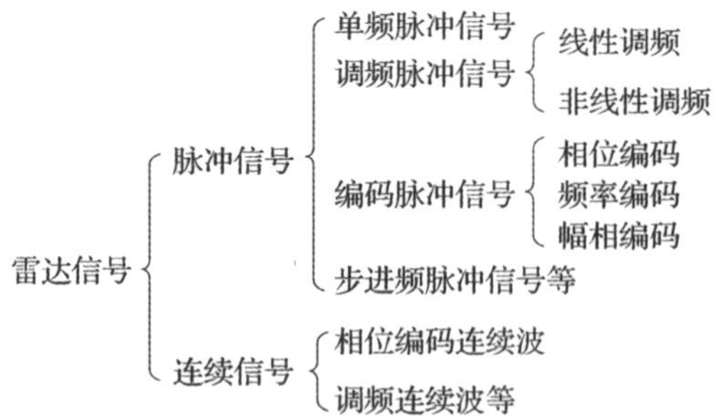

图 7.1　常用的雷达信号

7.1.1　线性调频信号

线性调频信号是雷达中最常用的信号之一，因此针对发射线性调频信号的

雷达的假目标干扰信号样式也最丰富。线性调频信号可以表示为

$$s(t)=\mathrm{rect}\left(\frac{t}{\tau}\right)\cos\left(\omega_0 t+\frac{1}{2}\mu t^2\right) \tag{7.1}$$

式中：τ 为脉冲宽度；ω_0 为载频；μ 为调频斜率。

$\mathrm{rect}\left(\frac{t}{\tau}\right)$可以表示为

$$\mathrm{rect}\left(\frac{t}{\tau}\right)=\begin{cases}1, & -\frac{\tau}{2}<t<\frac{\tau}{2}\\ 0, & 其他\end{cases} \tag{7.2}$$

从式（7.1）可以看出，线性调频信号的相位变化规律为

$$\varphi(t)=\omega_0 t+\frac{1}{2}\mu t^2 \tag{7.3}$$

对式（7.3）求导可以得到其频率变化规律为

$$f(t)=\frac{\omega_0+\mu t}{2\pi} \tag{7.4}$$

从式（7.3）和式（7.4）可以看出线性调频信号的时间－相位调制函数为抛物线型函数，时间－频率调制函数为线性函数。图7.2和图7.3分别给出了线性调频信号的时间－频率调制和时间－相位调制波形。

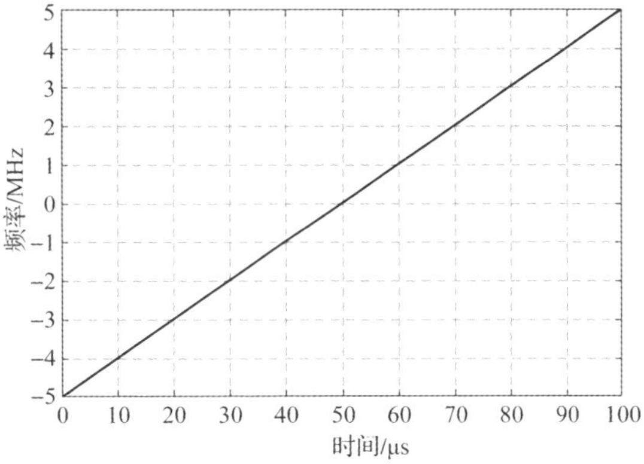

图7.2　线性调频信号时间－频率调制函数

线性调频信号经过脉冲压缩后，宽脉冲会变成与调频带宽成反比的窄脉冲，但此时主副瓣比会比较低，只有约13dB，如图7.4所示，因此通常雷达在进行脉冲压缩处理时会进行加窗处理，加窗后的主副瓣比可以达到约40dB，如图7.5所示。窗函数有很多种，如Hamming（海明）窗、泰勒窗等，不同的窗函数有不同的旁瓣峰值比，且会使脉压后的主瓣有不同程度的展宽。表7.1给出了不同窗函数的特性。

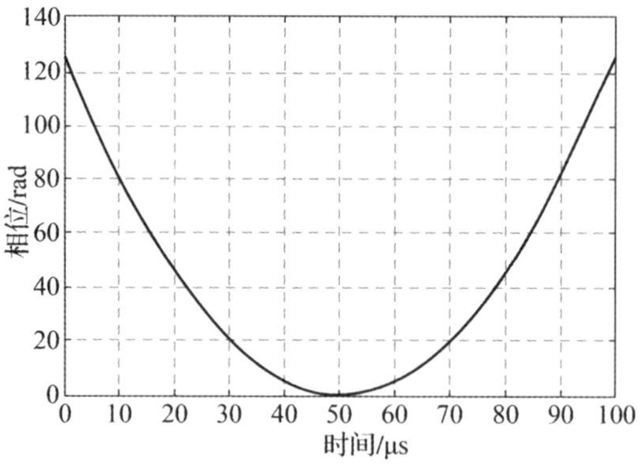

图 7.3　线性调频信号时间 – 相位调制函数

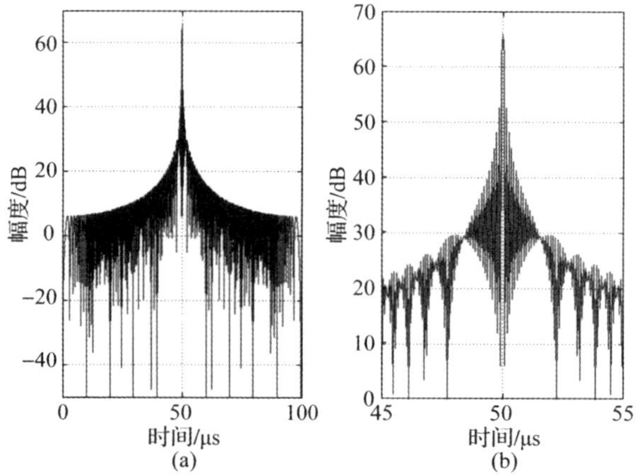

图 7.4　线性调频信号脉冲压缩后的波形（未加窗）

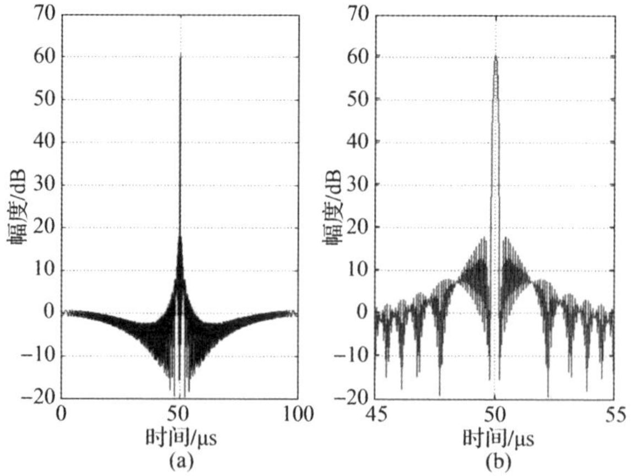

图 7.5　线性调频信号脉冲压缩后的波形（加窗）

表 7.1 窗函数特性表

窗函数	最大副瓣电平/dB	信噪比损失/dB	主瓣展宽系数
矩形窗	-13.2	0	1
泰勒窗	-40	1.14	1.41
海明窗	-42.56	1.34	1.47

除矩形窗外，几乎所有的窗函数在时域和频域都表现为一个钟形函数，如图 7.6 所示，窗函数的这种特性为干扰带来了一定的困难，例如，当干扰机采用部分复制雷达信号时，由于与雷达匹配滤波器不能完全匹配，产生的干扰信号通过匹配滤波后的得益将大大减少。

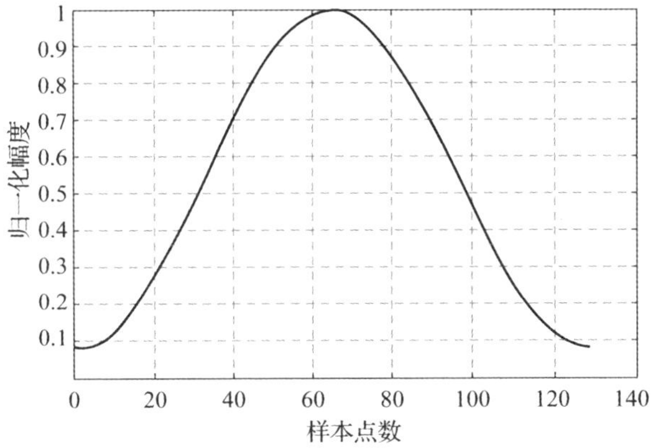

图 7.6 窗函数的时域特性

7.1.2 非线性调频信号

非线性调频信号相对于线性调频信号有明显的优点，也有缺点。优点主要表现在：它可以通过波形设计得到理想的频谱形状，从而使波形不需加窗，即可得到较高的脉压主副瓣比，从而减小了脉压损失。其缺点主要表现在：它的多普勒敏感性要大于线性调频信号的多普勒敏感性，当多普勒较大时，脉压副瓣抬高比较严重。

非线性调频信号可以通过调频方式的设计产生所期望的时间副瓣的频谱形状，它通过在脉冲两端增加频率调制速率，在脉冲中间减小频率调制速率的方法来得到所期望的频谱形状。以下给出几种不同频率 - 时间调制函数。

1. 泰勒加权的非线性调频信号

为了获得 –40dB 的脉压副瓣，可以采用泰勒加权，其频率 – 时间调制函数可以表示为

$$f(t) = B\left(\frac{t}{\tau} + \sum_{n=1}^{7} K_n \sin\left(\frac{2\pi nt}{\tau}\right)\right) \tag{7.5}$$

式中：$k_1 = -0.1145$；$k_2 = 0.0396$；$k_3 = -0.0202$；$k_4 = 0.0118$；$k_5 = 0.0082$；$k_6 = 0.0055$；$k_7 = -0.0040$。

其相位 – 时间调制函数可以表示为

$$\varphi(t) = \frac{\pi B}{\tau}t^2 + 2B\tau \sum_{n=1}^{7} \frac{K_n}{n} \sin\left|\frac{2\pi nt}{\tau}\right| \tag{7.6}$$

2. 基于正弦的非线性调频信号

基于正弦的非线性调频信号的频率 – 时间调制函数可以表示为

$$f(t) = \frac{Bt}{\tau} + \frac{kB}{2\pi}\sin\left(\frac{2\pi f}{B}\right), -\frac{B}{2} \leqslant f \leqslant \frac{B}{2} \tag{7.7}$$

式中：k 为时间副瓣控制因子。

通常 k 的典型值为 0.64 和 0.70，其时间副瓣可以达到 –30dB 和 –33dB。

3. 基于正切的非线性调频信号

基于正切的非线性调频信号的频率 – 时间调制函数可以表示为

$$f(t) = \frac{B}{2}\left[\frac{\alpha\tan\left(\frac{2\beta t}{\tau}\right)}{(2\tan\beta)} + \frac{2(1-\alpha)t}{\tau}\right] \tag{7.8}$$

式中：β 控制 tan 曲线的均衡，取值大于 0；α 控制调频斜率，取值大于 0 小于 1。

从式（7.8）可以看出，当 $\alpha = 0$ 时，基于正切的非线性调频信号将变为一个线性调频信号。

图 7.7 ~ 图 7.10 分别给出了时宽为 100μs、带宽分别为 1MHz 和 10MHz 的非线性调频信号的时间 – 频率调制曲线、时间 – 相位曲线、频谱图和脉压后的波形图。从图 7.7 和图 7.8 可以看出，非线性调频信号的时间 – 频率调制曲线为 S 形函数，其时间 – 相位曲线为抛物线形函数；从图 7.9 可以看出，非线性调频信号的频谱呈“马鞍形”，而且其 3dB 带宽与波形设计时的带宽是不一致的，这也是非线性调频信号与线性调频信号的不同之处；从图 7.10 和图 7.11 可以看出，经过波形设计的非线性调频信号的脉压副瓣低于 –30dB。

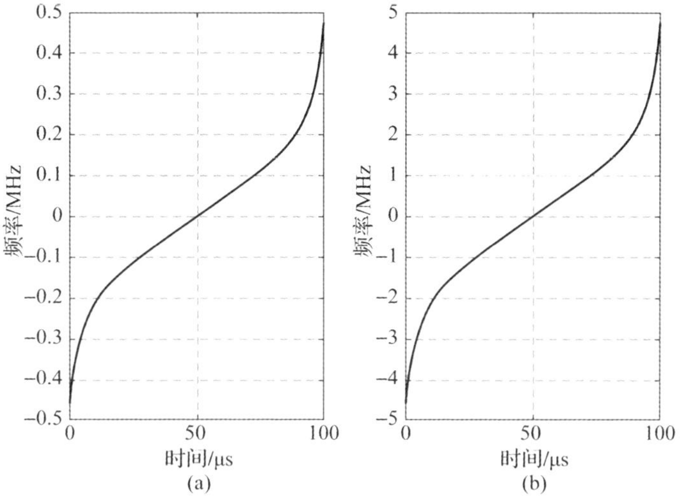

图 7.7　非线性调频信号的时间 – 频率曲线

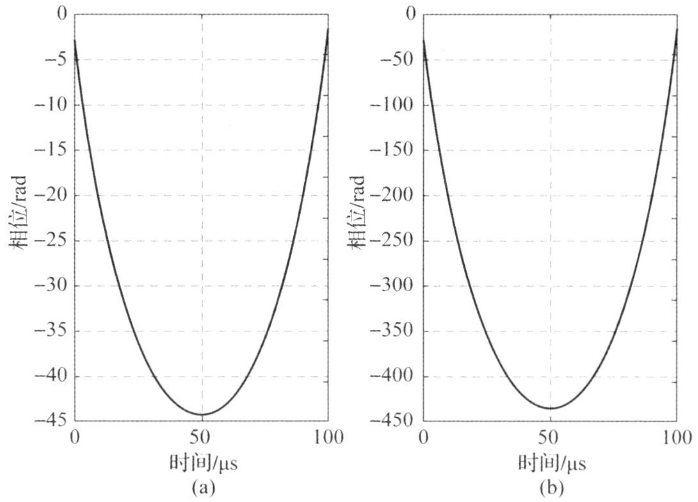

图 7.8　非线性调频信号的时间 – 相位曲线

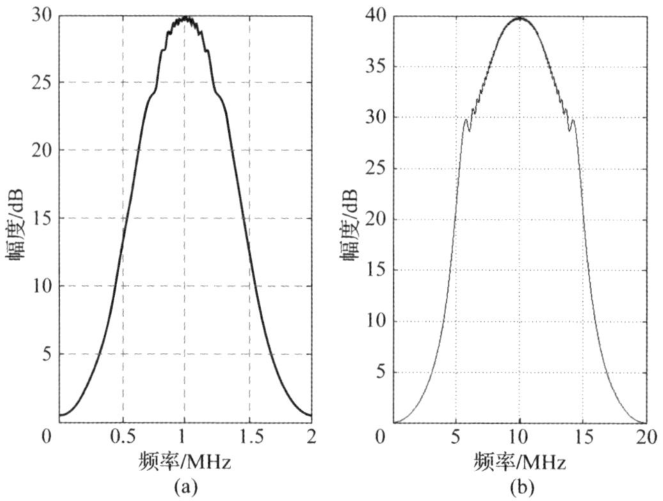

图 7.9　非线性调频信号的频谱

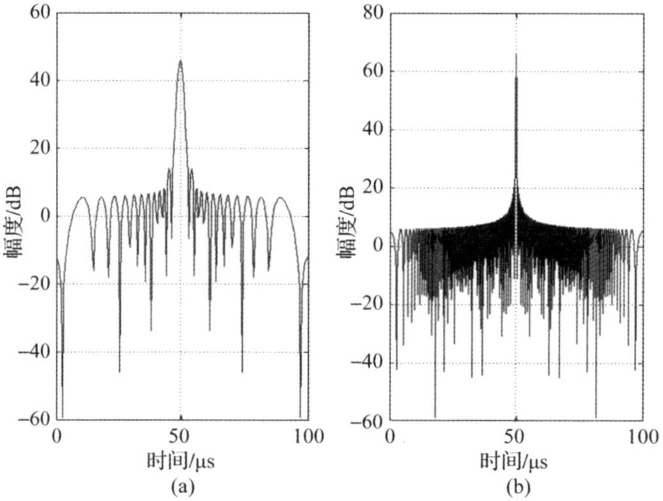

图 7.10　非线性调频信号脉压后的波形

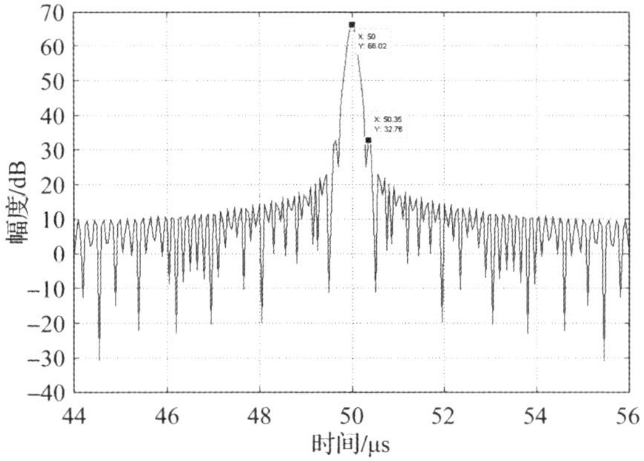

图 7.11　中心局部放大图

7.1.3　相位编码信号

相位编码信号通常由子脉冲按一定的相位编码序列形成，如果这个编码序列只含有两个相位，则称为二相编码信号。同理如果含有四个相位，则称为四相编码信号。

二相编码信号中应用较广泛的是巴克码信号，它有较为理想的自相关函数，其主副瓣比可以达到 $-20\log N$，其中 N 为编码序列长度，但目前为止只找到了长度为2、3、4、5、7、11 和 13 的巴克码序列。表 7.1 列出了所有的巴克码序列，图 7.12 给出了 13 位巴克码序列的自相关函数。

表 7.2　巴克码序列

长度	码序列	自相关函数	主副瓣比/dB
2	1,1　-1,1	2,1	6
3	1,1,-1	3,0,1	9.5
4	1,1,-1,1　1,1,1,-1	4,1,0,1	12
5	1,1,1,-1,1	5,0,1,0,1	14
7	1,1,1,-1,-1,1,-1	7,0,1,0,1,0,1	16.9
11	1,1,1,-1,-1,-1,1,-1,-1,1,-1	11,0,1,0,1,0,1,0,1,0,1	20.8
13	1,1,1,1,1,-1,-1,1,1,-1,1,-1,1	13,0,1,0,1,0,1,0,1,0,1,0,1	22.3

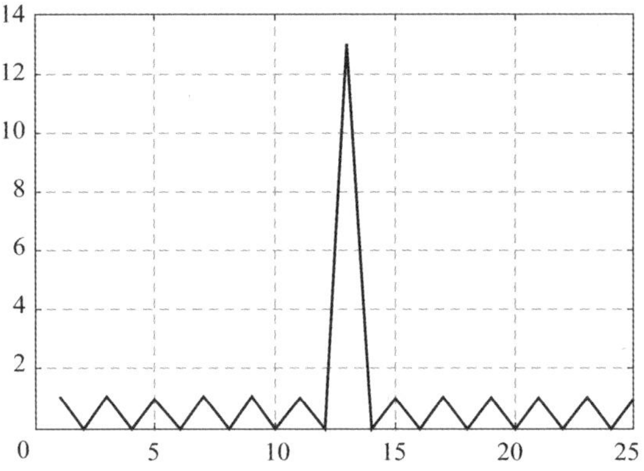

图 7.12　13 位巴克码序列自相关函数

巴克码通常可以表示为

$$s(t) = \begin{cases} \sum_{k=0}^{N-1} s_1(t - k\tau_1)c_k, & 0 < t < N\tau_1 \\ 0, & \text{其他情况} \end{cases} \tag{7.9}$$

式中：$s_1(t)$为子脉冲；τ_1 为子脉冲时宽；c_k 为编码序列；N 为编码序列长度。图 7.13 给出了子脉冲时宽为 10μs、带宽为 2MHz、巴克码序列长度为 13 的巴克码信号的时域波形和其频谱，巴克码信号的带宽约等于子脉冲信号的带宽，其时宽等于编码序列的长度与子脉冲时宽的乘积，即 $N\tau_1$。

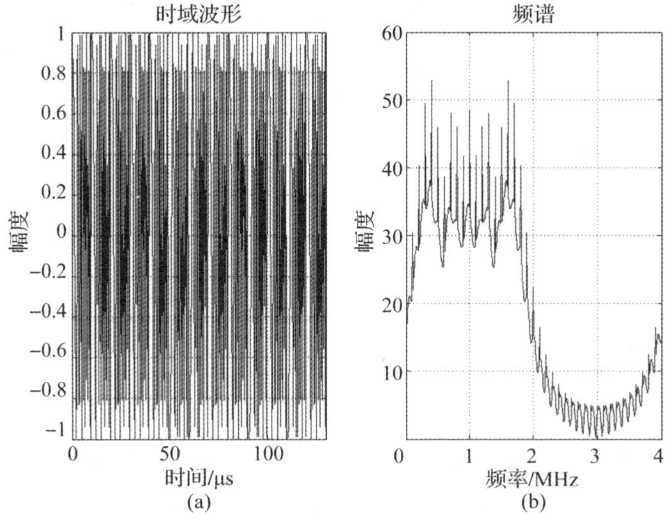

图 7.13　巴克码信号的时域波形和频谱

由于巴克码序列具有均匀副瓣，当子脉冲信号的脉压主副瓣比高于巴克码序列的主副瓣比时，巴克码信号的主副瓣比受巴克码序列的主副瓣比影响，但当子脉冲的脉压主副瓣比低于巴克码序列的主副瓣比时，巴克码信号的主副瓣比受子脉冲的脉压主副瓣比的影响。图7.14给出了巴克码信号的脉压后的波形图，从图中可以看出，巴克码信号具有均匀副瓣，第一幅图的子脉冲压缩时未加窗，因此其主副瓣比为13dB左右，而第二幅图的子脉冲压缩时加窗，因此其主副瓣比明显增加。

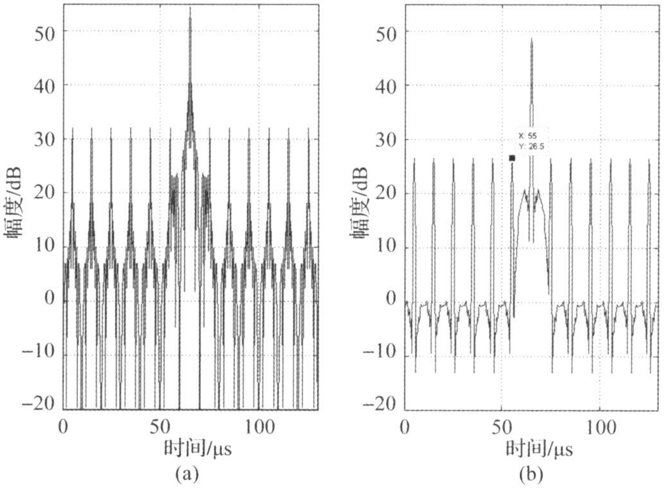

图7.14　巴克码信号的脉压后的波形

当子脉冲带宽为B、时宽为τ_1、编码序列长度为N时，巴克码信号的脉冲压缩比可以表示为

$$D = NB\tau_1 \tag{7.10}$$

从式（7.10）可以看出，巴克码信号的脉冲压缩比相当于子脉冲的脉冲压缩比与编码序列长度的乘积。

从仿真设置的参数和仿真结果可以看出，巴克码信号的主副瓣比最多只能到23dB，这对目标检测是不利的，因此必须采用加权的方法来抑制副瓣。从图7.14还可以看出，巴克码信号脉压后的信号副瓣具有对称性的特点，且主瓣与副瓣的底宽均为τ，这就有可能通过图7.15所示的对称加权网络来抑制对称的均匀副瓣，下面以13位巴克码信号为例说明加权网络抑制副瓣的原理。

要使脉压后的回波信号主瓣不变，副瓣为0，则加权系统数需要满足如下关系：

$$\begin{cases}13\beta_0+2\beta_1+2\beta_2+2\beta_3+2\beta_4+2\beta_5+2\beta_6=13\\ \beta_0+14\beta_1+2\beta_2+2\beta_3+2\beta_4+2\beta_5+\beta_6=0\\ \beta_0+2\beta_1+14\beta_2+2\beta_3+2\beta_4+\beta_5+\beta_6=0\\ \beta_0+2\beta_1+2\beta_2+14\beta_3+\beta_4+\beta_5+\beta_6=0\\ \beta_0+2\beta_1+2\beta_2+\beta_3+13\beta_4+\beta_5+\beta_6=0\\ \beta_0+2\beta_1+\beta_2+\beta_3+\beta_4+13\beta_5+\beta_6=0\\ \beta_0+\beta_1+\beta_2+\beta_3+\beta_4+\beta_5+13\beta_6=0\end{cases} \tag{7.11}$$

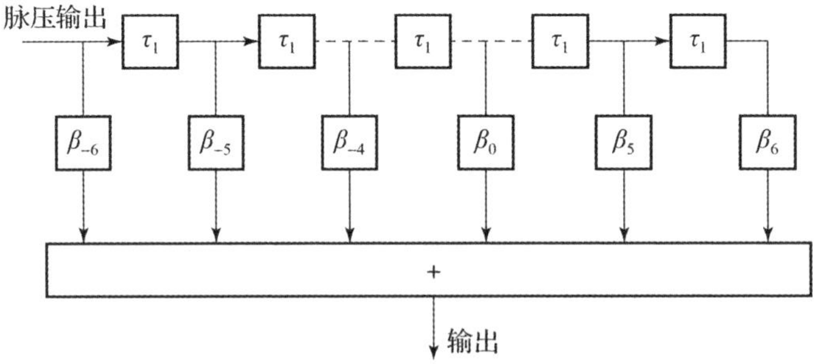

图 7.15　巴克码抑制副瓣的加权网络组成图

求解式（7.11）可以得到各加权系数：

$$\begin{cases}\beta_0=1.047722182\\ \beta_1=-0.0407328662\\ \beta_2=-0.0455717223\\ \beta_3=-0.0500941064\\ \beta_4=-0.0542686157\\ \beta_5=-0.0580662589\\ \beta_6=-0.0614606642\end{cases} \tag{7.12}$$

图 7.16 给出了加权网络的各节点的输出波形图，可以看出，经过加权网络后输出的峰值为位置比真实回波的位置要延迟 6τ，且各对称副瓣幅度大大降低。图 7.16 给出了巴克码脉压信号通过加权网络的波形对比，可以看出，未经过加权网络的波形为对称均匀副瓣，主副瓣比为 23dB，经过加权网络的波形为对称非均匀副瓣，主副瓣比为子脉冲信号脉压的主副瓣比。

在二相编码信号中，由于 c_k 在 -1 和 1 之间取值，因此，干扰机在采用部分复制脉冲的方法产生假目标干扰时，会收到与线性调频、非线性调频完全不同的干扰效果。例如，当干扰机只复制线性调频信号的一半时，由于干扰信号的时宽带宽均降低一半，因此其相对于完整脉冲来说，幅度下降 6dB；脉压后

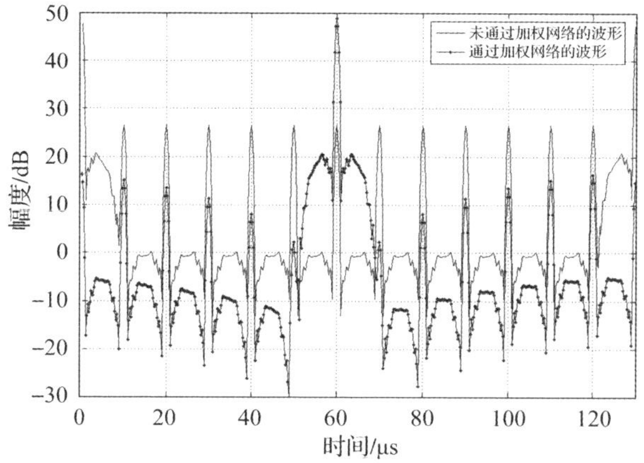

图 7.16　巴克码脉压信号通过加权网络的波形图

的脉宽相对于完整脉冲来说，展宽 1 倍；且只能形成一个假目标。但对于二相编码信号来说，当干扰机复制二相编码的一部分时，可以形成几个假目标，其假目标的幅度下降与采用的编码序列有关，且其脉压后的宽度相对于完整脉冲来说没有变化。图 7.17 给出了子脉冲时宽为 10μs，带宽 2MHz，编码序列为 13 位巴克码的巴克码信号复制不同长度的脉压波形，从图中可以看出，复制不同长度的信号经过脉压和加权网络后，会出现多个假目标，并且各假目标的主瓣的宽度并没有变化。

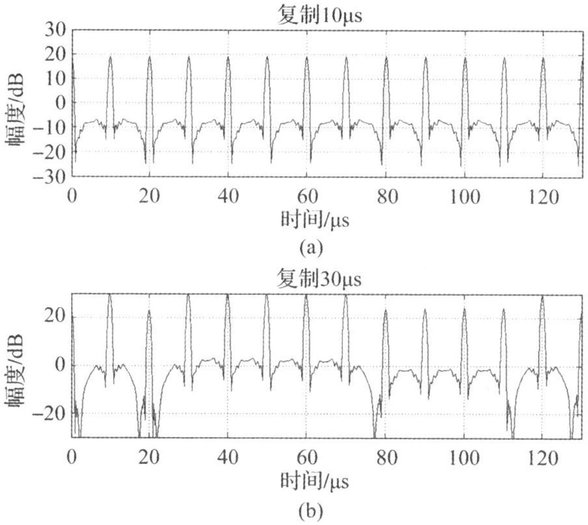

图 7.17　二相编码信号脉压后的时域波形

7.1.4 频率步进信号

步进频率雷达合成高分辨一维距离像的基本过程如下：序贯发射一组窄带宽脉冲（设共有 N 个脉冲），脉宽为 T_p，其中每个脉冲的载频是均匀步进的，步进量为 Δf。图 7.18 为发射信号时域图。对这串脉冲的回波信号用与其载频相应的本振频率进行混频，再对混频后的 N 个脉冲回波数据进行脉冲相参合成处理。

设发射的第 k 个脉冲为

$$x_k(t)=X_k\exp[\mathrm{j}\cdot(2\pi f_k t+\theta_k)],kT_r\leqslant t\leqslant kT_r+T_p \tag{7.13}$$

式中：X_k 和 θ_k 分别为第 k 个脉冲的幅度和初相；f_k 为载频，$f_k=f_0+k\Delta f$；T_r 为脉冲重复周期。

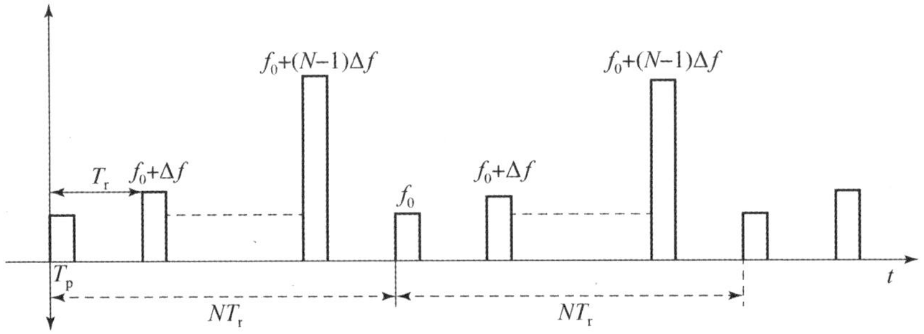

图 7.18 脉冲步进频率雷达的发射信号时频图

为分析方便，可考虑静止点目标的情况（对于运动目标，经运动补偿后情况类似），这样，该点目标对应第 k 个脉冲的回波信号为

$$y_k(t)=Y_k\exp\mathrm{j}\cdot 2\pi f_k(t-\tau),kT_r+\tau\leqslant t\leqslant kT_r+T_p+\tau \tag{7.14}$$

式中：Y_k 为第 k 个脉冲回波幅度；τ 为目标延迟，对于距离为 R 的目标，$\tau=2R/c$，c 为光速。

回波信号经混频采样后，所得结果为

$$S(k)=A_k\exp(-\mathrm{j}\cdot 2\pi f_k\tau),\ k=0,\cdots,N-1 \tag{7.15}$$

式中：A_k 为第 k 个脉冲回波信号混频后的幅度。

回波信号的相参合成处理可利用逆傅里叶变换（IFFT）来实现。对接收的 N 个序贯回波信号采样值 $S(k)$，$k=0,1,\cdots,N-1$，做 IFFT 处理，则归一化的时域合成脉冲(设 $A_k=1,k=0,1,\cdots,N-1$)输出为

$$\begin{aligned}p(n)&=\frac{1}{N}\sum_{k=0}^{N-1}\exp(-\mathrm{j}\cdot 2\pi f_k\tau)\cdot\exp\left(\mathrm{j}\cdot\frac{2\pi}{N}k\cdot n\right)\\&=\frac{1}{N}\exp\left(-\mathrm{j}\cdot 2\pi f_0\cdot\frac{2R}{c}\right)\cdot\exp\left[\mathrm{j}\cdot\frac{(N-1)\pi}{N}\left(n-\frac{2NR\cdot\Delta f}{c}\right)\right]\cdot\end{aligned}$$

$$\frac{\sin\left[\pi\cdot\left(n-\dfrac{2NR\cdot\Delta f}{c}\right)\right]}{\sin\left[\dfrac{\pi}{N}\cdot\left(n-\dfrac{2NR\cdot\Delta f}{c}\right)\right]},n=0,1,\cdots,N-1 \tag{7.16}$$

对式（7.16）取模，得

$$|p(n)|=\left|\frac{\sin\left[\pi\cdot\left(n-\dfrac{2NR\cdot\Delta f}{c}\right)\right]}{N\cdot\sin\left[\dfrac{\pi}{N}\cdot\left(n-\dfrac{2NR\cdot\Delta f}{c}\right)\right]}\right|,n=0,1,\cdots,N-1 \tag{7.17}$$

至此，就完成了一次脉冲相参合成处理。由式（7.17）可知，脉冲合成后结果是目标回波合成出一个主瓣宽度约为$\dfrac{1}{N\cdot\Delta f}$的 sinc 函数型窄脉冲，距离分辨力为

$$\Delta R_s=\frac{c}{2N\cdot\Delta f} \tag{7.18}$$

分析表明，目标运动对步进频率雷达相参合成目标一维距离像的影响主要体现在目标相对于雷达的径向运动速度参数上，表现为使目标合成距离像产生距离徙动（徙动的高分辨距离单元数为 Nf_dT_r）且波形展宽。图 7.19 给出了静止的大型卡车的实测的一维距离像。

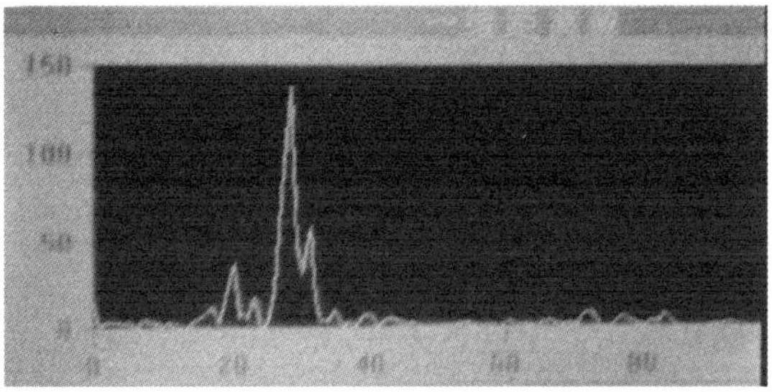

图 7.19　实测的大型卡车的一维距离像

7.2　多假目标干扰技术分析

7.2.1　完整脉冲复制

最常用的多假目标干扰通过侦察设备侦收并记录下雷达信号，然后通过一个雷达脉冲连接一个雷达脉冲的连续复制或下一个脉冲比上一个脉冲延时一个

固定的但小于脉冲宽度的时间，从而形成一连串的假目标信号，完整脉冲复制的优势主要体现在其在雷达信号处理机里的脉压损失是最小的，通常这种干扰信号可以表示为

$$s_j(t) = \sum_{i=1}^{N} s(t - \tau_i) e^{j2\pi f_{di} t} \tag{7.19}$$

式中：$s(t)$为雷达信号；τ_i 为假目标延时；N 为形成的假目标个数；f_{di}为假目标的多普勒信息。

此种干扰信号的时域特性主要受延时 τ_i 的影响，即：τ_i 决定了假目标的密集程度及假目标之间的间距，且当（$\tau_i - \tau_{i-1}$）小于雷达脉冲宽度时，假目标干扰信号在脉压前将有一定的重叠。

不考虑多普勒信息时，完整脉冲复制多假目标干扰信号的频域特性也受到延时 τ_i 的影响，对式（7.19）进行傅里叶变换可以得到

$$S_j(j\omega) = \sum_{i=1}^{N} S(j\omega) e^{-j\omega\tau_i} \tag{7.20}$$

当 $\tau_i - \tau_{i-1} = \Delta\tau$ 时，式（7.20）变化为

$$S_j(j\omega) = S(j\omega) e^{-j\omega\tau_1} e^{-j\frac{(N-1)\omega\Delta\tau}{2}} \frac{\sin\left(\frac{N\omega\Delta\tau}{2}\right)}{\sin\left(\frac{\omega\Delta\tau}{2}\right)} \tag{7.21}$$

式（7.21）第二项

$$\frac{\sin\left(\frac{N\omega\Delta\tau}{2}\right)}{\sin\left(\frac{\omega\Delta\tau}{2}\right)} \tag{7.22}$$

是一个周期函数，且其包络具有 sinc 函数形状，周期为$\frac{1}{\Delta\tau}$，它决定了 $J(\omega)$的谱线的密集程度，即当 $\Delta\tau$ 越大，$J(\omega)$的谱线越密集，但此时假目标在时域上越稀疏。图 7.20 和图 7.21 分别给出了不同 $\Delta\tau$ 时的假目标干扰信号的时域波形和频谱。

当（$\tau_i - \tau_{i-1}$）为随机数时，假目标干扰信号在时域和频域都将变得没有规律。

同时干扰信号的频域特性还受到多普勒信息 f_{di} 的影响，如果各假目标的多普勒频率都相同，则其频谱与无多普勒信息时的频谱相比只是多了一个频移，当各假目标的多普勒频率不相同时，干扰信号在时域和频域也将变得没有规律。

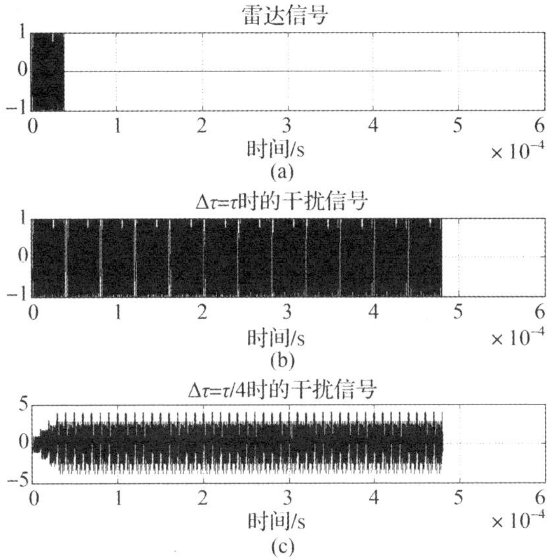

图 7.20　完整脉冲复制多假目标干扰的时域波形

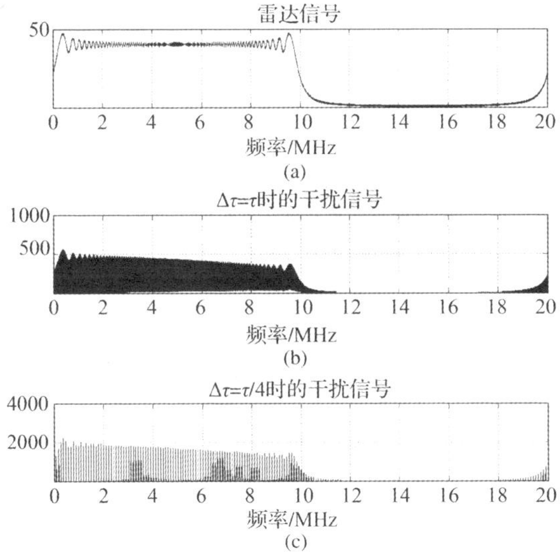

图 7.21　完整脉冲复制多假目标干扰的频谱

如前所述，当（$\tau_i - \tau_{i-1}$）大于或者等于雷达脉冲宽度时，表示干扰信号依次发出，没有重叠。

假定干扰设备作战对象是某雷达，其典型工作信号形式是线性调频信号，脉宽是13μs，脉压后为0.25μs，那么调频带宽为4MHz。下面仿真完整脉冲复制干扰对某雷达的干扰效果。

图 7.22 表示雷达的发射信号，图 7.23 表示完整脉冲复制依次转发的干扰信号时域分布，仿真中设置 10 个假目标，第一个假目标在对雷达信号采样结束后发出，连续发出 10 个脉宽 13μs 的假目标，调频带宽与雷达信号相同，那么干扰信号持续时间为 130μs，在距离上持续 19.5km，如图 7.24 所示（该种情况的前提是 $\tau_i - \tau_{i-1} = \tau$，$\tau$ 为雷达脉宽）。图 7.25 表示干扰信号的频谱，干扰信号带宽与雷达信号相同，因此能够获得与雷达信号相同的脉压处理增益。

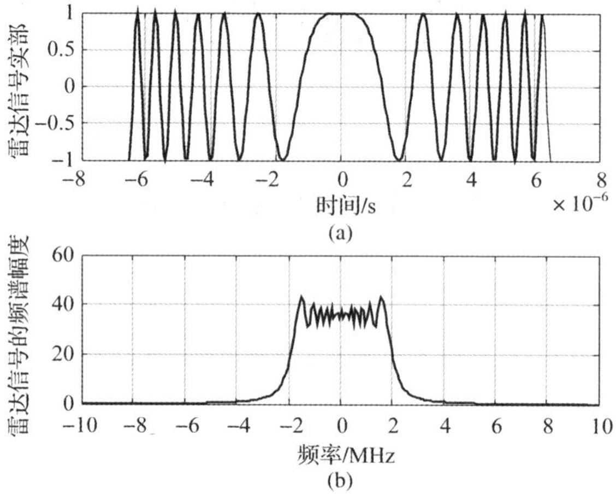

图 7.22　雷达发射信号

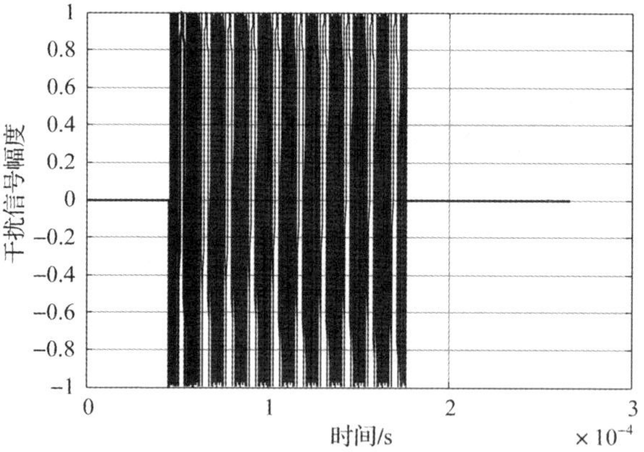

图 7.23　对雷达的完整脉冲复制干扰信号时域分布

假设干扰机属于支援式干扰机，主要是掩护身后的飞机目标突防，采取的干扰策略是对雷达信号完整采样后才发射干扰，因此，在干扰机位置身后有一个脉宽 13μs 的无干扰区（约 2km，如图 7.24 所示），原因是干扰机接收一个完整的雷达脉冲后才能发出干扰，而且假目标之间的间隔是 2km（即一个雷达脉宽信号长度）。

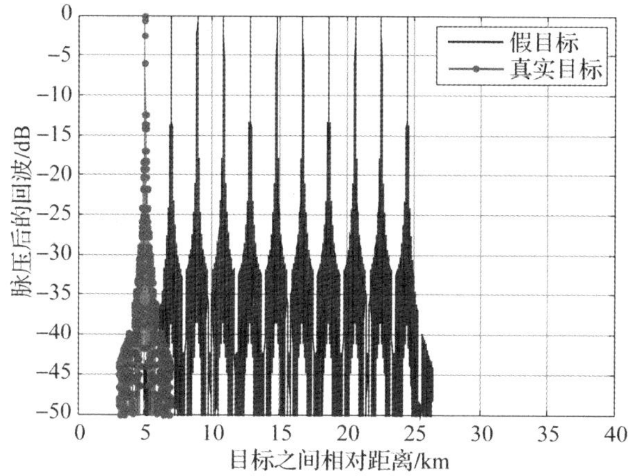

图 7.24　对雷达的完整脉冲复制干扰信号脉压后结果

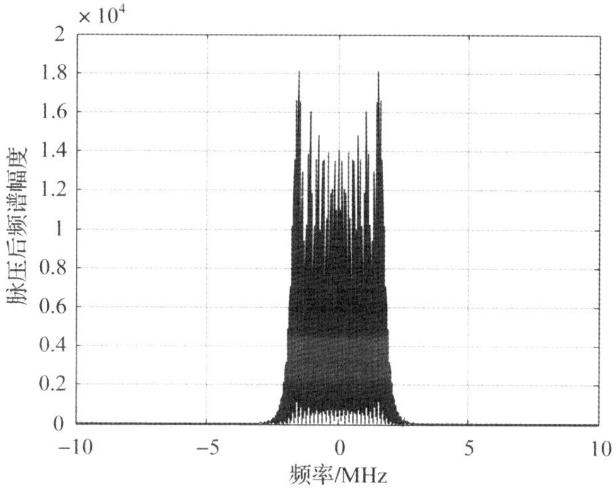

图 7.25　干扰信号频谱

图 7.24 中仿真设置了 10 个假目标，距离上持续 19.5km，实际作战时可以根据要求产生相应的干扰信号持续时间。例如，要求在干扰机身后产生 200km 的干扰带，那么干扰信号持续时间约为 1.3ms（约 100 个假目标）。由于雷达典型工作重频是 300Hz（重复周期约 3.3ms），因此 1.3ms 的干扰持续时间并不会出现跨周期干扰效果，干扰仍然不会出现在干扰机实际位置前面。图中假设全脉冲复制产生的假目标功率等于真实目标的回波功率，横坐标（时间、频率）均是一个相对值，后面的仿真也是以此为前提。

7.2.2 部分脉冲复制

部分雷达脉冲复制形成干扰信号有多种形式，干扰机可以根据干扰需要，截取雷达脉冲的前面部分、中间部分或者末尾部分。设完整雷达信号长度为 τ，实际干扰信号如图 7.26 所示，截取了长度为 τ_2 脉冲段，有 $\tau = \tau_1 + \tau_2 + \tau_3$。

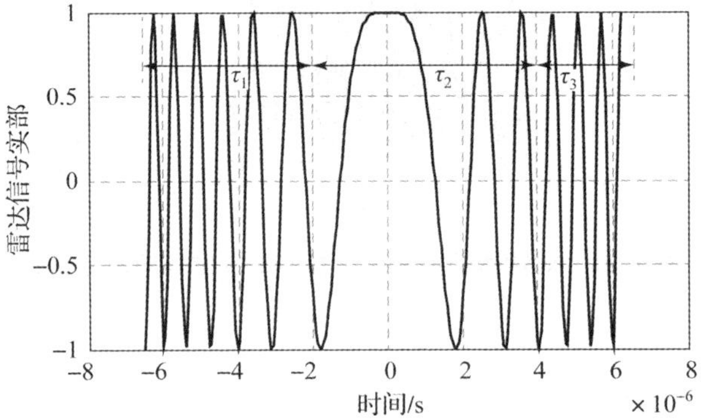

图 7.26 截取雷达脉冲信号示意图

雷达脉冲信号为线性调频信号，截取的脉冲信号部分也为线性调频信号，只是中心频率和带宽发生了变化。因此，截取的假目标信号可以表示为

$$j(t) = A \cdot \mathrm{rect}\left(\frac{t}{\tau_2}\right)\mathrm{e}^{\mathrm{j}\left(\omega_0' t + \frac{1}{2}\mu t^2\right)} \tag{7.23}$$

式中：ω_0'为假目标信号的中心角频率，$\omega_0' = \omega_0 + \dfrac{\tau - \tau_3 - \tau_1}{2\tau}\Delta\omega$，$\Delta\omega = 2\pi B$，$B$ 为原始信号带宽。

当 $\tau_1 \neq 0$、$\tau_3 = 0$ 时，相当于截取雷达信号的后面部分，此时干扰信号表达式同式（7.23），中心角频率 ω_0'变为

$$\omega_0' = \omega_0 - \frac{\tau_1}{2\tau}\Delta\omega \tag{7.24}$$

当 $\tau_1 = 0$、$\tau_3 \neq 0$ 时，相当于截取雷达信号的前面部分，此时干扰信号表达式也同式（7.23），中心角频率变为

$$\omega_0' = \omega_0 - \frac{\tau_3}{2\tau}\Delta\omega \tag{7.25}$$

根据前面的分析，当截取的脉冲信号的时宽带宽积 $D' \gg 1$ 时，干扰信号频谱可以表示为

$$J(\omega)=\begin{cases}A\sqrt{\dfrac{2\pi}{\mu}}\times \mathrm{e}^{\mathrm{j}\left[-\frac{(\omega-\omega_0')^2}{2\mu}+\frac{\pi}{4}\right]}, & |\omega-\omega_0|\leqslant\dfrac{\Delta\omega'}{2}\\ 0, & |\omega-\omega_0|>\dfrac{\Delta\omega'}{2}\end{cases}\tag{7.26}$$

式中：$\Delta\omega'=\dfrac{\tau_2}{\tau}\times\Delta\omega$。

假目标信号通过雷达匹配滤波器后的信号为

$$\begin{aligned}j_0(t)&=\frac{1}{2\pi}\int_{-\infty}^{\infty}J(\omega)H(\omega)\mathrm{e}^{\mathrm{j}\omega t}\mathrm{d}\omega\\&=\frac{1}{2\pi}\int_{-\frac{\Delta\omega'}{2}}^{\frac{\Delta\omega'}{2}}A\sqrt{\frac{2\pi}{\mu}}\times \mathrm{e}^{\mathrm{j}\left[-\frac{(\omega-\omega_0')^2}{2\mu}+\frac{\pi}{4}\right]}\cdot M\mathrm{e}^{\mathrm{j}\left[\frac{(\omega-\omega_0)^2}{2\mu}-\frac{\pi}{4}\right]}\cdot \mathrm{e}^{\mathrm{j}\omega t}\mathrm{d}\omega\end{aligned}\tag{7.27}$$

将 $\omega_0'=\omega_0+\dfrac{\tau-\tau_3-\tau_1}{2\tau}\Delta\omega$ 代入式（7.27），可以得到：

$$\begin{aligned}j_0(t)&=\frac{AM}{2\pi}\sqrt{\frac{2\pi}{\mu}}\int_{-\Delta\omega'/2}^{\Delta\omega'/2}\mathrm{e}^{\mathrm{j}\left[\frac{(\omega-\omega_0)^2}{2\mu}-\frac{(\omega-\omega_0')^2}{2\mu}\right]}\times \mathrm{e}^{\mathrm{j}\omega t}\mathrm{d}\omega\\&=\frac{AM\Delta\omega'}{2\pi}\sqrt{\frac{2\pi}{\mu}}\cdot\frac{\sin\left[t+\dfrac{\Delta\omega}{\mu}\left(\dfrac{\tau-\tau_3-\tau_1}{2\tau}\right)\right]\Delta\omega'/2}{\left[t+\dfrac{\Delta\omega}{\mu}\left(\dfrac{\tau-\tau_3-\tau_1}{2\tau}\right)\right]\Delta\omega'/2}\\&\quad\times \mathrm{e}^{\mathrm{j}\left[2\left(\frac{\tau-\tau_3-\tau_1}{2\tau}\right)\omega_0\Delta\omega+\left(\frac{\tau-\tau_3-\tau_1}{2\tau}\right)^2\Delta\omega^2\right]}\end{aligned}\tag{7.28}$$

将 $\varphi=2\left(\dfrac{\tau-\tau_3-\tau_1}{2\tau}\right)\omega_0\Delta\omega+\left(\dfrac{\tau-\tau_3-\tau_1}{2\tau}\right)^2\Delta\omega^2$，$\Delta\omega=2\pi B$，$\mu=\dfrac{2\pi B}{\tau}$，$\Delta\omega'=\dfrac{\tau_2}{\tau}\times\Delta\omega$，$\tau=\tau_1+\tau_2+\tau_3$ 代入式（7.28），可以简化为

$$j_0(t)=AM\sqrt{D}\cdot\frac{\tau_2}{\tau}\cdot\frac{\sin\left[\pi B\left(t+\dfrac{\tau-\tau_3-\tau_1}{2\tau}\right)\cdot\dfrac{\tau_2}{\tau}\right]}{\pi B\left(t+\dfrac{\tau-\tau_3-\tau_1}{2\tau}\right)\cdot\dfrac{\tau_2}{\tau}}\cdot \mathrm{e}^{\mathrm{j}\varphi}\tag{7.29}$$

从式（7.29）可以看出截取的脉冲信号通过脉压后的峰值比正常脉冲信号脉压后的峰值变化了$(\tau-\tau_3-\tau_1)/2\tau$，正好与截取脉冲信号的原始信号的峰值初相时间相同；压缩后的干扰信号宽度变为原始信号宽度的τ/τ_2；信号幅度变也为原始信号的τ_2/τ，即如下式：

$$\frac{|j_0(t)|_{\max}}{|s_0(t)|_{\max}}=\frac{\tau_2}{\tau}\tag{7.30}$$

对某雷达干扰为例进行仿真，雷达参数设置同7.2.1节，干扰信号设置为截取雷达信号前半部分，即截取雷达信号的6.5μs，雷达信号与干扰信号分别如图7.27和图7.28所示。图7.29给出了干扰信号频谱，由于截取了雷达信号的一半，所以频谱宽度为雷达信号的一半（即2MHz），那么干扰信号经过雷达脉压后的结果如图7.30所示。从图中可以看出，干扰信号幅度变小（幅度下降一半，功率下降6dB），主瓣展宽，因此用截取一部分雷达信号进行干扰，可以看成用降低假目标的功率换取干扰的覆盖范围。

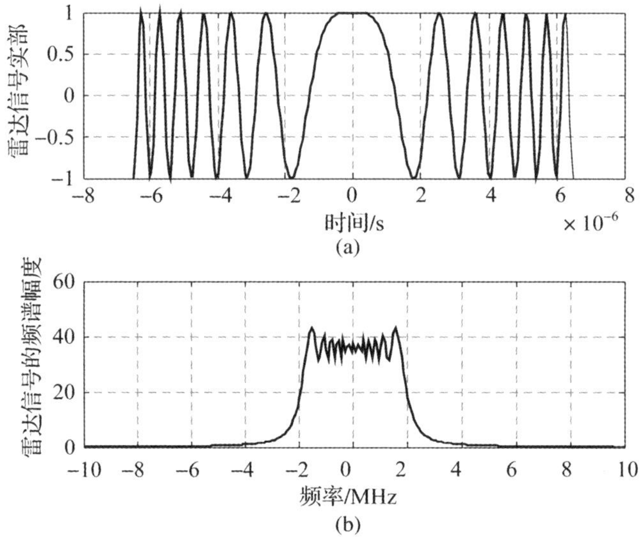

图7.27　某雷达发射信号

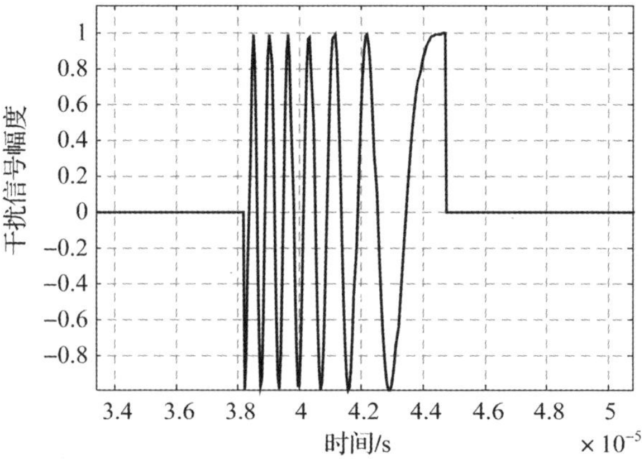

图7.28　干扰信号时域波形

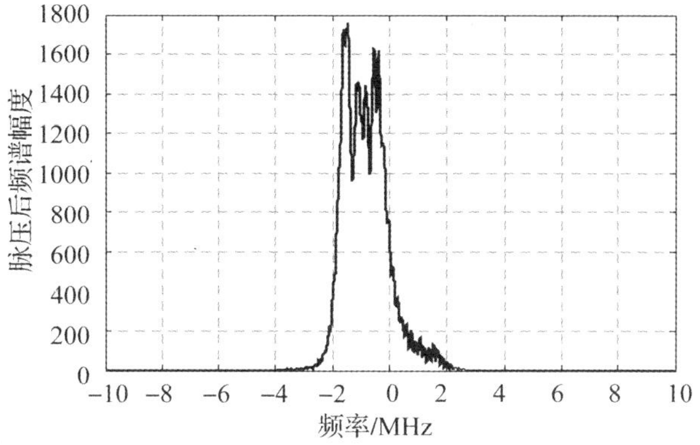

图 7.29　干扰信号频谱

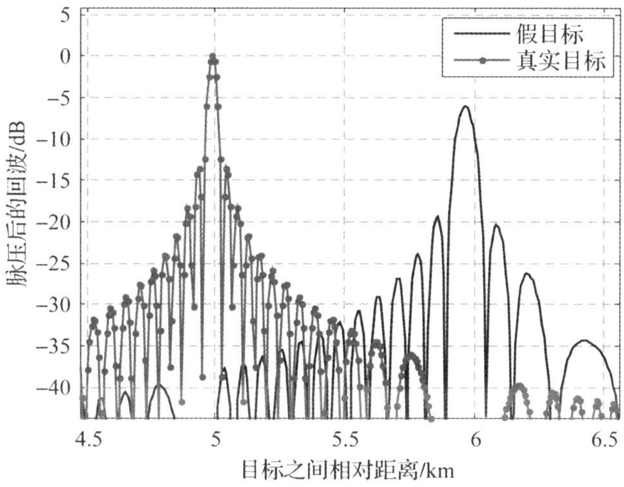

图 7.30　对某雷达部分截取雷达信号干扰效果

7.2.3　复制叠加干扰

复制叠加干扰策略主要是为了克服大脉宽信号带来的假目标间隔过大问题，例如完整脉冲复制干扰需要复制完每一个雷达脉冲后才能发出下一个脉冲，这样形成的假目标最小间隔等于雷达脉冲宽度。假设雷达脉宽 13μs，那么完整脉冲复制得到的假目标间隔最小是 1950m。

若要减小假目标间隔，复制叠加干扰是一种有效的干扰方式，主要思想是前一个干扰信号没有发完，接着发出第二个干扰信号，经过雷达脉压处理后，假目标间隔小于雷达脉宽。采用复制叠加干扰方式，多假目标会叠加在一起。

当干扰机发射功率一定时，每个假目标信号将平分干扰机的功率，假目标的幅度被分段调制，以第一个假目标为例，其表达式为

$$\begin{aligned} sd(t) &= s(t) \times d(t) \\ &= A \cdot \mathrm{rect}\left(\frac{t}{\tau}\right)\mathrm{e}^{\mathrm{j}\left(\omega_0 t+\frac{1}{2}\mu t^2\right)} \times \sum_{i=1}^{N} \frac{1}{\sqrt{i}} \cdot \mathrm{rect}\left(\frac{t-\frac{i\tau}{N}}{\frac{\tau}{N}}\right) \end{aligned} \tag{7.31}$$

式中：$d(t) = \sum_{i=1}^{N} \frac{1}{\sqrt{i}} \cdot \mathrm{rect}\left(\frac{t-\frac{i\tau}{N}}{\frac{\tau}{N}}\right)$，为调制函数。

实际上，调制后的信号可以看成是 N 个脉冲长度是原来 $1/N$ 的短脉冲的组合，每个脉冲的幅度变为了原来的 $A/\sqrt{i}$，第 i 个短脉冲的表达式为

$$sd(t,i) = \frac{A}{\sqrt{i}} \cdot \mathrm{rect}\left(\frac{t}{\frac{\tau}{N}}\right)\mathrm{e}^{\mathrm{j}\left(\omega'_{0i} t+\frac{1}{2}\mu t^2\right)} \tag{7.32}$$

式中：$\omega'_{0i} = \omega_0 - \frac{\Delta\omega}{2} + \frac{(2i-1)\Delta\omega}{2N}$。

在每个短脉冲 $sd(t,i)$ 时宽、带宽积足够大时，$sd(t,i)$ 的频谱可以用下式表示：

$$Sd(\omega,i) = \begin{cases} \frac{A}{\sqrt{i}} \cdot \sqrt{\frac{2\pi}{\mu}} \times \mathrm{e}^{\mathrm{j}\left[-\frac{(\omega-\omega'_{0i})^2}{2\mu}+\frac{\pi}{4}\right]}, & |\omega - \omega'_{0i}| \leqslant \frac{\Delta\omega}{2N} \\ 0, & |\omega - \omega'_{0i}| > \frac{\Delta\omega}{2N} \end{cases} \tag{7.33}$$

则调制后的脉冲信号频谱为 $S(\omega) = \sum_{i=1}^{N} Sd(\omega,i)$，从式（7.33）可以看出，每个短脉冲的频谱近似为一个阶梯状的幅度分布。

每个短脉冲 $sd(t,i)$ 经过雷达信号的匹配滤波器 $H(\omega)$ 后，得到的输出信号为

$$\begin{aligned} sd_0(t,i) &= \frac{1}{2\pi}\int_{-\infty}^{\infty} Sd(\omega,i)H(\omega)\mathrm{e}^{\mathrm{j}\omega t}\mathrm{d}\omega \\ &= \frac{\Delta\omega'}{2\pi}\frac{AM}{\sqrt{i}}\sqrt{\frac{2\pi}{\mu}} \cdot \frac{\sin\left\{\frac{\Delta\omega'}{2}\left[t-\left(\frac{1}{2}-\frac{2i-1}{2N}\right)\frac{\Delta\omega}{\mu}\right]\right\}}{\frac{\Delta\omega'}{2}\left[t-\left(\frac{1}{2}-\frac{2i-1}{2N}\right)\frac{\Delta\omega}{\mu}\right]} \cdot \mathrm{e}^{\mathrm{j}\varphi} \end{aligned} \tag{7.34}$$

式中：$\varphi_i = \left(\frac{1}{2} - \frac{2i-1}{2N}\right)\frac{\Delta\omega}{2\mu}\omega_0 - \left(\frac{1}{2} - \frac{2i-1}{2N}\right)^2 \frac{\Delta\omega^2}{2\mu}$。将 $\Delta\omega' = 2\pi B'$，$\mu = 2\pi B/\tau$ 代入上式，可以简化为

$$sd_0(t,i) = \frac{AM}{\sqrt{i}}\frac{\sqrt{D}}{N} \cdot \frac{\sin\left(\frac{\pi Bt}{N}\right)}{\frac{\pi Bt}{N}} \cdot \mathrm{e}^{\mathrm{j}\varphi_i} \tag{7.35}$$

则整个假目标经过雷达脉冲压缩后输出的表达式为

$$\begin{aligned} sd_0(t) &= \sum_{i=1}^{N} \frac{AM}{\sqrt{i}}\frac{\sqrt{D}}{N} \cdot \frac{\sin\left(\frac{\pi Bt}{N}\right)}{\frac{\pi Bt}{N}} \cdot \mathrm{e}^{\mathrm{j}\varphi_i} \\ &= AM\sqrt{D} \cdot \frac{\sin\left(\frac{\pi Bt}{N}\right)}{\frac{\pi Bt}{N}} \cdot \sum_{i=1}^{N} \frac{\mathrm{e}^{\mathrm{j}\varphi_i}}{N\sqrt{i}} \end{aligned} \tag{7.36}$$

根据上面的推导过程，同理可以推出第2个、第3个、……、第 N 个假目标的表达式。

雷达信号通过匹配滤波器后输出的信号为

$$s_0(t) = AM\sqrt{D} \cdot \frac{\sin(\pi Bt)}{\pi Bt} \tag{7.37}$$

比较式（7.36）和式（7.37），可以看出假目标信号和未调制信号在最大信号幅度上只是相差一个因子，将假目标的表达式改写为

$$sd_0(t) = AM\sqrt{D} \cdot \frac{\sin\left(\frac{\pi Bt}{N}\right)}{\frac{\pi Bt}{N}} \cdot K_{\mathrm{f}} \tag{7.38}$$

式中：K_{f} 为假目标幅度因子，不同位置的假目标 K_{f} 值不同，第一个假目标为 $\sum_{i=1}^{N} \frac{\mathrm{e}^{\mathrm{j}\varphi_i}}{N\sqrt{i}}$，第 N 个假目标为 $1/\sqrt{N}$。则假目标信号和未调制信号最大值比值为

$$\frac{|sd_0(t)|_{\max}}{|s_0(t)|_{\max}} = K_{\mathrm{f}} \tag{7.39}$$

图7.31给出了复制叠加干扰效果仿真，从仿真中可以看出，进行幅度调制后的信号，明显出现了功率上的损失，因此复制叠加转发分散了干扰机的功率，每个假目标的幅度比完整脉冲复制产生的假目标幅度要小。

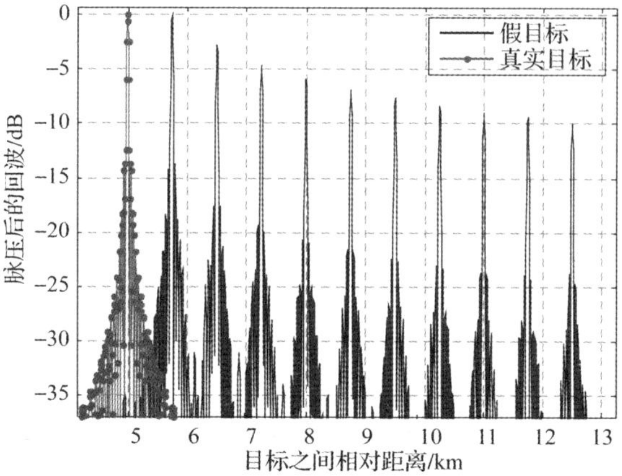

图 7.31　对雷达复制叠加干扰效果

7.2.4　对频率步进雷达的假目标干扰技术

1. 频率步进雷达信号处理方式

频率步进信号是一个包含 N 个频率步进的脉冲串，其数学表达式为

$$u(t) = \frac{1}{\sqrt{N}}\sum_{k=0}^{N-1} u_1(t - kT_r)\exp(\mathrm{j}2\pi f_k t) \tag{7.40}$$

式中：$u_1(t)$ 为脉冲包络函数，$u_1(t) = \frac{1}{\sqrt{T_p}}\mathrm{rect}\left(\frac{t}{T_p}\right)$，$T_p$ 为子脉冲宽度；f_k 为第 k 个子脉冲的载频，$f_k = f_0 + k\Delta f$，Δf 为频率步进间隔；T_r 为脉冲重复周期。

对于距离为 R 的点目标，对应第 k 个脉冲的回波信号为

$$y_k(t) = Y_k\exp[\mathrm{j}\cdot 2\pi f_k(t-\tau)] \tag{7.41}$$

式中：Y_k 为第 k 个脉冲回波幅度；τ 为目标延迟，$\tau = 2R/c$，c 为光速。

回波信号经混频采样后，所得结果为

$$S(k) = A_k\exp(-\mathrm{j}\cdot 2\pi f_k\tau), k = 0,\cdots,N-1 \tag{7.42}$$

式中：A_k 为第 k 个脉冲回波信号混频后的幅度。回波信号的相参合成处理可利用逆傅里叶变换来实现。对接收的 N 个序贯回波信号采样值 $S(k)$，$k = 0,1,\cdots,N-1$，做逆傅里叶变换处理，则归一化的时域合成脉冲（设 $A_k = 1$）输出信号的幅度为

$$|p(n)| = \left|\frac{\sin\left[\pi\cdot\left(n - \frac{2NR\cdot\Delta f}{c}\right)\right]}{N\cdot\sin\left[\frac{\pi}{N}\cdot\left(n - \frac{2NR\cdot\Delta f}{c}\right)\right]}\right|, n = 0,\cdots,N-1 \tag{7.43}$$

至此，就完成了一次脉冲相参合成处理。对于点目标而言，脉冲合成后结

果是目标回波合成出一个主瓣宽度约为$\frac{1}{N \cdot \Delta f}$的 sinc 函数型窄脉冲；对于距离扩展目标而言，可以得到目标的高分辨一维距离像，距离分辨力为$\frac{c}{2N \cdot \Delta f}$。

假目标干扰可以看作敌方一种脉冲调制的有意干扰，假目标干扰通过形成不同数目、不同位置、不同运动方式、不同强度等的假目标，既可以形成压制性干扰，也可以形成欺骗性干扰。

2. 复制转发假目标干扰

下面从理论上分析假目标对频率步进雷达干扰效果。假目标干扰可以用下式表示：

$$J(t) = s(t)w(t) \otimes \sum_i A_i \delta(t - t_i) \cdot \mathrm{e}^{\mathrm{j}\varphi_i} \tag{7.44}$$

式中：$s(t)$为干扰机复制的雷达信号；$w(t)$为对复制的雷达信号添加的窗函数；$\delta(t)$为单位冲击函数；A_i 为第 i 个假目标信号的幅度调制；t_i 为假目标的间隔时延；φ_i 为假目标信号的调制相位。

在复制转发假目标的产生过程中，干扰机复制接收到的雷达信号并进行延迟后转发出去，根据延时时间 t_i 的不同，可以分为两类：第一类是不跨周期干扰，如图 7.32 所示，干扰机对复制信号进行延迟时间小于脉冲重复周期（$t_i < T_r$），即干扰机产生的干扰信号与雷达接收到的回波处理在同一个重复周期内，重复转发雷达信号即可形成一串假目标，但是该类干扰形成的假目标滞后于真实目标；第二类是跨周期干扰，如图 7.33 所示，干扰机对复制信号进行延迟时间之和大于 N 倍的脉冲重复周期，小于（$N+1$）倍的脉冲重复周期（$NT_r < t_i < (N+1)T_r$），即干扰信号比目标回波滞后大约 N 个脉冲重复周期的时间，这就是跨周期干扰，这样形成的假目标干扰会出现在真实目标回波之前或者与真实目标出现在同一位置。

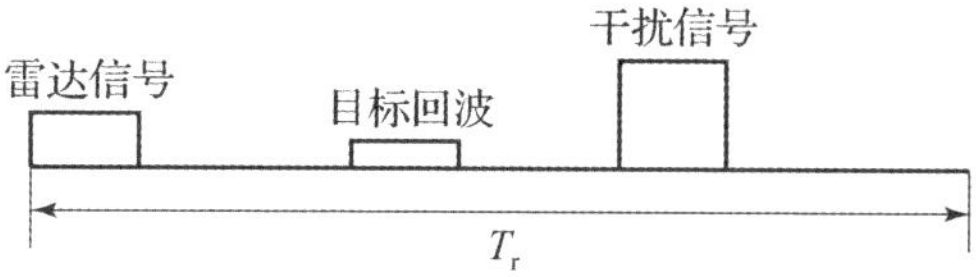

图 7.32　复制转发第一类假目标干扰示意图

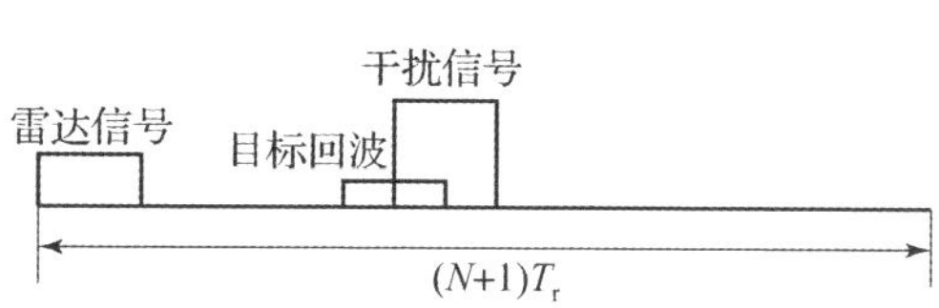

图 7.33　复制转发第二类假目标干扰示意图

1）转发延时小于一个脉冲重复周期

对雷达信号侦察完成后，假目标干扰主要有三种转发策略，第一种是完整脉冲复制转发的假目标干扰，第二种是复制叠加转发的假目标干扰，第三种是截取部分脉冲复制转发的假目标干扰。对于频率步进雷达，重点分析完整脉冲复制和复制叠加两种转发策略。

以 $t_i < T_r$ 的延迟时间为例：①采用完整脉冲复制转发假目标，干扰要在雷达信号侦察完毕才能转发（$t_i \geqslant T_p$），那么假目标落后于真实目标最小距离是 $cT_p/2$，形成的假目标最小间隔为 $ct_i/2$，在一个脉冲重复周期内，真实目标后面最多可以形成 T_r/t_i-1 个假目标。②复制叠加假目标干扰，干扰仍然要在雷达信号侦察完毕才能转发，但是由于在转发阶段将信号叠加进行转发，那么假目标间隔小于 $ct_i/2$，间隔大小取决于延迟叠加的时间，在窄脉冲情况下，复制叠加无法产生密集假目标，而是类似噪声的干扰效果。

假设频率步进雷达中心频率为35GHz，脉宽为0.5μs，重频为10kHz（即脉冲重复周期为100μs），频率步进间隔为2MHz，频率步进为128点。

对于完整脉冲复制转发干扰，若假目标延迟时间小于一个脉冲重复周期100μs，那么假目标出现在真实目标后75m处，每个假目标间隔最小75m，最多可以形成199个假目标，这种干扰策略会出现一个问题：频率步进雷达一般只对目标附近的几个单元检测，在上述参数下，经计算，距离分辨力为0.59m，做128个点的IDFT所成的距离像范围为75m，那么在真实目标后面75m处的假目标无法进入检测单元，因此在雷达已经锁定真实目标的情况下，这种干扰对雷达无效，无法破坏雷达对目标的跟踪。

对于部分截取假目标干扰，截取一部分雷达信号（即缩短对雷达信号侦收时间），并连续复制形成干扰信号，一般应用于宽脉冲雷达干扰。对于脉宽0.5μs的雷达，侦收时间需要小于0.5μs，这样形成的假目标落后于真实目标的距离小于75m。侦收时间的缩短直接影响到侦收雷达信号的质量，对雷达信号的分选不利，这并不是一种最佳的干扰方式。

2）转发延时大于 N 倍脉冲重复周期

在图7.33中，干扰机对雷达信号的转发延迟时间为 t_i，要求 $NT_r < t_i < (N+1)T_r$，这样形成的假目标会出现在真实目标之前或者与真实目标出现在同一位置，具体位置可由时间 t_i 精细控制。若为支援干扰，具体位置是无法控制的，因为干扰机无法确定雷达目标与干扰机之间的位置关系。假目标的密度由转发雷达信号的时间间隔控制（可以采用复制叠加方式提高假目标密度），这种干扰方法可以使得多个假目标进入雷达检测单元，既可以破坏雷达对真实目标的跟踪，也可以在雷达搜索阶段干扰雷达对真实目标的搜索，使得

雷达跟踪上假目标或者雷达无法搜索到真实目标。一般情况下，干扰机产生的假目标到达雷达的能量高于真实目标回波能量，因此这种干扰方法对频率步进雷达是一种较合适的干扰方法。

3. 对频率步进雷达的灵巧噪声干扰

灵巧噪声干扰可以概括为干扰机运用视频噪声将截获的雷达发射信号进行时域上的卷积，经过雷达相参处理后产生的干扰在时域和频域上与真正的目标回波重叠并且覆盖住目标回波。

假设频率步进雷达信号 $u(t)$ 如式（7.40）所示，设目标为点目标，目标的响应函数为 $h(t)$，则目标回波信号可以表示为

$$u_{r}(t)=u(t)\otimes h(t) \tag{7.45}$$

式中：$\otimes$表示卷积。

设参与卷积的噪声信号为 $n(t)$，则干扰信号为

$$J(t)=u(t)\otimes n(t) \tag{7.46}$$

频率步进信号单个脉冲的目标回波信号与干扰信号同时进入雷达接收机可以得到：

$$S_{r}(t)=u_{r}(t)+J(t) \tag{7.47}$$

对接收到的 N 个脉冲的回波信号采样，可以得到 $S_{r}(k), k=0,\cdots,N-1$，那么

$$S_{r}(k)=u_{r}(k)+J(k) \tag{7.48}$$

对 $S_{r}(k)$ 做逆傅里叶变换，得到目标与干扰信号之和 $s_{r}(t)$ 的时域表达式：

$$\begin{aligned}s_{r}(t)&=\mathcal{F}^{-1}[S_{r}(k)]=\mathcal{F}^{-1}[u_{r}(k)+J(k)]\\&=\mathcal{F}^{-1}[u(k)\otimes h(k)+u(k)\otimes n(k)]\end{aligned} \tag{7.49}$$

由式（7.49）可以看出，噪声信号与频率步进信号卷积后，经过傅里叶变换可获得与雷达信号相同的相参处理增益，这样噪声卷积调制干扰在较小的干扰功率输入下就能产生较好的干扰效果，干扰功率利用率比较高。灵巧噪声干扰在雷达视频显示出类似于噪声的回波信号，雷达难以从干扰信号中检测和跟踪到真实目标，这是灵巧噪声干扰的另一优势，相比而言，复制转发干扰形成的假目标间隔均匀。

由式（7.49）还可以看出，经过相参处理的干扰信号决定于参与卷积的视频信号 $n(t)$，因此选择不同 $n(t)$ 可产生不同的干扰效果。这种方法得到的灵巧噪声总能自动瞄准信号频率，且干扰带宽大致等于信号带宽，这样干扰能量进入雷达接收机之后能够被全部利用，干扰功率利用率大大提高。

4. 仿真与分析

前面从理论上分析了两种假目标干扰对频率步进雷达的干扰效果，这里给出两种假目标干扰的仿真结果，并进一步对比分析干扰效果。

假设频率步进雷达中心频率为35GHz，脉宽为0.5μs，重频为10kHz（即脉冲重复周期为100μs），频率步进间隔为2MHz，频率步进128点。根据理论计算，距离分辨力为0.59m。距离波门取3km。

两种干扰仿真实验参数分别设置如下：

（1）复制转发假目标干扰。

对于转发延时小于一个脉冲重复周期的情况，完整脉冲复制转发干扰延迟时间为一个脉宽0.5μs，脉冲时间间隔取0.6μs，设置4个假目标。

对于跨周期干扰的情况，设置一个假目标超前于真实目标，即延迟时间 t_i 大于 NT_r，仿真中设置为假目标超前真目标0.1μs。

（2）灵巧噪声干扰。

灵巧噪声干扰中参与卷积调制的噪声时长与雷达脉宽相同，噪声幅度服从均值为0、方差为1的高斯分布。

根据以上参数设置仿真得到对频率步进雷达的复制转发和灵巧噪声干扰效果图。图7.34和图7.35为复制转发假目标干扰效果图，图7.36为灵巧噪声干扰效果。图7.34为完整脉冲复制转发干扰效果，从图7.34（a）中可以看出，第一个假目标在真目标后面75m处，假目标间隔为90m，且都在真目标后面。频率步进雷达一般用于导弹末制导，实施自卫的干扰机要在收完雷达信号后才能发出干扰，若导弹已经锁定目标，干扰信号发出后无法进入雷达跟踪单元，无法形成有效的干扰效果。

对频率步进雷达跨周期干扰，若要使得假目标出现在真实目标之前，需要侦收完一组共 N 个脉冲之后并且下一个脉冲组之前发出干扰信号，而且干扰信号也要是与雷达信号频率步进规律相同。否则，干扰信号与雷达接收机频带不匹配，或者不能进入接收机，或者不能获得与目标回波相同的相参积累增益。通过精细设计干扰发出时间，可以使得假目标出现在雷达检测跟踪单元内，并且影响到真实目标的高分辨一维距离像。图7.35给出了跨周期假目标干扰效果，无论是在成像之前距离门内还是成像之后，假目标都出现在距离与真实目标很近的位置。例如图中所示假目标超前真实目标7.5m，这样既可以破坏雷达对真实目标的检测和跟踪，也可以破坏具有智能识别能力的雷达对真实目标距离像识别。这是一种针对频率步进雷达有效的干扰方法。这种干扰方法需要对雷达信号侦察至少 N 个脉冲重复周期，在文中设置的参数下，至少需要侦察12.8ms。

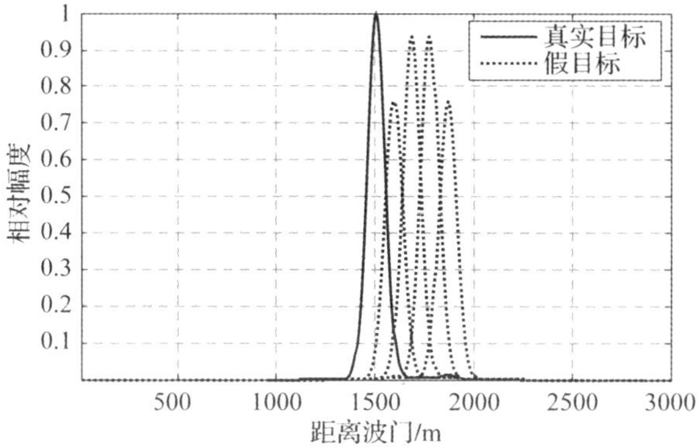

(a)

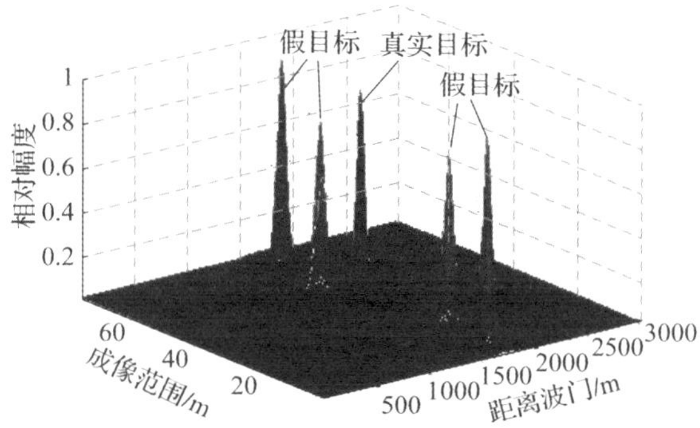

(b)

图 7.34 完整脉冲复制转发干扰效果图

（a）假目标与真实目标在距离波门内相对位置；（b）假目标与真实目标一维距离像。

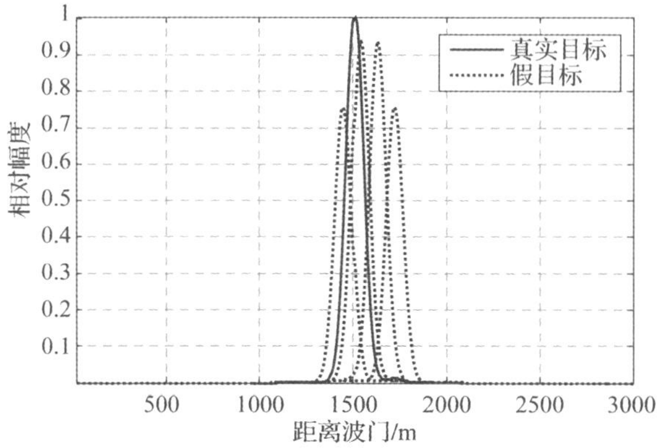

(a)

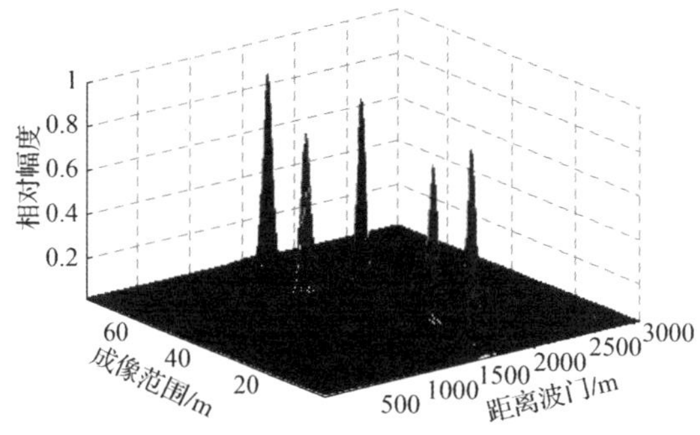

(b)

图 7.35　跨周期假目标干扰效果图

（a）假目标与真实目标在距离波门内相对位置；（b）假目标与真实目标一维距离像。

图 7.36 为灵巧噪声对频率步进雷达干扰效果。对比复制转发假目标干扰，噪声干扰形成的假目标幅度与间距均不规则，更类似于噪声。干扰信号能量与真实目标回波能量相近时，在一维距离像成像区域内（如图 7.36（c）所示）会出现很多强散射点，若雷达跟踪目标时采用跟踪最强散射点策略，由于干扰的存在，最强散射点的位置会不断变化，则雷达不能稳定跟踪目标甚至丢失目标，重新进入搜索阶段，更进一步，搜索阶段仍然有干扰存在的情况下，雷达无法确定哪一个是真实目标；如果继续加大噪声能量，那么真实目标回波会被干扰完全淹没，甚至提高雷达的检测门限，使得雷达在预定的目标区域无法发现真实目标。同样，对于复制转发假目标干扰，尤其是跨周期干扰，如果假目标密集程度较高，也会提高雷达的检测门限，使得雷达无法发现真实目标，起到了压制干扰的效果，这是复制转发干扰与灵巧噪声干扰的共同点之一。

复制转发干扰与灵巧噪声干扰的共同点之二是干扰信号都能进入频率步进雷达接收机后，而且与雷达发射信号是相参的，能够进行相参积累，与真实目

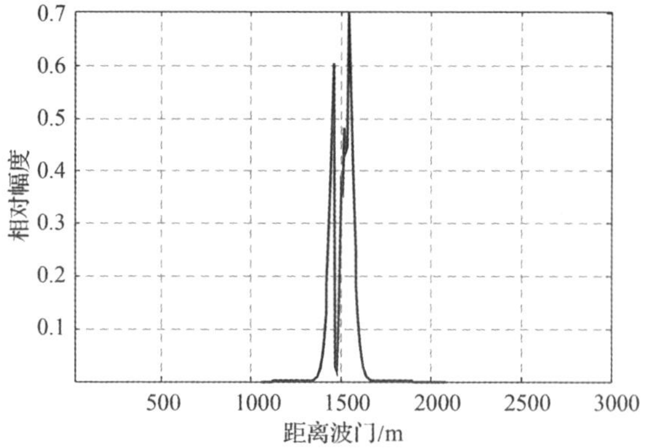

(a)

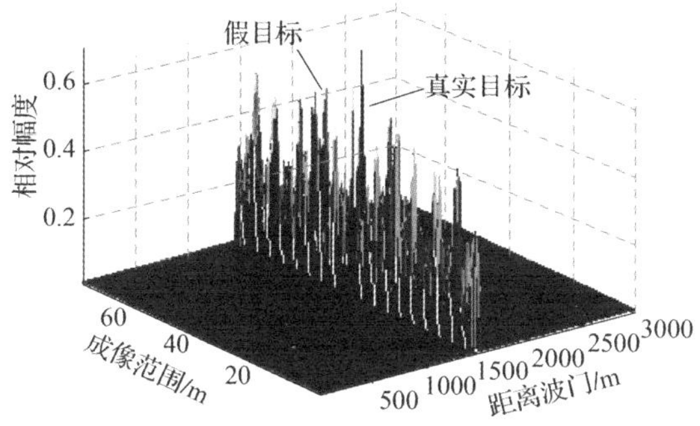

(b)

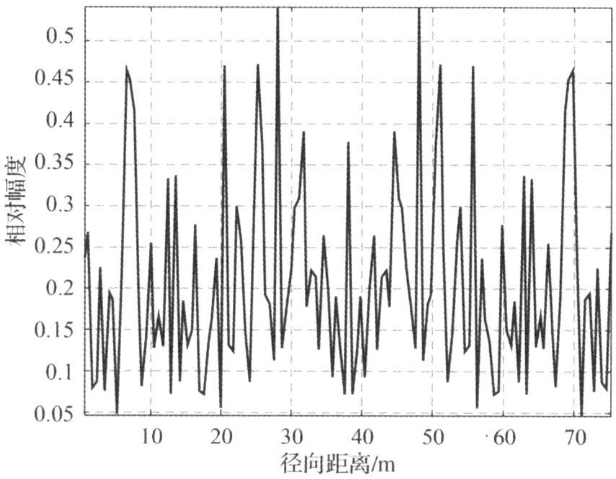

(c)

图 7.36　灵巧噪声对频率步进雷达干扰效果图

(a) 波门内第一个脉冲回波；(b) 灵巧噪声干扰一维距离像；
(c) 真实目标位置处的一维距离像。

标回波信号获得相近的积累增益，这样干扰能量利用率大大提高，这是传统的噪声干扰所不具备的优势。

频率步进雷达多用于弹载场合，通过对频率步进信号的相参处理，可以获得攻击目标的高分辨一维距离像，对目标识别和精确打击有重要作用，研究对频率步进雷达的干扰技术有重要意义。假目标干扰是对频率步进雷达有效的相参干扰技术，干扰机发射的干扰信号与雷达信号相参，可以获得较高的处理增益。本节从理论上对复制转发假目标干扰和灵巧噪声干扰两种假目标干扰技术进行了详细的分析，并通过仿真研究了两种干扰技术的优缺点，得出结论是：跨周期的复制转发假目标干扰和灵巧噪声干扰是对频率步进雷达有效的干扰方法，能够起到欺骗和压制两种干扰效果。

7.3 灵巧噪声干扰技术分析

欺骗式干扰的主要优点是所有的干扰功率均被雷达吸收，可以得到部分或者全部雷达的处理增益。与噪声干扰情况一样，当干扰信号进入到雷达天线方向图的主瓣时，欺骗目的就可很容易地实现。欺骗性干扰的主要缺点是当干扰信号的全部能量均从雷达方向图的主瓣进入时干扰机的方向很容易被敌方雷达选通，就容易将己方的干扰机暴露。人们一般倾向于采用欺骗性干扰技术来对付多普勒雷达，这样可把干扰信号的能量尽量集中到窄带多普勒滤波器中，从而提高干扰功率的利用率。但是，由于现代雷达大多采用旁瓣消隐（SLB）以及旁瓣对消（SLC）等抗干扰技术措施，这样就可防止类似目标回波的干扰信号通过雷达的旁瓣进入。除此之外，雷达还可能采用旁瓣覆盖发射技术，这种技术是用一个独立的全向天线来发射虚假信号，以防止对方通过侦收旁瓣发射信号来截获真正的雷达信号，使其无法轻而易举地复制类似回波的干扰信号，从而无法达到有效干扰的目的。

噪声干扰无法得到PD雷达的处理增益，再加上PD雷达的多普勒滤波器很窄，所以通常情况下压制式干扰被用来对抗非相参雷达。而且常规干扰在主瓣进行干扰时容易暴露干扰机方向，而现代雷达大多采用旁瓣对消旁瓣消隐等抗旁瓣干扰技术，所以很难从旁瓣实施干扰。由此就想到使用将假目标脉冲和随机噪声组合的干扰波形。这种干扰既可利用欺骗干扰的特性使得干扰信号能够顺利进入敌方雷达，得到相参雷达的全部或部分处理增益，而且要比纯欺骗性干扰更具迷惑性，同时利用这种干扰波形还可以对付雷达采用的旁瓣消隐和旁瓣对消技术。把这种兼有噪声干扰和欺骗干扰技术特点的折中技术称为灵巧噪声干扰。

7.3.1 灵巧噪声产生的原理

相参雷达发射的信号被干扰机天线接收、放大滤波后，一路经下变频变为中频信号并送至数字射频存储器（DRFM），处理后再经上变频输出雷达脉冲复制信号；另一路经过接收和数据处理后，产生控制数据，控制噪声单元产生适当长度和类型的噪声数据。两路输出信号最终在卷积器里完成卷积运算，这样即可产生一种效果较好的灵巧噪声干扰波形，如图7.37所示。这种干扰波形在被雷达接收并经脉冲压缩处理之后会产生压制性的随机高密度假目标，给雷达检测跟踪目标带来很大困难。对于旁瓣消隐器来说，如SLB对所有假目标都起作用，将会造成雷达主通道在较长一段时间内关闭而增加丢失目标的可能性；对于旁瓣对消器来说，由于 SLC 是一个自适应调整系统，对脉冲不响应，所以不能抑制脉冲型的旁瓣干扰信号。此外，这种干扰不需要测频就能干扰频率捷变的相参雷达，并且在存储一个或几个脉冲后，可以较为精准地预测脉冲重复周期，形成同步灵巧噪声干扰。

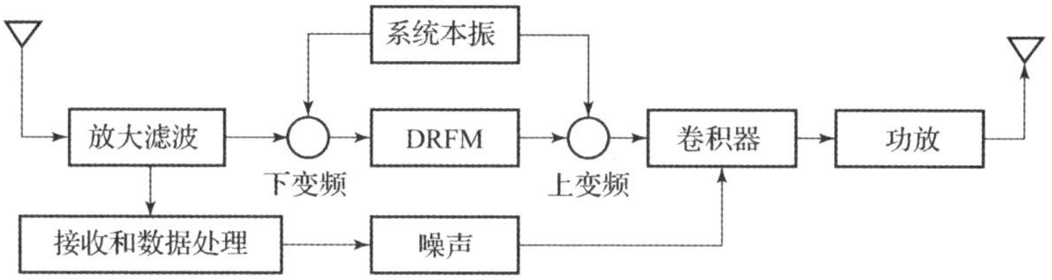

图 7.37　灵巧噪声干扰机构成框图

假设雷达发射脉冲为 $s(t)$，目标为点目标，响应函数为 $p(t)$，则目标回波信号可表示为

$$s_r(t)=s(t)\otimes p(t) \tag{7.50}$$

式中：$\otimes$表示卷积。

假设噪声信号为 $n(t)$，干扰机发射信号为 $j_r(t)$，则

$$j_r(t)=s(t)\otimes n(t) \tag{7.51}$$

因为匹配滤波器的响应函数为 $s^*(-t)$，所以回波信号与干扰信号同时经过脉冲压缩后的输出为

$$J(t)=[s_r(t)+j_r(t)]\otimes s^*(-t) \tag{7.52}$$

将式（7.50）、式（7.51）代入式（7.52）中，可得

$$J(t)=[p(t)+n(t)]\otimes s(t)\otimes s^*(-t) \tag{7.53}$$

设 $J(t)$、$p(t)$、$n(t)$、$s(t)$的频谱分别为 $J(f)$，$P(f)$，$N(f)$，$S(f)$，则

$$J(f)=P(f)\cdot|S(f)|^2+N(f)\cdot|S(f)|^2 \tag{7.54}$$

$J(f)$对应的时域输出即为

$$J(t)=\mathcal{F}^{-1}[|S(f)|^2]\otimes p(t)+\mathcal{F}^{-1}[|S(f)|^2]\otimes n(t) \tag{7.55}$$

式（7.55）中，$\mathcal{F}^{-1}$表示逆傅里叶变换，$\mathcal{F}^{-1}[|S(f)|^2]$称作点扩展函数，如图 7.38 所示。由于任一函数与点扩展函数卷积都能获得脉冲压缩处理增益，因而 $n(t)$与点扩展函数卷积亦能获得压缩增益，这样卷积调制干扰在较小的干扰功率输入下就能产生较好的干扰效果，干扰功率利用率比较高。从式（7.55）中还可以看出，脉冲压缩输出的干扰信号决定于参与卷积的视频信号 $n(t)$，因此选择不同 $n(t)$即可产生不同的干扰效果。这种方法得到的灵巧噪声总能自动瞄准信号频率，且干扰带宽大致等于信号带宽，这样干扰能量进入雷达接收机之后能够被全部利用，干扰功率利用率大大提高。

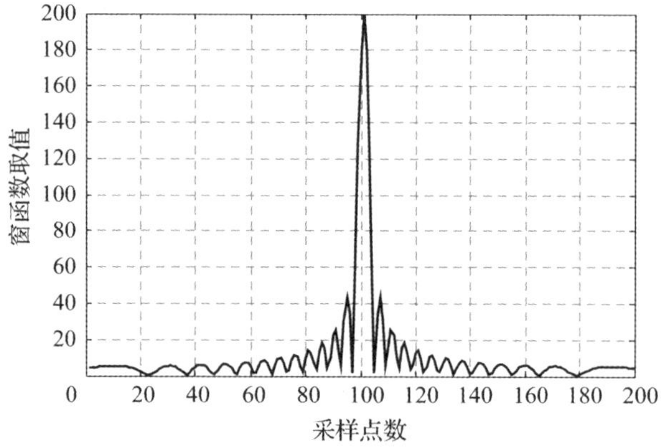

图 7.38 点扩展函数

7.3.2 对机载火控雷达灵巧噪声干扰仿真与分析

假设某自卫干扰设备干扰对象是战斗机载火控雷达，机载火控雷达主要工作方式有 PD、单脉冲、脉冲压缩、合成孔径、波束锐化。自卫干扰设备对雷达实施干扰的主要目的是掩护自身突防，提高自身的生存概率。通常机载火控雷达对空中目标跟踪时采用 PD、单脉冲和脉冲压缩工作方式，而脉冲压缩是这些工作方式的基础。

下面主要仿真对机载火控雷达的灵巧噪声干扰效果。假定机载火控雷达的脉宽为 10μs，带宽为 10MHz，中心频率为 10GHz，如图 7.39 所示。

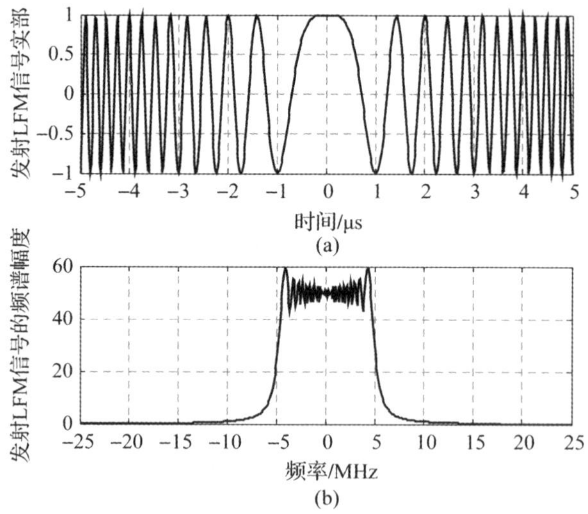

图 7.39 雷达发射信号

对于没有噪声时的目标回波情况，假设目标在雷达跟踪波门内500m位置，目标回波如图7.40所示。

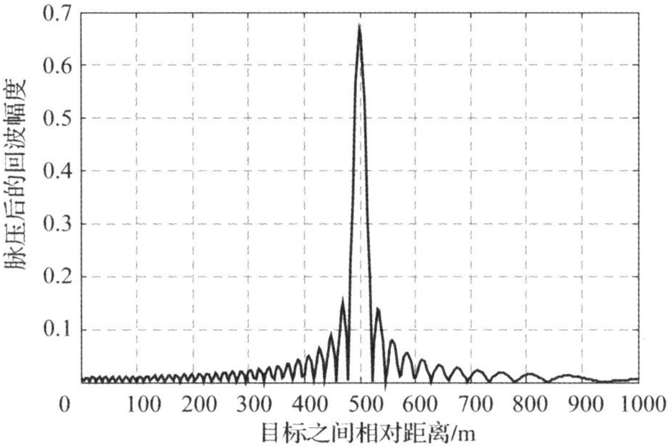

图7.40　没有干扰时目标回波

噪声时长设置为5μs，干扰效果如图7.41所示。噪声时长设置为同雷达信号一样长度的10μs，干扰信号经过雷达脉压后的时域图如图7.42所示。对比图7.41和图7.42可以看出，参与卷积的噪声时长越长，干扰信号覆盖距离越长。噪声时长5μs时，脉压后干扰信号覆盖距离约750m，噪声时长10μs时，脉压后干扰信号覆盖距离约1500m。

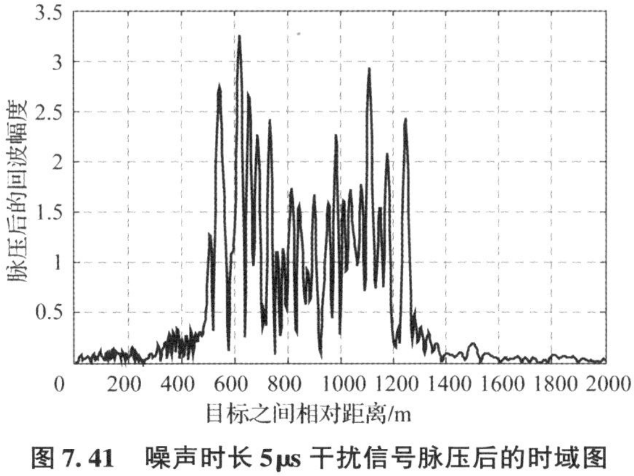

图7.41　噪声时长5μs干扰信号脉压后的时域图

另外需要注意的是，仅用卷积方法产生的灵巧噪声干扰都出现在真实目标之后，在自卫式干扰的情况下，只能在真实目标之后出现密集假目标，这对于有经验的雷达观察人员来说要想分辨出目标并不困难。为了达到更好的干扰的效果，就要在真实目标的压缩峰值之前也出现干扰。可以根据线性调频信号的频移和时延间的强耦合特性，实现加入移频干扰的灵巧噪声干扰。

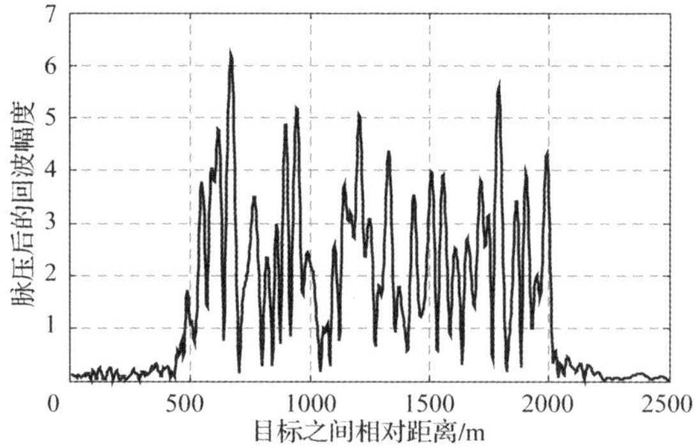

图 7.42　噪声时长 10μs 干扰信号脉压后的时域图

7.3.3　加入移频的灵巧噪声干扰仿真与分析

移频干扰作为对抗相参雷达的有效方法，是将干扰机截获的雷达信号进行频率调制，再转发出去，移频干扰经脉冲压缩处理之后，峰值将偏离信号的峰值，从而形成假目标，对雷达检测目标造成影响。根据傅里叶变换原理：

$$s(t) \leftrightarrow S(f) \tag{7.56}$$

将 $S(f)$ 进行移频，移频的结果就相当于在时域乘了 $\mathrm{e}^{\mathrm{i}2\pi f_\mathrm{d}t}$，这样会得到以下结果：

$$S(f-f_\mathrm{d}) \leftrightarrow s(t)\mathrm{e}^{\mathrm{i}2\pi f_\mathrm{d}t} \tag{7.57}$$

令 $J(t)=s(t)\mathrm{e}^{\mathrm{i}2\pi f_\mathrm{d}t}$。已知线性调频信号的时域表达式为

$$s(t)=A\exp\left[\mathrm{j}2\pi\left(f_0t+\frac{\mu t^2}{2}\right)\right],0\leqslant t\leqslant\tau \tag{7.58}$$

那么可以得到匹配滤波器的响应函数为

$$h(t)=s^*(-t) \tag{7.59}$$

频移后的信号经过匹配滤波后的结果为

$$g(\tau)=h(t)\otimes J(t)=\int_{-\infty}^{+\infty}J(t)h(t-\tau) \tag{7.60}$$

式中：$h(t-\tau)=s^*(t-\tau)$。

将 $J(t)$ 与 $h(t-\tau)$ 代入式（7.60），可以得到

$$\begin{aligned}g(\tau)&=\int_{-\infty}^{+\infty}s(t)\mathrm{e}^{\mathrm{i}2\pi f_\mathrm{d}t}h(t-\tau)\mathrm{d}t\\&=\int_{-\infty}^{+\infty}s(t)\mathrm{e}^{\mathrm{i}2\pi f_\mathrm{d}t}s^*(t-\tau)\mathrm{d}t\\&=\int_{-\infty}^{+\infty}A\exp\left[\mathrm{j}2\pi\left(f_0t+\frac{\mu t^2}{2}\right)\right]\mathrm{e}^{\mathrm{j}2\pi f_\mathrm{d}t}A\exp\left[\mathrm{j}2\pi\left(f_0(t-\tau)+\frac{\mu(t-\tau)^2}{2}\right)\right]\mathrm{d}t\end{aligned} \tag{7.61}$$

进行积分后可得

$$g(\tau)=A^2\exp\left(2\pi f_0+2\pi\frac{f_d}{2}\right)\tau\frac{\sin(2\pi f_d+\mu\tau)(t-|\tau|)}{2\pi f_d+\mu\tau} \tag{7.62}$$

当$f_d=0$时，也就是无频移的情况，则$g(\tau)$的表达式为

$$g(\tau)=A^2\exp(2\pi f_0)\tau\frac{\sin(\mu\tau)(t-|\tau|)}{\mu\tau} \tag{7.63}$$

峰值出现在$\tau=0$处，$g(\tau)$的包络随τ的增大而呈 sinc 函数递减。

当$f_d\neq0$时，当$(2\pi f_d+\mu\tau)/2=0$时出现最大值，即$\tau=-2\pi f_d/\mu$，脉压后峰值比$f_d=0$时延迟$-2\pi f_d/\mu$，当$f_d>0$时，峰值比原峰值导前；当$f_d<0$时，峰值比原峰值推迟，并且峰值随$|f_d|$的增大而展宽，高度也随之下降。

一般情况下目标运动产生的多普勒频移很小，而移频干扰是干扰机接收到雷达信号后进行频率调制，这时的附加频移量将远大于目标产生的多普勒频移。

由于移频之后匹配滤波器的响应已经不完全匹配，所以引起功率损失，峰值有所降低，这一点从仿真图中体现得也很明显。频移f_d越大，失配越严重。从匹配滤波器和干扰信号的幅度谱，可以更清楚地分析出这一点，根据匹配滤波器原理可知，当$BT\gg1$时，匹配滤波器的幅度谱在$f\in[0,B]$内近似为一矩形，如图7.43（a）所示，对于频移$f_d>0$，干扰信号的幅度谱在$f\in[f_d,B+f_d]$内也近似为一矩形，如图7.43（b）所示。根据信号与系统理论知，只有它们重合的部分才能产生干扰输出，f_d越大，它们重合的部分越少，即假目标的能量越小，当$f_d>B$时，则不会产生假目标。如果雷达接收相同功率的干扰和目标，则失配干扰峰值$g_{f_d\max}$与匹配信号峰值$g_{\max}$的关系为

$$g_{f_d\max}=(1-|f_d|/B)\cdot g_{\max} \tag{7.64}$$

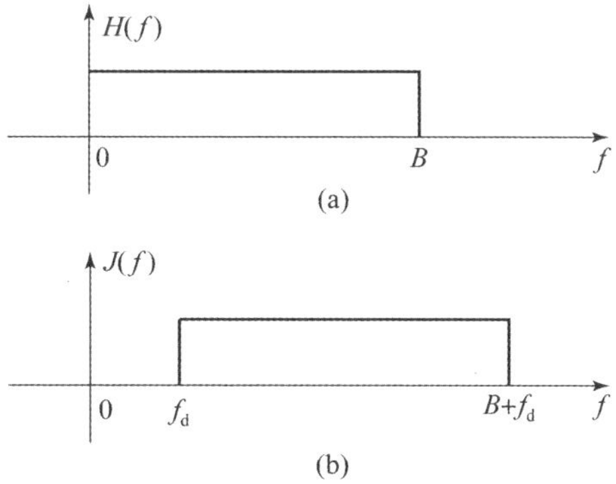

图7.43 匹配滤波器的频谱与干扰信号频谱的关系

（a）匹配滤波器频谱；（b）移频后干扰信号频谱。

下面对移频干扰进行仿真说明。仍然假设机载火控雷达脉宽为 10μs，带宽为 10MHz，距离波门内 500m 处为一真实目标。没有移频时回波如图 7.44 所示。移频 1MHz 时的回波如图 7.45 所示，移频 2MHz 时的回波如图 7.46 所示。

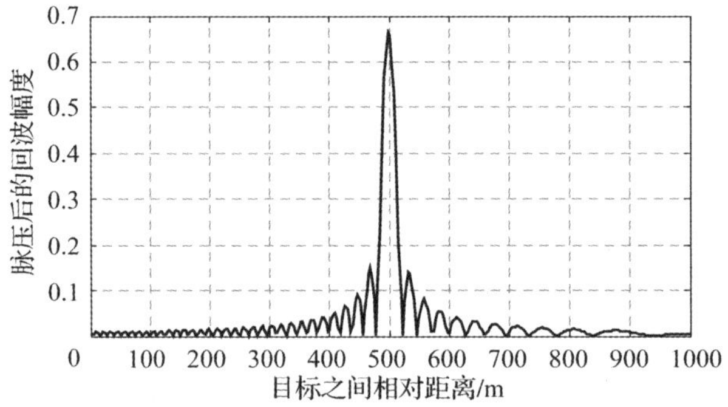

图 7.44　没有移频时目标回波

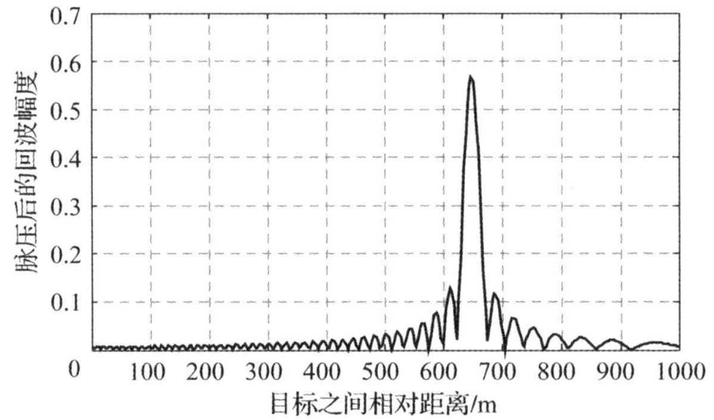

图 7.45　移频 1MHz 时目标回波

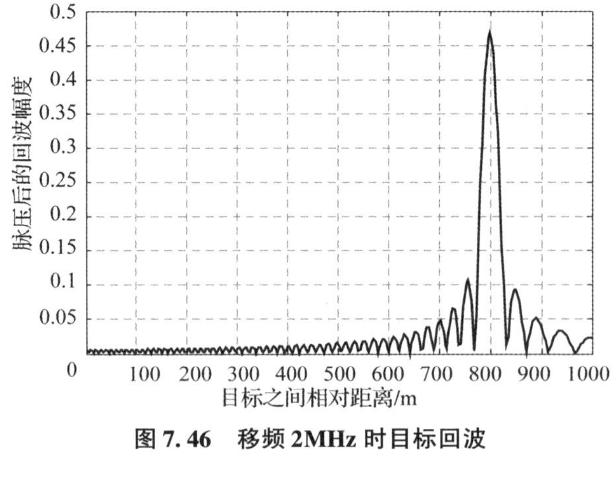

图 7.46　移频 2MHz 时目标回波

由仿真图可以看出，加入负的移频之后，经过脉冲压缩产生了比原来滞后的峰值，移频产生的距离延迟为 $T \cdot f_d * c/B/2$。移频 1MHz，相当于延迟 150m，移频 2MHz 相当于延迟 300m。同样，若加入正的移频 1MHz 或者 2MHz，则超前于真实目标 150m 或者 300m。

为了克服卷积产生的灵巧噪声干扰只能在目标之后产生假目标的局限性，可以在产生干扰过程中加入移频干扰，使目标前后均可以出现假目标，使干扰的迷惑性更强。下面通过仿真来说明加入移频后灵巧噪声干扰效果。

仿真参数设置为机载火控雷达脉宽为 10μs，带宽为 10MHz，距离波门内 500m 处为一真实目标。为了充分说明干扰效果，分别设置移频 1MHz、2MHz，卷积噪声时长分别为 5μs、10μs，干扰效果分别如图 7.47 ~ 图 7.50 所示。

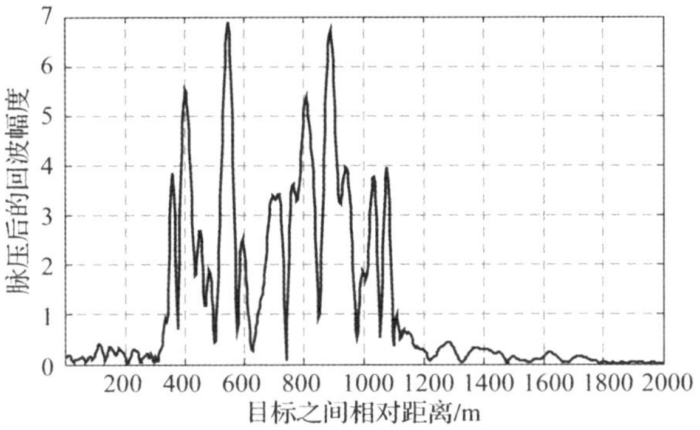

图 7.47　移频 1MHz、噪声时长 5μs 时灵巧噪声干扰效果

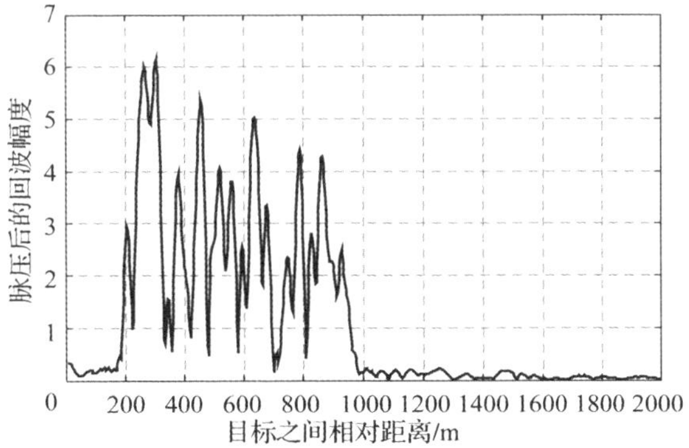

图 7.48　移频 2MHz、噪声时长 5μs 时灵巧噪声干扰效果

由干扰效果仿真图可以清楚直观地看到，加入移频干扰之后，在目标的前后都出现了干扰。对于机载火控雷达而言，自卫干扰设备若施放加入移频的灵巧噪声干扰并实施自卫突防，干扰带持续 750m 或者 1500m，那么机载火控雷达就难以从干扰中间正确选择真实目标，达到掩护突防的目的。

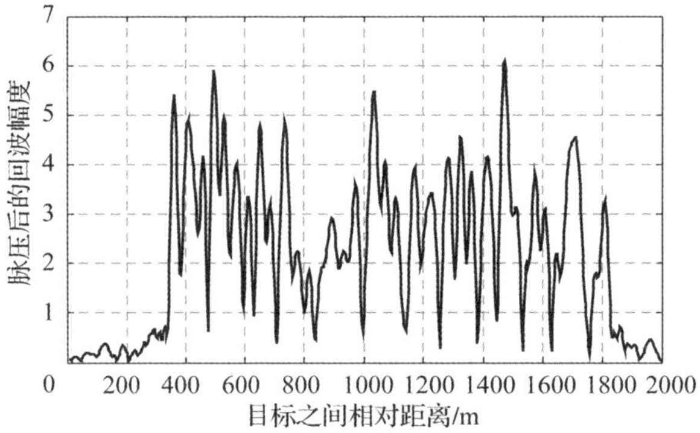

图 7.49　移频 1MHz、噪声时长 10μs 时灵巧噪声干扰效果

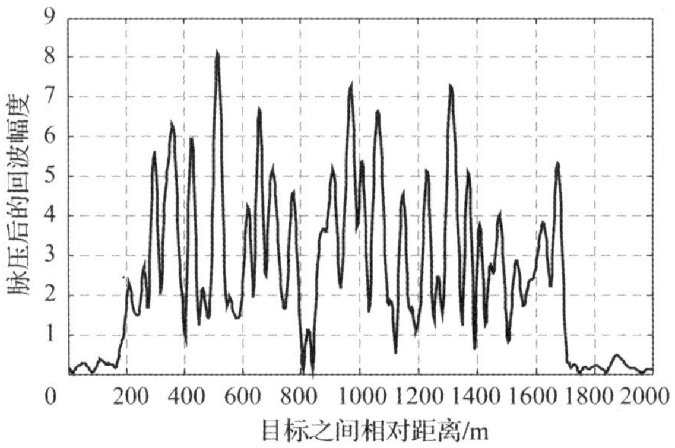

图 7.50　移频 2MHz、噪声时长 10μs 时灵巧噪声干扰效果

第8章　基于对角差通道信号辅助的单脉冲雷达抗干扰技术

目前，现有雷达寻的先在时域、频域检测目标，完成截获后，然后再利用和信号、方位差信号、俯仰差信号计算角度信息，继而完成跟踪、制导控制。但是，在主瓣干扰背景下，干扰信号能够逼真地模拟目标的相关特性，使得二者在时域、频域和空域上的差异都很小，雷达接收到的回波信号为目标回波与诱饵干扰的混合体，使得雷达常规的信号处理方法无法对干扰进行检测和分辨。本章提出，不改变天线的尺寸和结构，在原有方位差、俯仰差通道的基础上，提取对角差通道信号，对角差通道蕴含了目标和电磁干扰的幅度、相位、角度信息，有利于提高雷达信息处理维度，提高自动目标检测识别能力。

8.1　联合对角差通道的雷达结构改进

图8.1给出了常规单脉冲雷达天线示意图，天线由四个子天线构成。图8.2给出了单脉冲天线的和差处理示意图，四个子天线接收的信号经过和差处理形成和通道信号Σ、方位差通道信号Δ_A、俯仰差通道信号Δ_E、对角差通道信号Δ_Δ。在常规单脉冲雷达中，只保留等三个通道，对角差通道信号Δ_Δ认为是和差处理过程中的无用信号，被接入匹配负载吸收，如图8.3所示。

根据常规的单脉冲雷达处理过程，当只存在一个目标时

$$\begin{cases}\Delta_A = T_x\Sigma \\ \Delta_E = T_y\Sigma\end{cases} \tag{8.1}$$

式中，Σ、Δ_A、Δ_E为雷达经过和差处理得到的已知量，分别为和通道信号、方位差通道信号、俯仰差通道信号；T_x和T_y是未知量，分别为目标的方位误差信号和俯仰误差信号。通过求解方程可以得到T_x和T_y，然后根据单脉冲角度鉴别曲线查表得到目标方位角和俯仰角。

当存在目标和诱饵干扰时

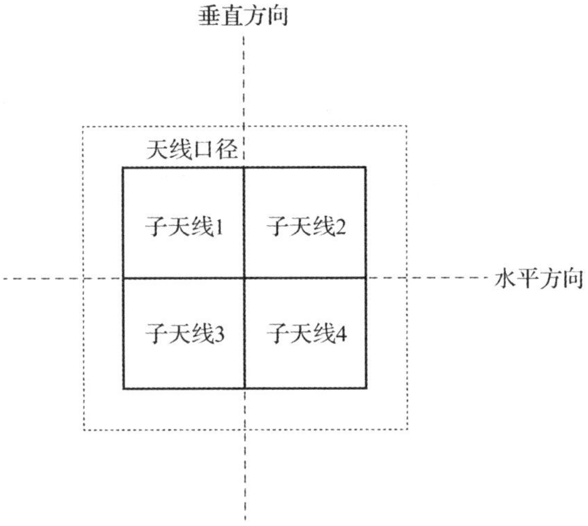

图 8.1　单脉冲雷达天线示意图

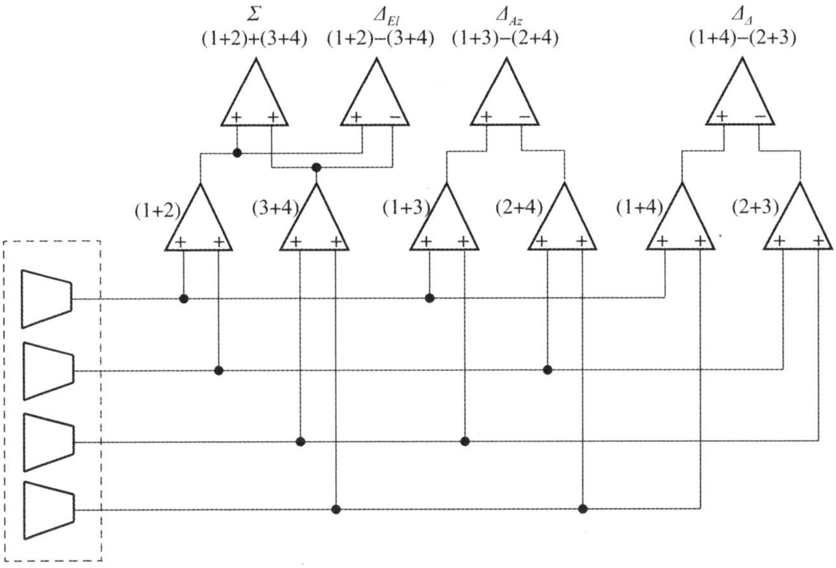

图 8.2　单脉冲天线的和差处理示意图

$$\begin{cases}\Sigma=\Sigma_1+\Sigma_2\\ \Delta_A=T_{x1}\Sigma_1+T_{x2}\Sigma_2\\ \Delta_E=T_{y1}\Sigma_1+T_{y2}\Sigma_2\end{cases}\tag{8.2}$$

式中：Σ、Δ_A、Δ_E 为已知量，未知量为目标和诱饵的信号幅度和角度误差信号 Σ_1、Σ_2、T_{x1}、T_{x2}、T_{y1}、T_{y2}，三个方程却存在六个未知量，显然是无法求解的，导致常规的单脉冲雷达无法分辨波束内的两个目标。

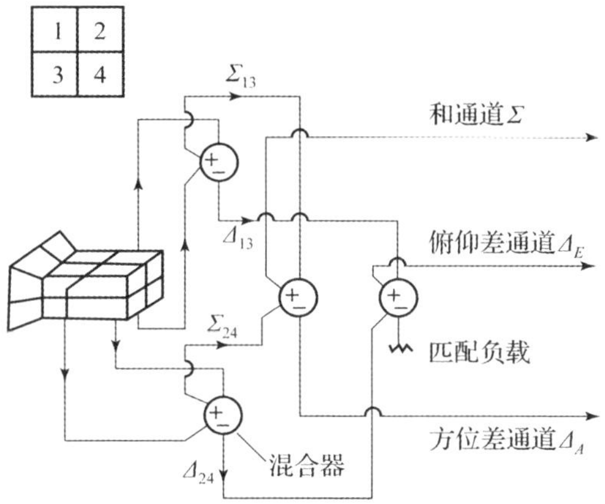

图 8.3　常规单脉冲天线结构示意图

为了求解未知量，需要增加方程的数量。通过研究发现，当目标处于不同角度时，对角差信号 Δ_Δ 具有不同的响应，这表示对角差信号中含有目标的角度信息。因此，在常规单脉冲雷达的基础上，引入对角差通道，能够得到额外信息，增加方程的数量，从而实现对波束内多目标的检测、分辨和识别。具体实现中，在常规三通道单脉冲雷达的基础上，将接入匹配负载的对角差信号 Δ_Δ 引出作为辅助通道，与常规的和通道、方位差通道、俯仰差通道联合使用，形成四通道单脉冲雷达。图 8.4 给出了四通道单脉冲雷达天线结构示意图。

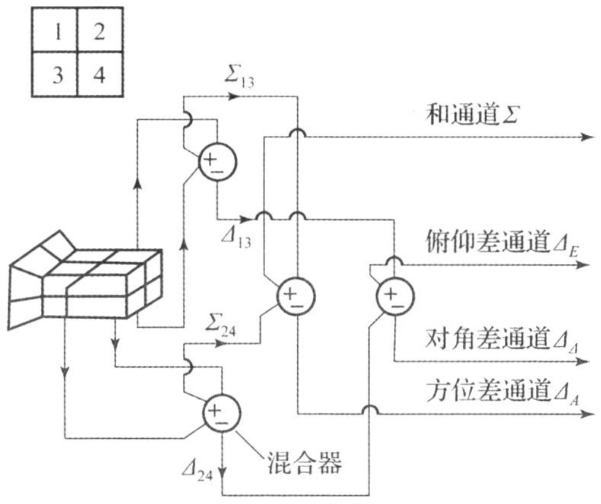

图 8.4　四通道单脉冲天线结构示意图

8.2 对角差通道利用的数学等效原理

四个通道数据存在一定的等效数学关系，对于针状波束，只存在一个目标时 $\Sigma\Delta_\Delta=\Delta_A\Delta_E$。下面对此进行证明。

1. 单目标的情况

设四个子波束分别为 f_1,f_2,f_3,f_4，方位和俯仰偏置角为 (A_0,E_0)

$$\Sigma\Delta_\Delta=[(f_1+f_2)+(f_3+f_4)][(f_1+f_4)-(f_2+f_3)] \tag{8.3}$$

$$\Delta_A\Delta_E=[(f_1+f_3)-(f_2+f_4)][(f_1+f_2)-(f_3+f_4)] \tag{8.4}$$

$$\Sigma\Delta_\Delta-\Delta_A\Delta_E=4(f_1f_4-f_2f_3) \tag{8.5}$$

主波束方向图可以表示为

$$f(\theta_{az},\theta_{el})=f_a(\theta_{az})f_e(\theta_{el}) \tag{8.6}$$

因此，各个子波束可以表示为

$$f_1(\theta_{az},\theta_{el})=f(\theta_{az}-A_0,\theta_{el}-E_0)=f_a(\theta_{az}-A_0)f_e(\theta_{el}-E_0) \tag{8.7}$$

$$f_2(\theta_{az},\theta_{el})=f(\theta_{az}+A_0,\theta_{el}-E_0)=f_a(\theta_{az}+A_0)f_e(\theta_{el}-E_0) \tag{8.8}$$

$$f_3(\theta_{az},\theta_{el})=f(\theta_{az}-A_0,\theta_{el}+E_0)=f_a(\theta_{az}-A_0)f_e(\theta_{el}+E_0) \tag{8.9}$$

$$f_4(\theta_{az},\theta_{el})=f(\theta_{az}+A_0,\theta_{el}+E_0)=f_a(\theta_{az}+A_0)f_e(\theta_{el}+E_0) \tag{8.10}$$

四个子波束之间存在如下关系：

$$\begin{aligned}f_1f_4-f_2f_3=&f_a(\theta_{az}-A_0)f_e(\theta_{el}-E_0)f_a(\theta_{az}+A_0)f_e(\theta_{el}+E_0)\\&-f_a(\theta_{az}+A_0)f_e(\theta_{el}-E_0)f_a(\theta_{az}-A_0)f_e(\theta_{el}+E_0)=0\end{aligned} \tag{8.11}$$

将式（8.11）代入式（8.5）可得

$$\Sigma\Delta_\Delta-\Delta_A\Delta_E=0 \tag{8.12}$$

即

$$\Sigma\Delta_\Delta=\Delta_A\Delta_E \tag{8.13}$$

2. 存在两个目标的情况

$$\begin{aligned}\Sigma\Delta_\Delta-\Delta_A\Delta_E&=4f_{11}f_{42}-4f_{21}f_{32}-4f_{31}f_{22}+4f_{41}f_{12}\\&=4f_A(\theta_{a1}-A_0)f_E(\theta_{e1}-E_0)f_A(\theta_{a2}+A_0)f_E(\theta_{e2}+E_0)\\&\quad-4f_A(\theta_{a1}+A_0)f_E(\theta_{e1}-E_0)f_A(\theta_{a2}-A_0)f_E(\theta_{e2}+E_0)\\&\quad-4f_A(\theta_{a1}-A_0)f_E(\theta_{e1}+E_0)f_A(\theta_{a2}+A_0)f_E(\theta_{e2}-E_0)\\&\quad+4f_A(\theta_{a1}+A_0)f_E(\theta_{e1}+E_0)f_A(\theta_{a2}-A_0)f_E(\theta_{e2}-E_0)\\&=4[f_A(\theta_{a1}-A_0)f_A(\theta_{a2}+A_0)-f_A(\theta_{a1}+A_0)f_A(\theta_{a2}-A_0)]\\&\quad\cdot[f_E(\theta_{e1}-E_0)f_E(\theta_{e2}+E_0)-f_E(\theta_{e1}+E_0)f_E(\theta_{e2}-E_0)]\end{aligned} \tag{8.14}$$

上式等于零的充要条件是

$$f_A(\theta_{a1}-A_0)f_A(\theta_{a2}+A_0)-f_A(\theta_{a1}+A_0)f_A(\theta_{a2}-A_0)=0 \tag{8.15}$$

或者

$$f_E(\theta_{e1}-E_0)f_E(\theta_{e2}+E_0)-f_E(\theta_{e1}+E_0)f_E(\theta_{e2}-E_0)=0 \tag{8.16}$$

即

$$\frac{f_A(\theta_{a1}-A_0)}{f_A(\theta_{a1}+A_0)}=\frac{f_A(\theta_{a2}-A_0)}{f_A(\theta_{a2}+A_0)} \tag{8.17}$$

或者

$$\frac{f_E(\theta_{e1}-E_0)}{f_E(\theta_{e1}+E_0)}=\frac{f_E(\theta_{e2}-E_0)}{f_E(\theta_{e2}+E_0)} \tag{8.18}$$

在单脉冲雷达的半功率波束宽度内 $\dfrac{f_A(\theta-A_0)}{f_A(\theta+A_0)}$ 是单调增函数，所以式（8.17）等价于

$$\theta_{a1}=\theta_{a2} \tag{8.19}$$

式（8.18）等价于

$$\theta_{e1}=\theta_{e2} \tag{8.20}$$

综上所述，存在两个目标时，$\Sigma\Delta_\Delta=\Delta_A\Delta_E$ 成立的充要条件是

$$\theta_{a1}=\theta_{a2}\text{或者 }\theta_{e1}=\theta_{e2} \tag{8.21}$$

3. 单脉冲比的等效表达式

在单脉冲测角中，方位单脉冲比表示为

$$S_A=\frac{\Delta_A}{\Sigma} \tag{8.22}$$

俯仰单脉冲比可以表示为

$$S_E=\frac{\Delta_E}{\Sigma} \tag{8.23}$$

根据前面的证明，只存在一个目标时 $\Sigma\Delta_\Delta=\Delta_A\Delta_E$，因此利用对角差通道，可以将方位单脉冲比和俯仰单脉冲比表示为

$$S_A=\frac{\Delta_\Delta}{\Delta_E} \tag{8.24}$$

$$S_E=\frac{\Delta_\Delta}{\Delta_A} \tag{8.25}$$

4. 仿真结果

为了进一步说明式（8.22）、式（8.23）的计算结果与式（8.24）、式（8.25）的计算结果相等，首先根据常规单脉冲测角方法利用式（8.22）、式（8.23）绘制角度鉴别曲线，如图 8.5 中实线所示。然后对波束范围内的

位置随机采样$(\theta_{az},\theta_{el})_i$，如图8.6所示。利用式（8.24）、式（8.25）计算目标的单脉冲比，如图8.6中十字点所示，可以看出，两种计算方法的结果一致。

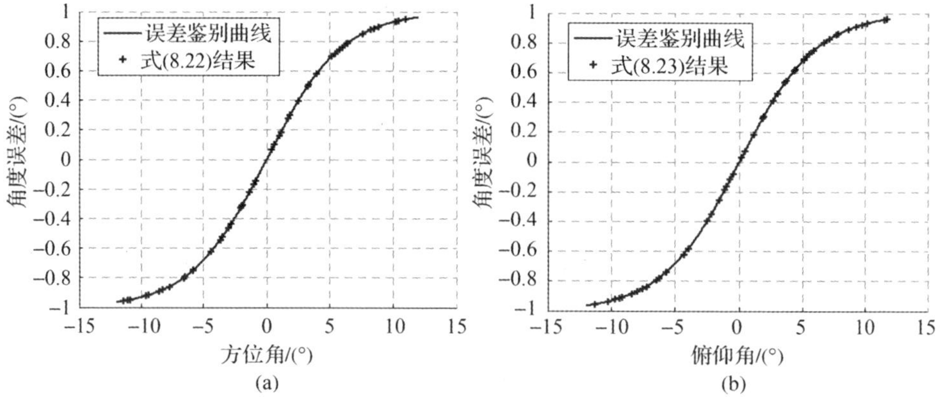

图8.5　角度鉴别曲线

（a）方位角度鉴别曲线；（b）俯仰角度鉴别曲线。

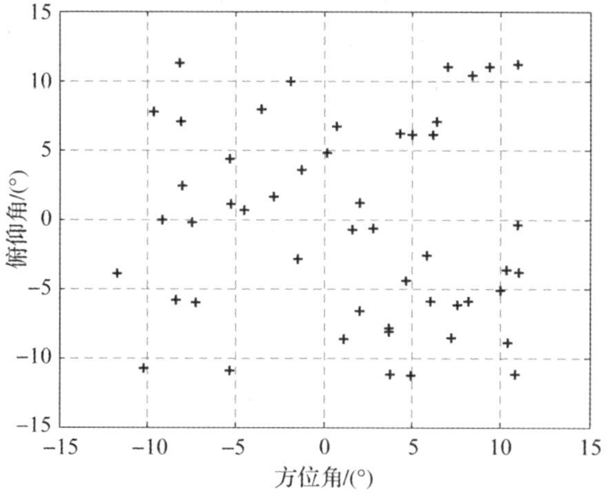

图8.6　波束内采样位置

值得注意的是，当目标位于水平面内、俯仰角为零时，角度位置表示为$(\theta_{az},\theta_{el})=(\theta_{az},0)$，对角差信号表示为

$$
\begin{aligned}
\Delta_\Delta &= [(f_1+f_4)-(f_2+f_3)] \\
&= [f_a(\theta_{az}-A_0)f_e(-E_0)+f_a(\theta_{az}+A_0)f_e(E_0)]-[f_a(\theta_{az}+A_0)f_e(-E_0) \\
&\quad +f_a(\theta_{az}-A_0)f_e(E_0)] = [f_a(\theta_{az}-A_0)f_e(E_0)+f_a(\theta_{az}+A_0)f_e(E_0)] \\
&\quad -[f_a(\theta_{az}+A_0)f_e(E_0)+f_a(\theta_{az}-A_0)f_e(E_0)]=0
\end{aligned} \tag{8.26}
$$

$$\Delta_E = 0 \tag{8.27}$$

由于分母为零，无法根据公式 Δ_Δ/Δ_E 计算方位误差信号。

同理可知，当目标位于垂直面、方位角为零时，无法根据公式 Δ_Δ/Δ_A 计算俯仰误差。

8.3 基于对角差通道信息辅助的干扰检测方法

复杂作战背景下，作战对象在导弹发射阶段释放各种强电磁干扰，破坏雷达寻的导引头的目标搜索、检测、跟踪、识别，包括拖曳式诱饵转发的覆盖脉冲干扰、密集假目标干扰、噪声压制干扰。要解决复杂干扰背景下的目标自动检测识别问题，导引头首先就要具备检测干扰信号的能力，否则会一直将干扰信号识别为目标，或在强干扰环境中一直处于搜索状态，无法启动其他抗干扰逻辑。

只存在一个目标时，四个通道 Σ、Δ_A、Δ_E、Δ_Δ 满足一定的函数关系：

$$f(\Sigma,\Delta_\Delta,\Delta_A,\Delta_E) = 0 \tag{8.28}$$

当主瓣内存在多个干扰时，包括对角差通道在内的四个接收通道响应特性发生变化，不满足该条件。提出两三种处理方法和判断门限，利用单个脉冲的四个通道采样信息进行“多条件检验”，判断主波束范围内是单个目标，还是目标和诱饵同时存在。

经过判别后，如果判定为存在一个目标，则按照常规的单脉冲处理方法，根据单脉冲比进行查表，得到目标的方位角和俯仰角。如果判定为存在两个目标，则利用 Σ、Δ_A、Δ_E、Δ_Δ 构建方程组求解，进行四通道测角。经过数学求解得到两个目标的角度误差信号（T_{x1}, T_{y1}）和（T_{x2}, T_{y2}），然后根据误差鉴别曲线查表就可以得到两个目标的方位角和俯仰角。通过识别策略进一步判断哪一个是真实目标或者诱饵。

另外，雷达接收信号的单脉冲比包含实部和虚部两个部分，即

$$S = \frac{E_\Delta}{E_\Sigma} = S_R + jS_I \tag{8.29}$$

实部 S_R 常用来估计目标的角度。当目标为单点源时，不考虑噪声影响，虚部 $S_I = 0$。对于二维测角的单脉冲雷达，设其和信号为 Σ，方位差信号为 Δ_A，俯仰差信号为 Δ_E，对角差信号为 Δ，对角差信号是经过和差网络被匹配负载吸收的信号，这里将其引出加以利用。

对于单目标，方位单脉冲比可以表示为

$$S_A = \frac{\Delta_A}{\Sigma} \quad 或 \quad S_A = \frac{\Delta_\Delta}{\Delta_E} \tag{8.30}$$

俯仰单脉冲比可以表示为

$$S_E = \frac{\Delta_E}{\Sigma} \quad 或 \quad S_E = \frac{\Delta_\Delta}{\Delta_A} \tag{8.31}$$

换言之，对角差通道响应满足以下条件 $\Sigma\Delta_\Delta = \Delta_A\Delta_E$。当目标为单点源信号时（雷达主波束内仅有一个目标），接收信号的单脉冲比的虚部为0，或接近等于0，非常小；当目标为双点源信号时（雷达主波束内包含目标和诱饵干扰），接收信号的单脉冲比虚部不为零，将一定的门限，以较大的概率大于0。根据这一特点，充分利用四个通道的单脉冲比，提出了对诱饵的双门限检测方法。

设检测门限为 Y_T，则拖曳式诱饵存在与否的判决条件为

$$\begin{cases} \max\left(\left| \mathrm{Im}\left(\dfrac{\Delta_A}{\Sigma}\right) \right|, \left| \mathrm{Im}\left(\dfrac{\Delta_E}{\Sigma}\right) \right| \right) > Y_{T1} \\ \max\left(\left| \mathrm{Im}\left(\dfrac{\Delta_\Delta}{\Delta_E}\right) \right|, \left| \mathrm{Im}\left(\dfrac{\Delta_\Delta}{\Delta_A}\right) \right| \right) > Y_{T2} \end{cases} \tag{8.32}$$

门限值 Y 可通过实验或数值计算，由波束内只有目标时复单脉冲比虚部的大小确定相应的检测门限值（图8.7）。

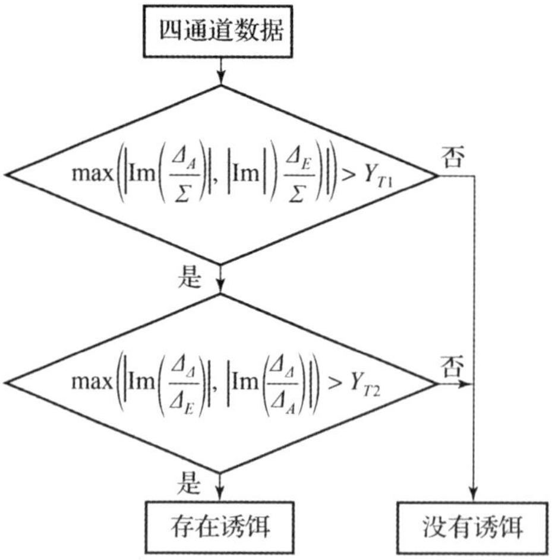

图8.7 双门限检测流程图

对两种方法的复单脉冲比虚部进行了仿真，选取参数如下：单脉冲天线方向图采用高斯波束，半功率波束宽度为6°，单脉冲波束偏置角为2°，噪声模型为高斯白噪声模型，信噪比均为SNR = 20dB，干扰功率与目标回波信号功

率比为 K，目标与诱饵对雷达的张角为3°。雷达接收到两个信号的相位差为 φ。目标的角度位置为(-2,-2)，诱饵的角度位置为(1.5,1.5)。

图8.8给出了 $K=15\text{dB}$、$\Delta\theta=4.9°$时的方位单脉冲比虚部曲线，由图可以看出当存在诱饵时复单脉冲比虚部与没有诱饵时具有较大差异，通过一定的检测门限可实现对诱饵的存在性检测。当目标回波信号与干扰信号相位差0°或180°时，无法判断是否存在诱饵。因为此时干扰信号与目标信号作矢量合成时，所形成合成的和、差信号相位相同或相反，复单脉冲比虚部与只有目标时相同，无法通过复单脉冲比虚部检测诱饵。由于拖曳式诱饵一般工作于转发式或应答式干扰模式下，干扰信号与目标回波信号相位差 φ 是一个在 $0\sim2\pi$ 均匀分布的随机变量。在数据处理阶段雷达均会采用脉冲积累处理，雷达对接收回波数据的获取时间通常在毫秒级，故干扰信号与目标回波信号相位差可看成是90°。由图8.8知，当 $\varphi=90°$时，存在诱饵干扰下的复单脉冲比虚部值约为门限值的5倍，故利用复单脉冲比可以满足一定检测概率下的诱饵存在性检测。

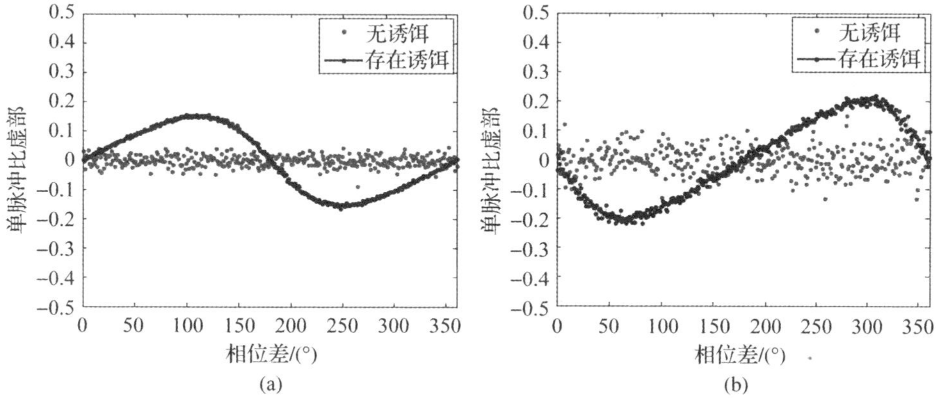

图8.8　相位差 φ 变化时复单脉冲比虚部曲线

(a) imag (Δ_A/Σ)；(b) imag (Δ_Δ/Δ_E)。

图8.9为 $\Delta\theta=4.9°$、$\varphi=110°$时，干信比 K 变化时对单脉冲比虚部值的影响。由图知曲线以直线 $K=0$ 对称，即单脉冲比虚部值在诱饵与目标能量质心两侧成对称分布。当干扰信号与回波信号功率相等时复单脉冲比虚部值最大，且随着干信比的增大和减小复单脉冲比的虚部值都在减小。当 $K=20\text{dB}$ 时，复单脉冲比虚部约为门限值的6倍，即此时仍能可靠地检测到诱饵。当干信比很小时（仿真中对应小于-40dB），干扰信号未起到诱偏作用，雷达跟踪点指向目标，单脉冲比虚部值较小，不能检测到诱饵存在；当干信比很大时（仿

真中对应大于 40dB)，单脉冲比虚部值亦急剧下降到与只有目标时相似的水平，此时雷达跟踪点偏向诱饵，单脉冲比虚部值较小，不能检测到诱饵的存在，由对称性亦可以分析得此时不能检测到诱饵。

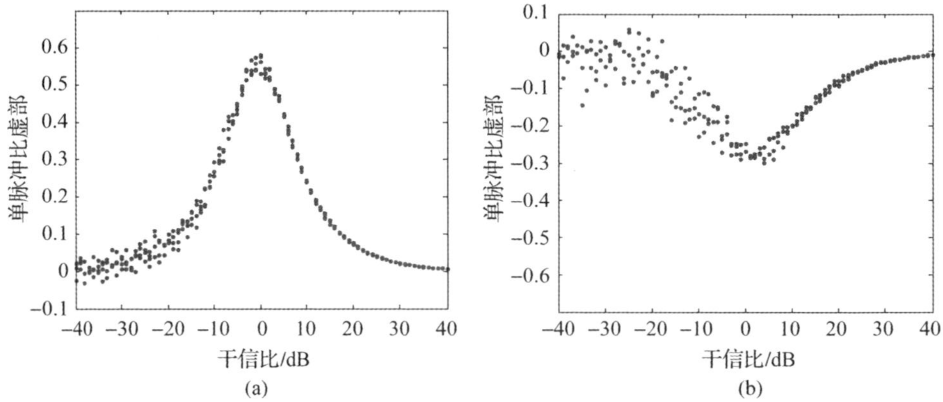

图 8.9　干信比变化时复单脉冲比虚部曲线

(a) imag (Δ_A/Σ)；(b) imag (Δ_Δ/Δ_E)。

图 8.10 仿真条件为 $\varphi=110°$、$K=15\mathrm{dB}$，从图中可以看出随着目标与诱饵对雷达张角增大，复单脉冲比虚部亦相应增大。其中虚部 imag(Δ_Δ/Δ_E) 在张角为零时出现发散，是因为此时目标和诱饵均位于雷达天线主轴，分母 Δ_E 为零，出现发散情况。在拖曳式诱饵实际战术运用中，载机在释放诱饵后会作一定的机动，使诱饵、载机和雷达之间形成“三角态势”，在“三角态势”形成过程中载机与诱饵对雷达的张角不断增大，同时诱饵用强干扰能量把雷达跟踪点引离载机并吸引到自己身上，最终使载机逃离雷达跟踪波束范围，诱饵达到成功诱偏目的。因此，在诱饵、载机和雷达“三角态势”形成过程中应尽快检测出干扰进而采取其他对抗措施。在机动过程中目标与诱饵对雷达的张角在不断增大，由图 8.10 可知，当张角主波束范围内时，复单脉冲比虚部随着张角的增大而增大，即载机在机动过程中使得对诱饵的检测可靠性增加，由此可知利用复单脉冲比虚部能够很好地检测拖曳式诱饵。

为了验证干扰检测模型的有效性，我们开展了验证试验。首先对雷达结构进行改进，引出对角差信号，形成四通道单脉冲雷达。图 8.11 (a) 中给出了雷达的天线结构，雷达采用平面缝隙天线，划分为四个子阵，天线的波束宽度为 9°。使用两个喇叭天线作为信号源分别模拟目标和诱饵，目标和诱饵之间的连线与水平面之间的夹角为 45°，如图 8.11 (b) 所示。

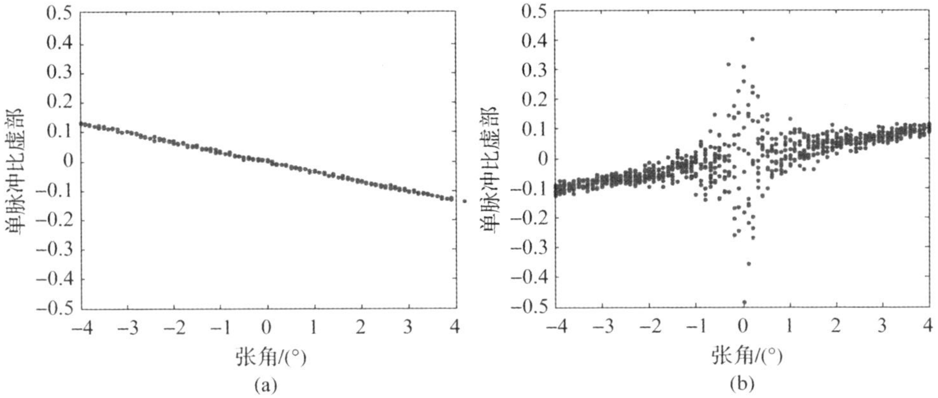

图 8.10　张角变化时复单脉冲比虚部曲线

（a）imag（Δ_A/Σ）；（b）imag（Δ_Δ/Δ_E）。

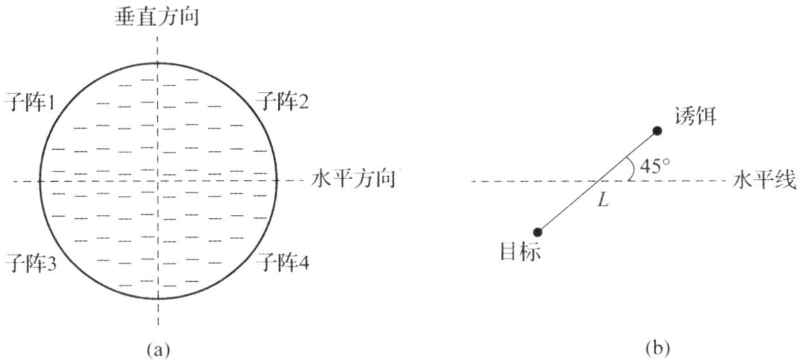

图 8.11　单脉冲雷达天线结构和试验场景

通过更改信噪比、目标角度等试验参数，实现不同的场景，利用某四通道单脉冲雷达进行验证试验。试验共做了 46 次，其中前 26 次为单目标测量试验，后 20 次为双目标试验。从图 8.12 中的试验结果可以看出，单目标试验的，四个单脉冲比的虚部均较小，低于 0.16；双目标试验时，四个单脉冲比的虚部均较大，均显著高于 0.2。通过设定合适的门限，利用单脉冲比的虚部能够实现单双目标的判决。

诱饵检测是对抗诱饵干扰的前提，准确检测到诱饵能够提高抗干扰效果。通过数学推导，研究了拖曳式诱饵存在与不存在时复单脉冲比虚部的差异，提出了利用四个通道数据得到的复单脉冲比虚部信息，设立检测门限，实现了对诱饵的存在性检测。由数学推导和实测数据可以看出，在一定干信比和张角条件下，提出的方法能较好地检测到诱饵，为拖曳式诱饵的存在性检测提供了一种简单而有效的方法。

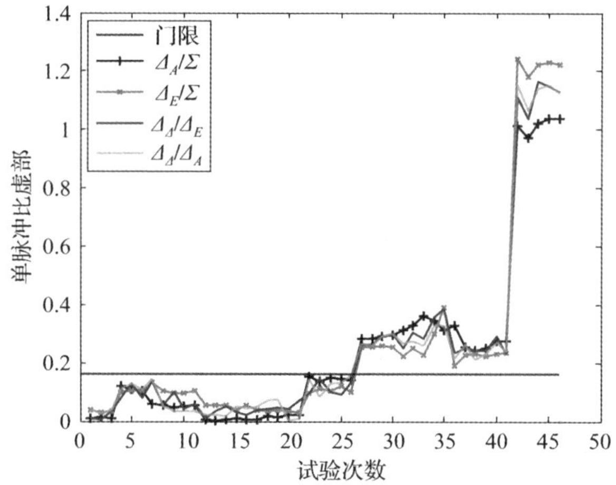

图 8.12　单脉冲比虚部（方位、俯仰、双差方位、双差俯仰单脉冲比）

8.4　基于对角差通道辅助的角度超分辨技术

8.4.1　矩阵求解算法

当存在两个目标时，可以建立广义单脉冲比矩阵

$$\boldsymbol{M}_A=\begin{bmatrix}\Sigma & \Sigma^*\\ \Delta_E & \Delta_E^*\end{bmatrix}^{-1}\begin{bmatrix}\Delta_A & \Delta_A^*\\ \Delta_\Delta & \Delta_\Delta^*\end{bmatrix}=\boldsymbol{V}^{-1}\begin{bmatrix}m_{A1} & 0\\ 0 & m_{A2}\end{bmatrix}\boldsymbol{V} \tag{8.33}$$

式中：$\boldsymbol{V}$ 为特征向量矩阵。单脉冲和差比矩阵的特征值包含了目标的角度信息，经过证明，该特征值等于目标的角度鉴别信号。

为了方便，使用下面的简化形式：

$$\boldsymbol{M}_A=\hat{\boldsymbol{\Sigma}}_A^{-1}\hat{\boldsymbol{\Delta}}_A \tag{8.34}$$

其中

$$\hat{\boldsymbol{\Sigma}}_A=\begin{bmatrix}\Sigma & \Sigma^*\\ \Delta_E & \Delta_E^*\end{bmatrix},\hat{\boldsymbol{\Delta}}_A=\begin{bmatrix}\Delta_A & \Delta_A^*\\ \Delta_\Delta & \Delta_\Delta^*\end{bmatrix}$$

同理，使用和差比矩阵可以计算俯仰角鉴别信号

$$\boldsymbol{M}_E=\hat{\boldsymbol{\Sigma}}_E^{-1}\hat{\boldsymbol{\Delta}}_E \tag{8.35}$$

其中

$$\hat{\boldsymbol{\Sigma}}_E = \begin{bmatrix} \Sigma & \Sigma^* \\ \Delta_A & \Delta_A^* \end{bmatrix}, \hat{\boldsymbol{\Delta}}_E = \begin{bmatrix} \Delta_E & \Delta_E^* \\ \Delta_\Delta & \Delta_\Delta^* \end{bmatrix}$$

俯仰角度鉴别信号等于 $\boldsymbol{M}_E$ 的特征值，根据角度鉴别曲线可以查表得到相应的俯仰角。

$$\boldsymbol{M}_E = \boldsymbol{V}^{-1} \begin{bmatrix} m_{E1} & 0 \\ 0 & m_{E2} \end{bmatrix} \boldsymbol{V} \tag{8.36}$$

利用单脉冲比矩阵技术分辨两个目标的过程总结如下：

（1）根据和差信号得到单脉冲比矩阵，即式（8.34）、式（8.35）；

（2）计算单脉冲比矩阵的特征值，即式（8.33）、式（8.36）；

（3）根据特征值（角度鉴别信号）查表得到目标角度；

（4）根据特征向量将方位角和俯仰角配对。

上述分辨算法需要进行两次特征值分解，并且需要方位角和俯仰角配对。可以将上述算法进一步化简，单脉冲和差比矩阵表示为

$$\boldsymbol{M} = \hat{\boldsymbol{\Sigma}}_A^{-1} \hat{\boldsymbol{\Delta}}_A + \mathrm{j} \hat{\boldsymbol{\Sigma}}_E^{-1} \hat{\boldsymbol{\Delta}}_E = \boldsymbol{V}^{-1} \begin{bmatrix} m_{A1} + \mathrm{j} m_{E1} & 0 \\ 0 & m_{A2} + \mathrm{j} m_{E2} \end{bmatrix} \boldsymbol{V} \tag{8.37}$$

式中：$(m_{A1}, \mathrm{j}m_{E1})$和$(m_{A2}, \mathrm{j}m_{E2})$分别是两个目标的角度鉴别信号。只需要一次特征值分解，并且方位角和俯仰角自动配对。

利用 Σ、Δ_A、Δ_E、Δ_Δ 及式（8.37）得到单脉冲比（角度鉴别信号），然后根据干扰检测方法判断是一个目标还是两个目标。如果只有一个目标，根据角度鉴别信号进行查表得到目标的方位角和俯仰角。如果存在两个目标，则建立单脉冲和差比矩阵，然后对矩阵进行特征值分解，根据特征值的实部和虚部进行查表得到两个目标的方位角和俯仰角。

8.4.2 解析解算法

对于无相移器件实现的比幅单脉冲雷达，有如下公式：

$$\begin{cases} \Delta_A = [(f_1 + f_3) - (f_2 + f_4)] \\ \Delta_E = [(f_1 + f_2) - (f_3 + f_4)] \\ \Delta_\Delta = [(f_1 + f_4) - (f_2 + f_3)] \\ \Sigma = f_1 + f_2 + f_3 + f_4 \end{cases} \tag{8.38}$$

对于比幅单脉冲雷达，存在如下关系：

$$\begin{cases} \Delta_A = T_x \Sigma \\ \Delta_E = T_y \Sigma \\ \Delta_\Delta = T_x T_y \Sigma \end{cases} \tag{8.39}$$

对于单目标，只需要三个通道 Δ_A、Δ_E、Σ 即可测角，因此，在大部分雷达中，Δ_Δ 作为多余分量，被匹配负载吸收。这里将 Δ_Δ 通道的信号引出，实现两个目标的分辨。

当存在两个目标时，存在如下关系：

$$\begin{cases}\Sigma = \Sigma_1 + \Sigma_2 \\ \Delta_A = T_{x1}\Sigma_1 + T_{x2}\Sigma_2 \\ \Delta_E = T_{y1}\Sigma_1 + T_{y2}\Sigma_2 \\ \Delta_\Delta = T_{x1}T_{y2}\Sigma_1 + T_{x1}T_{y2}\Sigma_2\end{cases} \tag{8.40}$$

式中：下标 1、2 分别表示波束内的两个目标；$(T_{x,1},T_{y,1})$ 和 $(T_{x,2},T_{y,2})$ 分别为两个目标的角度鉴别信号。

定义如下表达式：

$$\begin{cases}A = \mathrm{Im}(\Delta_A\Delta_E^*) \\ B = \mathrm{Im}(\Sigma\Delta_E^*) \\ C = \mathrm{Im}(\Sigma\Delta_A^*) \\ D = -\mathrm{Im}(\Sigma\Delta_\Delta^*) \\ E = \mathrm{Im}(\Delta_A\Delta_\Delta^*) \\ F = \mathrm{Im}(\Delta_E\Delta_\Delta^*)\end{cases} \tag{8.41}$$

代入式（8.40）可以得到

$$\begin{cases}BT_{x,n} - CT_{y,n} = A \\ BT_{x,n}^2 + (D-A)T_{x,n} + E = 0 \\ CT_{y,n}^2 + (D+A)T_{y,n} + F = 0\end{cases} \tag{8.42}$$

式中：$n=1,2$。

通过求解，可得

$$\begin{aligned}T_{x,n} &= \frac{(A-D) \pm \sqrt{(A-D)^2 - 4EB}}{2B} \\ T_{y,n} &= \frac{BT_{x,n} - A}{C}\end{aligned} \tag{8.43}$$

通过误差鉴别曲线，即可得到 $(T_{x,1},T_{y,1})$ 和 $(T_{x,2},T_{y,2})$ 对应的两个目标角度（图 8.13）。

两个信号的幅度为

$$\Sigma_1 = \frac{\Sigma T_{x,2} - \Delta_A}{T_{x,2} - T_{x,1}}$$

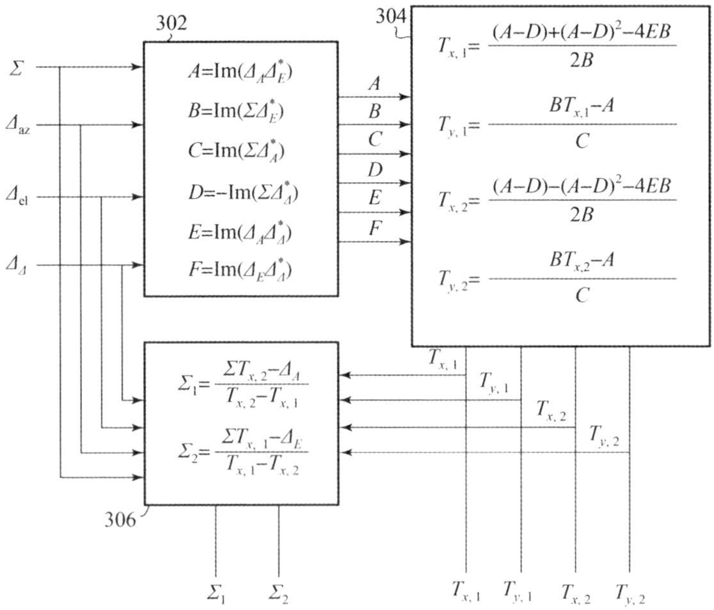

图 8.13　单脉冲测角处理

$$\Sigma_2=\frac{\Sigma T_{x,1}-\Delta_A}{T_{x,1}-T_{x,2}} \tag{8.44}$$

8.4.3　比幅比相算法的数据转换

天线阵元布置及结构分别如图 8.14 和图 8.15 所示。在球坐标中，θ、φ 的定义和图中略有差异。但是对于方位角和俯仰角的定义，同时考虑到雷达的口径面，θ、φ 的定义如图所示。

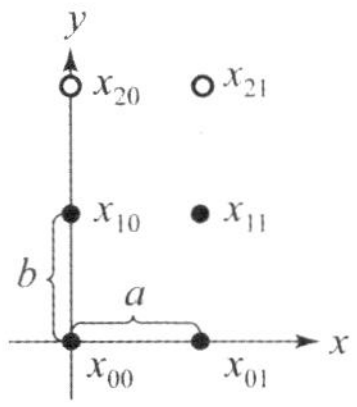

图 8.14　天线阵元布置

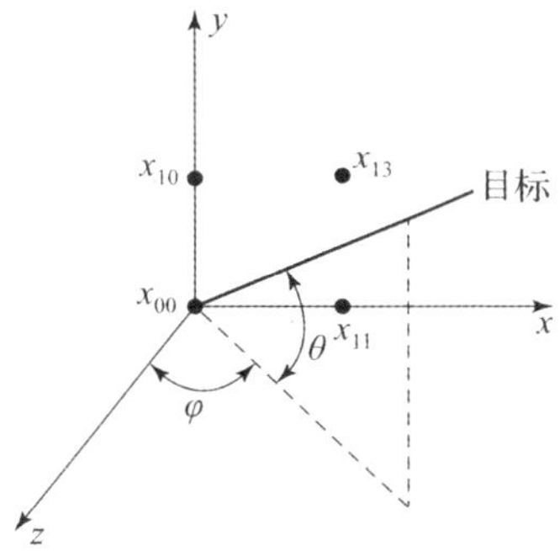

图 8.15　球坐标系下的天线结构图

按照图中的放置进行空间变换

$$\begin{cases} u = \cos\theta\sin\phi \\ v = \sin\theta \end{cases} \tag{8.45}$$

以其中一个为参考点，可得

$$\begin{cases} x_{00} = x_{00} \\ x_{01} = x_{00}\mathrm{e}^{-\mathrm{j}\alpha} \\ x_{10} = x_{00}\mathrm{e}^{-\mathrm{j}\beta} \\ x_{11} = x_{00}\mathrm{e}^{-\mathrm{j}(\alpha+\beta)} \end{cases} \tag{8.46}$$

其中

$$\alpha = \frac{2\pi\Delta x}{\lambda}\cos\theta\sin\varphi \tag{8.47}$$

$$\beta = \frac{2\pi\Delta y}{\lambda}\sin\theta \tag{8.48}$$

当存在两个目标时

$$\begin{cases} x_{00} = g_1 + g_2 \\ x_{01} = g_1\mathrm{e}^{-\mathrm{j}\alpha_1} + g_2\mathrm{e}^{-\mathrm{j}\alpha_2} \\ x_{10} = g_1\mathrm{e}^{-\mathrm{j}\beta_1} + g_2\mathrm{e}^{-\mathrm{j}\beta_2} \\ x_{11} = g_1\mathrm{e}^{-\mathrm{j}(\alpha_1+\beta_1)} + g_2\mathrm{e}^{-\mathrm{j}(\alpha_2+\beta_2)} \end{cases}$$

令

$$\gamma_1 = \mathrm{e}^{-\mathrm{j}\alpha_1}$$

$$\gamma_2 = \mathrm{e}^{-\mathrm{j}\alpha_2}$$

$$\delta_1 = \mathrm{e}^{-\mathrm{j}\beta_1}$$

$$\delta_2 = \mathrm{e}^{-\mathrm{j}\beta_2}$$

或者

$$\gamma_1 = \mathrm{e}^{-\mathrm{j}\alpha_1} = \mathrm{e}^{-\mathrm{j}k\Delta x u_1}$$

$$\gamma_2 = \mathrm{e}^{-\mathrm{j}\alpha_2} = \mathrm{e}^{-\mathrm{j}k\Delta x u_2}$$

$$\delta_1 = \mathrm{e}^{-\mathrm{j}\beta_1} = \mathrm{e}^{-\mathrm{j}k\Delta y v_1}$$

$$\delta_2 = \mathrm{e}^{-\mathrm{j}\beta_2} = \mathrm{e}^{-\mathrm{j}k\Delta y v_2}$$

可得

$$\begin{cases} x_{00} = g_1 + g_2 \\ x_{01} = g_1\gamma_1 + g_2\gamma_2 \\ x_{10} = g_1\delta_1 + g_2\delta_2 \\ x_{11} = g_1\delta_1\gamma_1 + g_2\gamma_2\delta_2 \end{cases} \tag{8.49}$$

可以得到

$$\begin{bmatrix} g_1 \\ g_2 \end{bmatrix} = \begin{bmatrix} 1 & 1 \\ \gamma_1 & \gamma_2 \\ \delta_1 & \delta_2 \\ \delta_1\gamma_1 & \gamma_2\delta_2 \end{bmatrix}^{+} \begin{bmatrix} \Sigma \\ \Delta_A \\ \Delta_E \\ \Delta_\Delta \end{bmatrix} \tag{8.50}$$

式中：伪逆矩阵可以通过下式计算

$$\boldsymbol{X}^{+} = (\boldsymbol{X}^{\mathrm{H}}\boldsymbol{X})^{-1}\boldsymbol{X}^{\mathrm{H}}$$

根据式（8.49）前两项，可得

$$\begin{cases} g_1 = \dfrac{\begin{vmatrix} x_{00} & 1 \\ x_{01} & \gamma_2 \end{vmatrix}}{\begin{vmatrix} 1 & 1 \\ \gamma_1 & \gamma_2 \end{vmatrix}} = \dfrac{x_{00}\gamma_2 - x_{01}}{\gamma_2 - \gamma_1} \\ g_2 = \dfrac{\begin{vmatrix} 1 & x_{00} \\ \gamma_1 & x_{01} \end{vmatrix}}{\begin{vmatrix} 1 & 1 \\ \gamma_1 & \gamma_2 \end{vmatrix}} = \dfrac{x_{01} - x_{00}\gamma_1}{\gamma_2 - \gamma_1} \end{cases} \tag{8.51}$$

根据式（8.49）后两项，可得

$$g_1 = \dfrac{\begin{vmatrix} x_{10} & \delta_2 \\ x_{11} & \gamma_2\delta_2 \end{vmatrix}}{\begin{vmatrix} \delta_1 & \delta_2 \\ \gamma_1\delta_1 & \gamma_2\delta_2 \end{vmatrix}} = \dfrac{x_{10}\gamma_2 - x_{11}}{\delta_1(\gamma_2 - \gamma_1)}$$

$$g_2 = \dfrac{\begin{vmatrix} \delta_1 & x_{10} \\ \gamma_1\delta_1 & x_{11} \end{vmatrix}}{\begin{vmatrix} \delta_1 & \delta_2 \\ \gamma_1\delta_1 & \gamma_2\delta_2 \end{vmatrix}} = \dfrac{x_{11} - x_{10}\gamma_1}{\delta_2(\gamma_2 - \gamma_1)} \tag{8.52}$$

结合以上公式可得

$$\begin{cases}\dfrac{x_{10}\gamma_2-x_{11}}{x_{00}\gamma_2-x_{01}}=\delta_1\\[2ex]\dfrac{x_{10}\gamma_1-x_{11}}{x_{00}\gamma_1-x_{01}}=\delta_2\end{cases}\tag{8.53}$$

经过变换可以得到另一种等价方式，即

$$\begin{cases}\dfrac{x_{01}\delta_2-x_{11}}{x_{00}\delta_2-x_{10}}=\gamma_1\\[2ex]\dfrac{x_{01}\delta_1-x_{11}}{x_{00}\delta_1-x_{10}}=\gamma_2\end{cases}\tag{8.54}$$

从式（8.54）可以看出，δ_1,δ_2 与 γ_1,γ_2 具有对称性，令

$$\begin{cases}Z=\gamma_1 \quad 或 \quad \gamma_2\\ W=\delta_1 \quad 或 \quad \delta_2\end{cases}\tag{8.55}$$

可得

$$W=\frac{x_{10}Z-x_{11}}{x_{00}Z-x_{01}}\tag{8.56}$$

如果 $x_{00}x_{11}-x_{10}x_{01}=0$，则 W 为常数，意味着只有一个来波方向，即只存在一个目标。因此，这里假设 $x_{00}x_{11}-x_{10}x_{01}\neq 0$。

根据定义可知，$|Z|^2=|W|^2=1$，对式（8.56）两边乘以其复共轭可得

$$\frac{(x_{10}Z-x_{11})^*(x_{10}Z-x_{11})}{(x_{00}Z-x_{01})^*(x_{00}Z-x_{01})}=1$$

化简得到

$$|x_{10}|^2+|x_{11}|^2-|x_{00}|^2-|x_{01}|^2+(x_{10}x_{11}^*-x_{00}x_{01}^*)Z+(x_{10}^*x_{11}-x_{00}^*x_{01})Z^*=1$$

两边乘以 Z，并且应用 $|Z|^2=1$，得到

$$EZ^2+FZ+E^*=1$$
$$F=|x_{10}|^2+|x_{11}|^2-|x_{00}|^2-|x_{01}|^2$$
$$E=(x_{00}x_{01}^*-x_{10}x_{11}^*)$$

求解该一元二次方程得到

$$Z_{\mathrm{d}}=\frac{-F\pm\sqrt{F^2-4|E|^2}}{2E}$$

当 $E=0$ 时会出现问题，此时

$$\delta_1=\delta_2 \quad 或者 \quad g_1g_2^*\gamma_1\delta_1=g_1^*g_2\gamma_2\delta_2$$

得到两个 Z_{d} 后，可以根据式（8.56）得到相应的两个 W_{d}。

因此，计算流程如下：

(1) 通过公式求解 Z 和 W，假设求得的结果为 Z_1、Z_2、W_1、W_2。

(2) 来波方向可以通过下式求得：

$$v_1 = \frac{-\operatorname{sgn}[\operatorname{Im}(Z_1)]}{k\Delta y}\arccos[\operatorname{Re}(Z_1)]$$

$$u_1 = \frac{-\operatorname{sgn}[\operatorname{Im}(W_2)]}{k\Delta x}\arccos[\operatorname{Re}(W_2)]$$

$$v_2 = \frac{-\operatorname{sgn}[\operatorname{Im}(Z_2)]}{k\Delta y}\arccos[\operatorname{Re}(Z_2)]$$

$$u_2 = \frac{-\operatorname{sgn}[\operatorname{Im}(W_1)]}{k\Delta x}\arccos[\operatorname{Re}(W_1)]$$

该公式的含义就是求复数的相位角：

$$\operatorname{phase}(Z) = \operatorname{sgn}[\operatorname{Im}(Z)]\arccos[\operatorname{Re}(Z)]$$

(3) 根据公式求出两个信号的幅度。

比相单脉冲可以表示为

$$\begin{aligned}
\Sigma &= \Sigma_1 + \Sigma_2 \\
\Delta_A &= \mathrm{j}k_{az}(\varphi_1\Sigma_1 + \varphi_2\Sigma_2) \\
\Delta_E &= \mathrm{j}k_{el}(\theta_1\Sigma_1 + \theta_2\Sigma_2) \\
\Delta_\Delta &= -k_\Delta(\varphi_1\theta_1\Sigma_1 + \varphi_2\theta_2\Sigma_2)
\end{aligned}$$

通过方程直接求解两个目标的角度和信号幅度，但是比较烦琐。应用比幅单脉冲和比相单脉冲之间的关系，可得

$$\begin{aligned}
\Sigma &= x_{00} + x_{01} + x_{10} + x_{11} \\
\Delta_A &= (x_{00} + x_{10}) - (x_{01} + x_{11}) \\
\Delta_E &= (x_{00} + x_{01}) - (x_{10} + x_{11}) \\
\Delta_\Delta &= (x_{00} + x_{11}) - (x_{10} + x_{01})
\end{aligned}$$

对于单个目标，可得

$$\frac{\Delta_A}{\Sigma} = \mathrm{j}\tan\left(\frac{\alpha}{2}\right)$$

$$\frac{\Delta_E}{\Sigma} = \mathrm{j}\tan\left(\frac{\beta}{2}\right)$$

$$\frac{\Delta_\Delta}{\Sigma} = -\tan\left(\frac{\alpha}{2}\right)\tan\left(\frac{\beta}{2}\right)$$

对于两个目标，采用以下步骤：

(1) 转换数据：

$$\begin{bmatrix} x_{00} \\ x_{01} \\ x_{10} \\ x_{11} \end{bmatrix} = \frac{1}{4}\begin{bmatrix} 1 & 1 & 1 & 1 \\ 1 & -1 & 1 & -1 \\ 1 & 1 & -1 & -1 \\ 1 & -1 & -1 & 1 \end{bmatrix}\begin{bmatrix} \Sigma \\ \Delta_A \\ \Delta_E \\ \Delta_\Delta \end{bmatrix}$$

(2) 根据比相单脉冲的公式求解两个目标信息。

8.5 基于对角差通道辅助的目标识别方法

在电子对抗交战过程中，诱饵转发覆盖脉冲干扰，即在一个雷达信号相干处理周期内仅形成一个假目标干扰信号，该干扰与目标信号在时域和频域刚好完全覆盖，且干扰信号相位与回波信号保持严格相位关系，构成欺骗式“相干两点源干扰”，雷达导引头瞄准偏差急剧加大。图8.16给出了拖曳式诱饵转发覆盖脉冲干扰示意图。

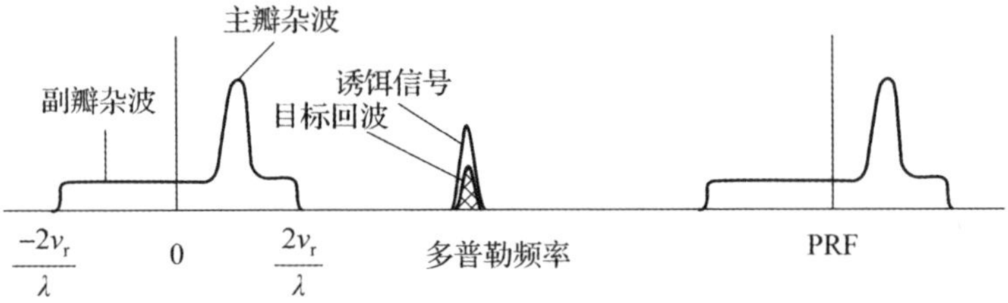

图8.16 拖曳式诱饵转发覆盖脉冲干扰示意图

图8.17给出了在诱饵进行简单转发式干扰下，常规单脉冲雷达测角结果。从图中可以看出，常规单脉冲雷达的测角不能区分目标和诱饵，测角结果位于两者的能量质心。

在干扰环境下，设计新的检测方法，图8.18给出了拖曳式诱饵转发覆盖脉冲干扰下目标检测识别的流程图。当检测到超过门限的脉冲后，将和信号、方位差信号、俯仰差信号、对角差信号联合处理，判断该脉冲是否为来自两个方向的重叠脉冲。如果来自一个方向，则判定为单个目标，进行常规处理；如果来自两个或多个方向，则启动四通道联合处理方法进行参数提取并进行幅度分离。基于分离的幅度信息，根据幅度特性和调制特性的差异，进行目标检测识别，使雷达导引头能够在干扰下得到维持正确的目标跟踪。

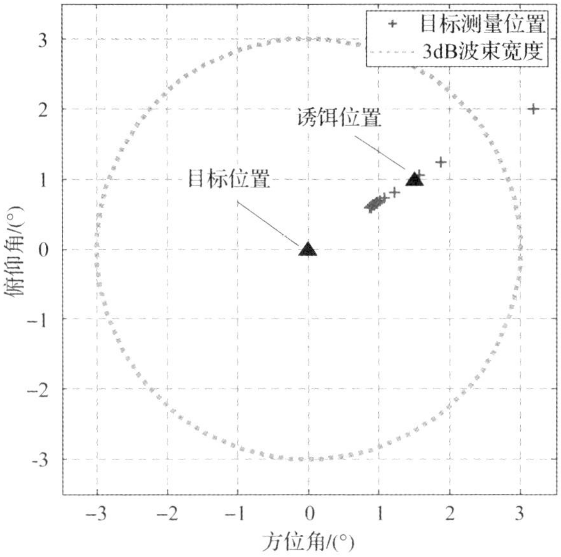

图 8.17　常规单脉冲雷达测量结果

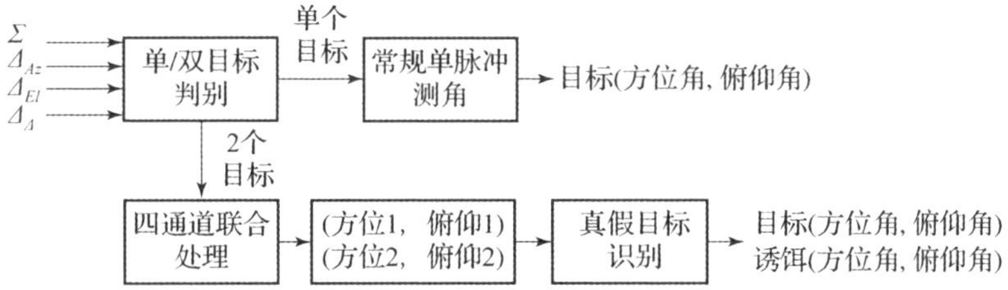

图 8.18　覆盖脉冲干扰背景下目标检测识别流程图

拖曳式诱饵通过在导引头雷达波束内模拟一个与真实目标十分“相似”的假目标，利用空间非相干两点源干扰原理引起相位波前畸变，干扰和破坏单脉冲雷达的角度测量，致使导弹失跟或误导攻击。实现角度欺骗的一个重要条件是诱饵能够比较准确地模拟目标载机的相关特征，尽可能减小诱饵干扰信号与真实目标信号之间的特征差异，以假乱真吸引导引头雷达的波束指向，最大限度地延迟导引头分辨目标和诱饵的时间，以使得角度欺骗干扰效能最大化。诱饵模拟的目标回波特征主要为幅度特性、时域特性和频域特性。

诱饵系统通过对接收脉冲信号进行 RCS 调制使得产生的干扰信号幅度起伏特征与真实目标回波起伏特性相类似。有源诱饵进行幅度模拟需要对所保护的载机目标估算其回波幅度的变化，并以此为依据对诱饵接收到的雷达信号进行幅度调制。目标回波的幅度是与目标 RCS 直接相关的，复杂目标的 RCS 计算是一个很繁杂的过程，诱饵系统实时计算目标的精确 RCS 是不现实的，因此通常采用 RCS 起伏的统计模型来描述目标雷达回波幅度的变化。诱饵通过产生一个满足目标 RCS 起伏分布模型的随机变量，用它控制程控衰减器对接收到的雷达发射脉冲信号的幅度进行调制来实现模拟。

诱饵的干扰形式多样，在进行角度欺骗的同时可以实施多种类型的复合干扰，通过采用距离欺骗能够减小目标回波信号和诱饵干扰信号在时域特征上的差异，通过采用速度欺骗可以减小目标回波信号与诱饵干扰信号在多普勒特征上的差异。距离欺骗、速度欺骗等复合干扰方式的采用使得干扰信号与真实目标回波信号的时频域特征很相似，雷达导引头难以利用时频域差异分辨目标和干扰。图 8.19（a）给出了诱饵和目标信号的时域特征，从图中可以看出，在每个脉冲重复时间内，诱饵发射的干扰信号都和目标回波重叠，并且功率大于目标回波。图 8.19（b）给出了诱饵和目标信号的频域特征，其中 v_r 为导弹速度，λ 为雷达导引头波长，从图中可以看出，经过多普勒处理后，诱饵信号将目标回波掩盖，雷达无法检测到目标。在这种情况下，雷达利用单脉冲体制进行测角，测角结果位于两者的能量质心，在角度上也无法分辨诱饵和目标。

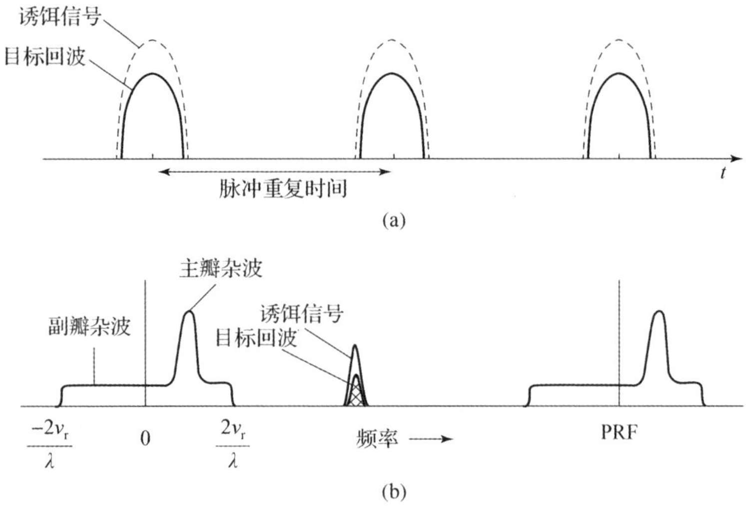

图 8.19　诱饵和目标信号特征

（a）时域特征；（b）频域特征。

经过严格的数学证明，对于单个目标，对角差通道响应满足以下条件：

$$\Sigma\Delta_{\Delta} = \Delta_A \Delta_E \tag{8.57}$$

该条件可以用于判断波束内是否只有一个目标。进一步化简，可以得到

$$\Delta_{\Delta} = \frac{\Delta_A}{\Sigma} \times \frac{\Delta_E}{\Sigma}\Sigma = T_x T_y \Sigma \tag{8.58}$$

当同时存在诱饵和目标时，可以得到以下方程组：

$$\begin{cases}\Sigma = \Sigma_1 + \Sigma_2 & (8.59)\\ \Delta_A = T_{x1}\Sigma_1 + T_{x2}\Sigma_2 & (8.60)\\ \Delta_E = T_{y1}\Sigma_1 + T_{y2}\Sigma_2 & (8.61)\\ \Delta_\Delta = T_{x1}T_{y1}\Sigma_1 + T_{x2}T_{y2}\Sigma_2 & (8.62)\end{cases}$$

对上述方程进行复杂的数学求解，可以得到目标和诱饵角度误差信号：

$$T_{x,n} = \frac{(A-D) \pm \sqrt{(A-D)^2 - 4EB}}{2B} \tag{8.63}$$

$$T_{y,n} = \frac{BT_{x,n} - A}{C} \tag{8.64}$$

根据角度误差信号，可以反推出目标和诱饵的信号在和通道的响应，分别为

$$\Sigma_1 = \frac{\Sigma T_{x,2} - \Delta_A}{T_{x,2} - T_{x,1}} \tag{8.65}$$

$$\Sigma_2 = \frac{\Sigma T_{x,1} - \Delta_A}{T_{x,1} - T_{x,2}} \tag{8.66}$$

式中：$n = 1,2$。

$$A = \mathrm{Im}(\Delta_A \Delta_E^*) \tag{8.67}$$

$$B = \mathrm{Im}(\Sigma \Delta_E^*) \tag{8.68}$$

$$C = \mathrm{Im}(\Sigma \Delta_A^*) \tag{8.69}$$

$$D = -\mathrm{Im}(\Sigma \Delta_\Delta^*) \tag{8.70}$$

$$E = \mathrm{Im}(\Delta_A \Delta_\Delta^*) \tag{8.71}$$

$$F = \mathrm{Im}(\Delta_E \Delta_\Delta^*) \tag{8.72}$$

从以上各式可以看出，直接利用四个通道的输出数据进行计算，就能分别得到目标和诱饵的信号幅度、角度信息，不需要两个目标的回波功率比、回波幅度概率分布等先验信息，只需要一个脉冲就能实现对时域、频域混叠的两个目标回波进行测角，计算过程简单高效。

上面对单脉冲雷达两目标分辨的数学原理进行了分析。下面从另一个方面对高分辨力进行分析，能够更加清晰地认识角度高分辨的机理。和信号、方位差信号、俯仰差信号、对角差信号与角度的关系如图8.20所示。常规的三通道单脉冲只利用了前三个信号，波束宽度较宽，可以近似认为对角差信号将波束分裂为四个较窄的子波束，从而提高了角度分辨力。

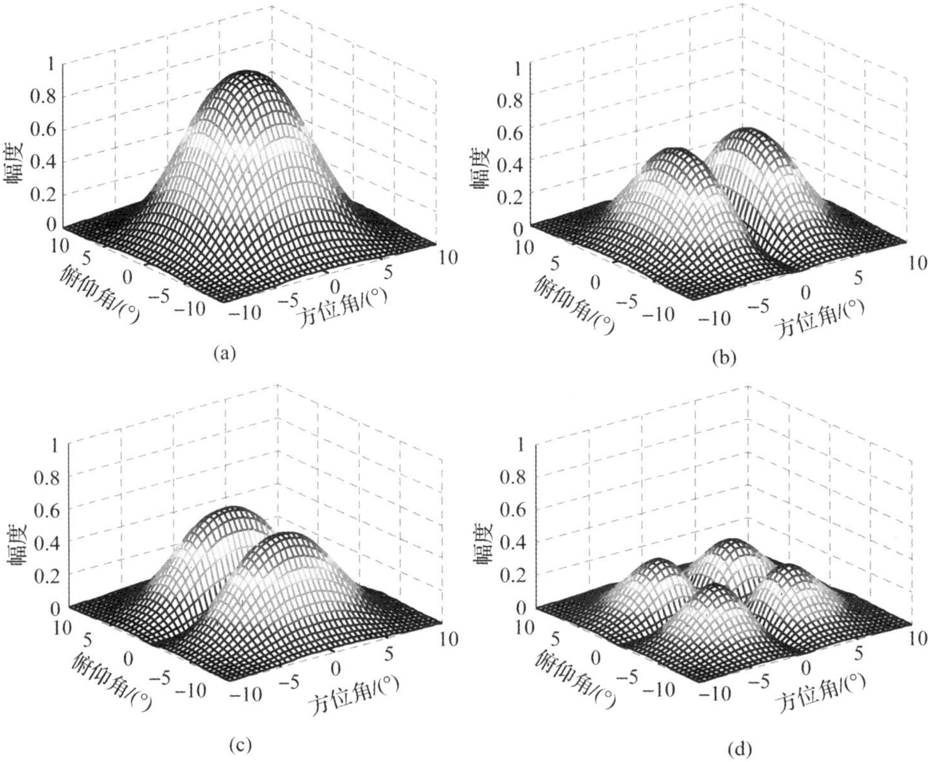

图 8.20　四个通道信号响应与目标角度的关系

（a）和信号；（b）方位差信号；（c）俯仰差信号；（d）对角差信号。

雷达波束只有目标时，式（8.57）成立，目标和诱饵同时存在时，式（8.57）不成立。首先利用式（8.57）判断是否存在诱饵，由于噪声的影响，需要根据噪声功率设定一个门限。如果存在诱饵，则利用式（8.65）和式（8.66）对和信号进行分离。可以看出，基于对角差通道的测角方法能够将目标和诱饵的幅度、角度分离。为了成功诱偏单脉冲雷达导引头，保护目标，通常诱饵的信号强度大于目标信号强度，所以根据分离后的信号幅度，可以判断出真实目标和诱饵。如果 $|\Sigma_1| > |\Sigma_2|$，则 Σ_1 为诱饵信号幅度，诱饵的角度误差信号为 (T_{x1}, T_{y1})，Σ_2 为目标信号响应，目标的角度误差信号为 (T_{x2}, T_{y2})；反之，如果 $|\Sigma_1| < |\Sigma_2|$，则 Σ_2 为诱饵信号响应，诱饵的角度误差信号为 (T_{x2}, T_{y2})，Σ_1 为目标响应，目标的角度误差信号为 (T_{x1}, T_{y1})。为了降低错误率，可以利用多次测量进行判决。图 8.21 给出了基于和信号分离的诱饵识别流程。

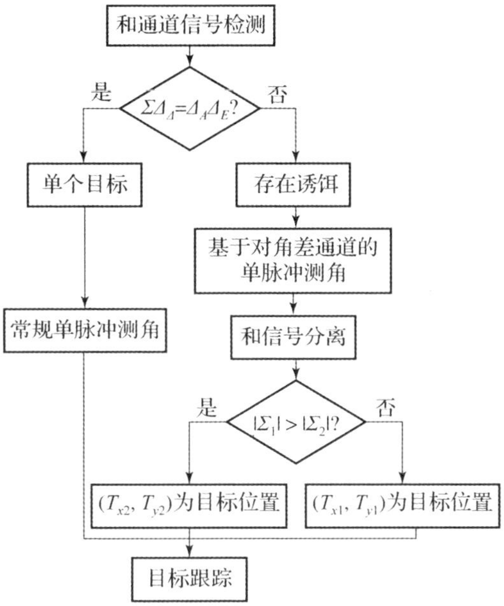

图 8.21　基于和信号分离的诱饵识别流程

下面对诱饵识别方法进行性能仿真分析。雷达采用比幅和差单脉冲体制，子天线波束形状为高斯波束，3dB 波束宽度 $\theta_B=6°$，目标角度为$(-1,-1)$，诱饵角度为$(1.5,1.5)$，均位于 3dB 波束内，两者回波相位随机分布，干信比为 10dB，目标回波信噪比为 SNR = 30dB，仿真运行了 50 次。图 8.22 给出了诱饵转发干扰下雷达测角结果，其中图 8.22（a）为常规单脉冲雷达的测角结果，图 8.22（b）为基于辅助差通道的测角及识别结果。图 8.22（a）中，目标和诱饵的真实位置用实心三角形“▲”标出，雷达的测角结果用十字形“+”表示，从图 8.22（a）中可以看出，常规三通道单脉冲雷达的测角结果位于诱饵和目标的连线上，无法区分诱饵和目标。由于干信比较大，所以测角结果集中于诱饵附近。基于辅助差通道的诱饵识别时，将和信号分离后，将幅度较大的信号识别为诱饵，在图 8.22（b）中用方形符号“□”表示，将幅度较小的信号识别为目标，在图 8.22（b）中用三角形符号“△”表示。从图 8.22（b）可以看出，提出的基于辅助差通道的诱饵识别方法，能准确识别诱饵和目标，并给出了正确的测角结果。受噪声影响，测角结果分布于目标和诱饵的真实值周围。诱饵干扰信号的幅度较大，测角结果更加准确，分布范围较小；目标回波的幅度较小，测角结果分布范围较大。图 8.23 给出了信噪比降低时的诱饵识别结果，其中信噪比 SNR 为 25dB，其他参数同上。从图 8.23 中可以看出，随着信噪比的降低，测角分布范围变大，测角精度降低，但是仍然能够稳定地识别诱饵。由于干信比较高，诱饵测角精度大于目标测角精度。

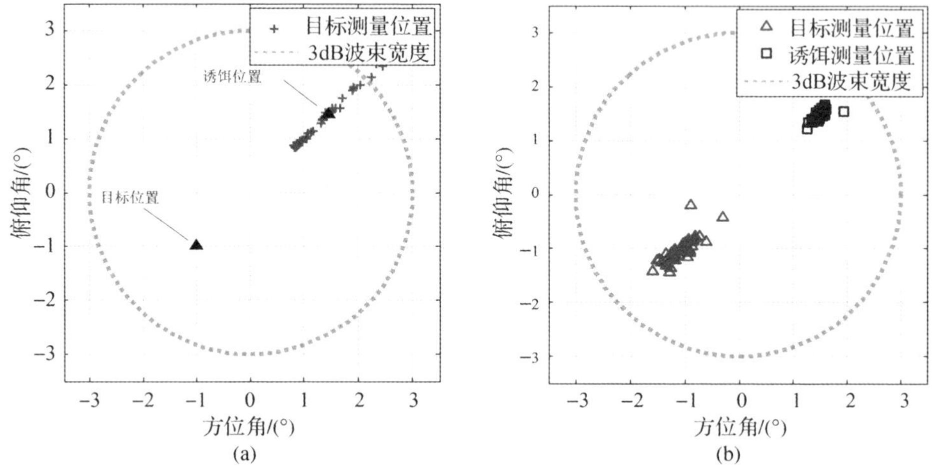

图 8.22　诱饵干扰下雷达测角结果

(a) 常规单脉冲雷达测角结果；(b) 基于辅助差通道的测角及识别结果。

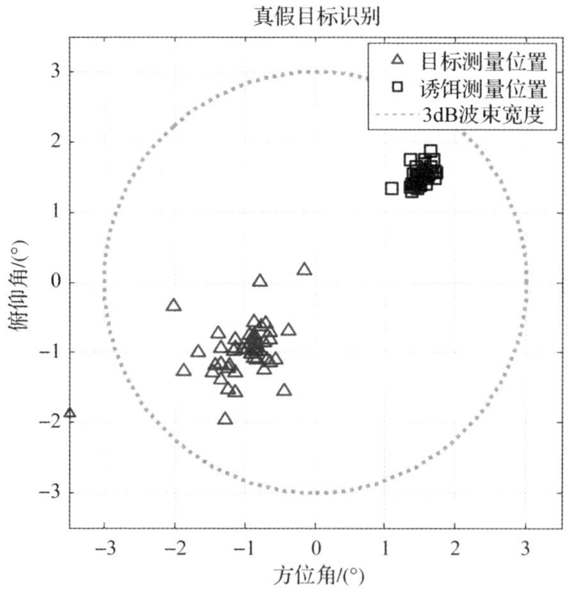

图 8.23　信噪比降低时诱饵识别结果（SNR = 25dB）

本节巧妙地提取和利用了单脉冲雷达对角线差通道的接收信号，分析了对角差通道的特性，提出了一种基于对角差通道的拖曳式诱饵干扰检测和识别新方法。通过求解和通道、俯仰差通道、方位差通道、对角差通道建立的方程组，只需要一个脉冲就能对主波束内的目标和诱饵进行角度分辨，显著提高了单脉冲雷达的角度分辨能力。同时能够将和通道的信号进行分离，根据分离后的信号来识别诱饵，计算过程简单高效。在此基础上对新方法进行了仿真分析，验证了方法的有效性。提出的诱饵检测和识别方法适用于一个脉冲重复周期内诱饵转发单个信号的情况，后续工作将进一步研究诱饵转发多个信号的识别方法。

8.6 基于对角差通道辅助的抗噪声压制干扰方法

贝叶斯方法是基于统计理论的一种经典方法，适用于有关参数估计问题。最大似然（ML）估计方法就是贝叶斯方法的一种特例，是在已知白噪声情况下的贝叶斯最优估计。在 ML 算法中，观测所得信号的似然函数被定义为含有未知参数的条件概率密度函数，目的是选定未知的参数以使得该似然函数尽可能大，通过最大化似然函数求出的解都被认为是未知参数的一个估计。1988 年，Ziski，nd L 与 Max M 讨论了将最大似然参数估计方法应用于波达方向估计，目前 ML 算法在空间谱估计领域中已有大量的研究成果。与 MUSIC 等子空间分解类算法相比，ML 算法的估计性能优良，具有很好的鲁棒性和稳定性，尤其是低信噪比、小快拍数据情况下，ML 算法比 MUSIC 及其他的子空间分解类算法性能好得多。另外 ML 算法在相干源情况下仍能有效估计，而此时子空间分解类算法若不作特别处理则失效。

8.6.1 主波束干扰下目标角坐标的最大似然估计算法原理

$\boldsymbol{V}(\theta,\phi)$为方向图矢量，包含 L 个高增益波束 $B_1(\theta,\phi),B_2(\theta,\phi),\cdots,B_L(\theta,\phi)$和 N 个低增益波束，可以表示为

$$\boldsymbol{V}(\theta,\phi)=\begin{bmatrix} B_1(\theta,\phi) \\ B_2(\theta,\phi) \\ \vdots \\ B_L(\theta,\phi) \\ A_1(\theta,\phi) \\ A_2(\theta,\phi) \\ \vdots \\ A_N(\theta,\phi) \end{bmatrix}$$

接收的回波信号为

$$z=\begin{bmatrix} z_{B_1} \\ z_{B_2} \\ \vdots \\ z_{B_L} \\ z_{A_1} \\ z_{A_2} \\ \vdots \\ z_{A_N} \end{bmatrix}$$

本章只考虑四个高增益波束：和波束、方位差波束、俯仰差波束、双差波束，接收雷达回波可以表示为

$$\boldsymbol{z}(t)=b\mathrm{Rect}\left(\frac{t}{\tau}\right)\boldsymbol{V}(\theta_{\mathrm{T}},\phi_{\mathrm{T}})+\boldsymbol{J}(t)\boldsymbol{V}(\theta_{\mathrm{I}},\phi_{\mathrm{I}})+\boldsymbol{N}(t)$$

式中：b 为目标回波复信号；$\boldsymbol{N}$ 为接收机内部噪声；J 为类噪声干扰；$(\theta_{\mathrm{T}},\phi_{\mathrm{T}})$为目标的角度；$(\theta_{\mathrm{I}},\phi_{\mathrm{I}})$为干扰信号的角度；$\mathrm{Rect}\left(\frac{t}{\tau}\right)$为矩形脉冲信号。$\tau$ 为脉冲宽度，对应着一个距离单元。在一个脉冲重复周期内，只有目标所在的距离单元中含有回波，其他距离单元为噪声和干扰信号。干扰和噪声服从零均值高斯分布，协方差矩阵表示为

$$\boldsymbol{M}_{\mathrm{d}}=\sigma_{\mathrm{n}}^{2}\cdot[\boldsymbol{I}+\mathrm{INR}\cdot\boldsymbol{V}(\theta_{\mathrm{I}},\phi_{\mathrm{I}})\cdot\boldsymbol{V}(\theta_{\mathrm{I}},\phi_{\mathrm{I}})^{\mathrm{H}}]$$

干扰和噪声比为

$$\mathrm{INR}=\frac{P_{\mathrm{I}}}{\sigma_{\mathrm{n}}^{2}}$$

由于 $\boldsymbol{z}$ 的功率谱密度符合高斯特性，利用最大似然估计算法求解目标角度，得到如下的最小化问题：

$$\begin{aligned}(\hat{b},\hat{\theta}_{\mathrm{T}},\hat{\phi}_{\mathrm{T}})&=\arg\min_{b,\theta,\phi}\{[\boldsymbol{z}-b\boldsymbol{V}(\theta,\phi)]^{\mathrm{H}}\boldsymbol{M}_{\mathrm{d}}^{-1}[\boldsymbol{z}-b\boldsymbol{V}(\theta,\phi)]\}\\&=\arg\min_{b,\theta,\phi}F(b,\theta,\phi)\end{aligned}$$

上面提到的函数最小值对应着以下函数的最大值：

$$Q(\theta,\phi)=\frac{|\boldsymbol{V}^{\mathrm{H}}(\theta,\phi)\cdot\boldsymbol{M}_{\mathrm{d}}^{-1}\cdot\boldsymbol{z}|^{2}}{\boldsymbol{V}^{\mathrm{H}}(\theta,\phi)\cdot\boldsymbol{M}_{\mathrm{d}}^{-1}\cdot\boldsymbol{V}(\theta,\phi)}$$

根据上述最大似然算法求解目标角度，需要进行以下三个关键步骤：

（1）需要估计干扰的协方差矩阵，可以通过目标单元附近的各个单元的

回波得到。

（2）需要四个波束的方向图，可以通过天线的设计和测量得到，作为先验信息。

（3）需要求函数的最大值，可以通过在一定的范围内进行搜索，或者使用快速递归算法估计，如 Newton - Rapson 算法：

$$\hat{\boldsymbol{x}}_{k+1}=\hat{\boldsymbol{x}}_k-\left[E\left\{\frac{\partial^2 Q}{\partial x^2}\mid_{\hat{x}_k}\right\}\right]^{-1}\left[\frac{\partial Q}{\partial x}\mid_{\hat{x}_k}\right]$$

其中$\hat{\boldsymbol{x}}_k=[\hat{\theta}_T,\hat{\phi}_T]^T$。递归方程使用主波束指向的角坐标初始化。

牛顿迭代法更普遍的表示方式为

$$\hat{\boldsymbol{x}}_{k+1}=\hat{\boldsymbol{x}}_k-(\nabla^2 Q\mid_{\hat{x}_k})^{-1}(\nabla Q\mid_{\hat{x}_k})$$

式中：∇Q 为 Q 的梯度，表示为$\nabla Q=\left[\frac{\partial Q}{\partial x},\frac{\partial Q}{\partial y}\right]^T$；$\nabla^2 Q$ 是 Q 的 Hessian 矩阵，表示为

$$\nabla^2 Q=\begin{bmatrix}\frac{\partial^2 Q}{\partial x^2} & \frac{\partial^2 Q}{\partial x\,\partial y}\\ \frac{\partial^2 Q}{\partial y\,\partial x} & \frac{\partial^2 Q}{\partial y^2}\end{bmatrix}$$

该算法需要求解∇Q、$\nabla^2 Q$ 矩阵，在本应用中，梯度矩阵和 Hessian 矩阵没有解析解，使用差分法得到其近似值。

对选择合适门限的 Q 函数比较发现，目标检测的虚警概率保持恒定。当检测预定单元时，采集附近单元的雷达信号，并进一步通过 MLE 算法处理得到目标的 DOA。流程如图 8.24 所示。

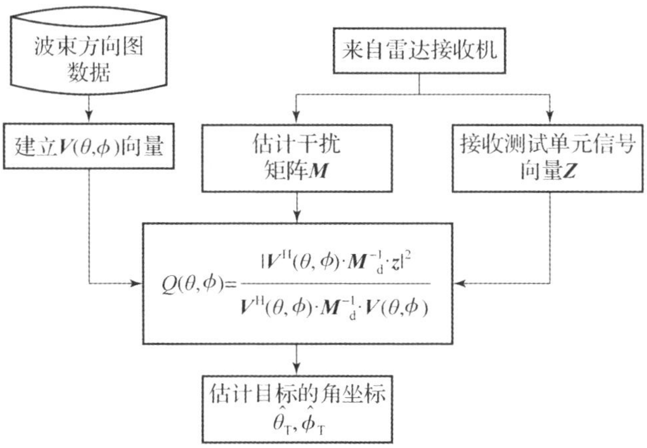

图 8.24　压制干扰下目标角度估计流程

8.6.2 角度估计实验

设比相单脉冲天线的波束宽度为5°，四个波束方向图如图8.25所示。

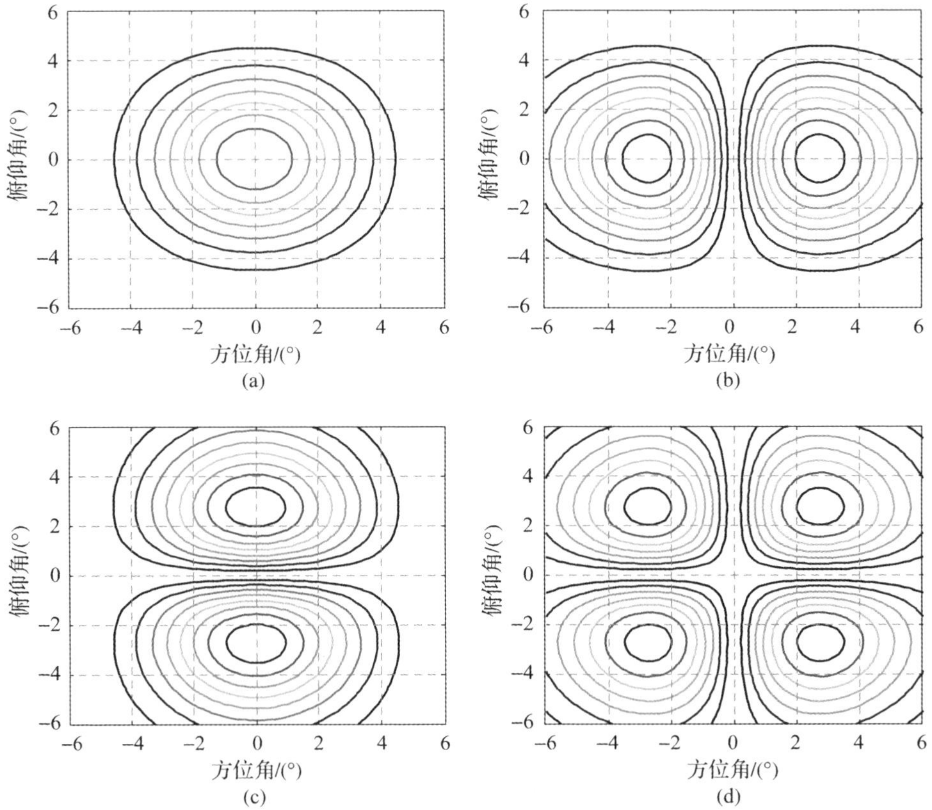

图8.25 比相单脉冲四个波束方向图

（a）和方向图；（b）方位差方向图；（c）俯仰差方向图；（d）对角差方向图。

目标角度为(1.1,1)，干扰角度为(−1.5,1.5)，Q函数随方位、俯仰角的变化如图8.26所示。从图中可以看出，Q函数在目标所在角度出现最大值。

仿真中利用牛顿迭代法求解Q函数的最大值，仿真结果如图8.27所示，可以看到，通过牛顿迭代法能够收敛到极大值，得到了噪声压制干扰下的目标角度。

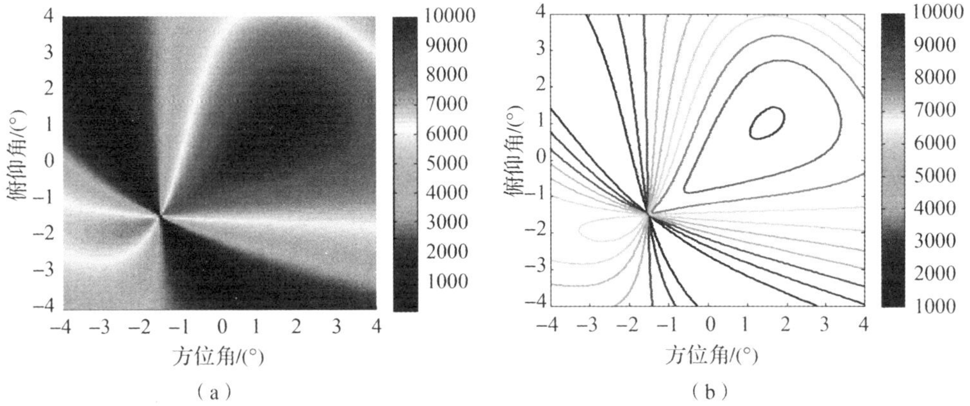

图 8.26　*Q* 函数

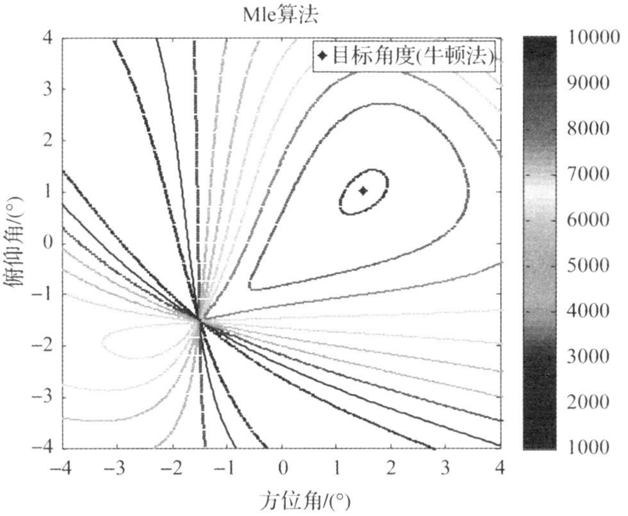

图 8.27　利用牛顿迭代法寻找最大值

8.7　基于对角差通道辅助的抗密集假目标干扰聚类处理方法

实战时，诱饵转发覆盖密集脉冲干扰，即在一个雷达信号相干处理周期内仅形成密集的干扰信号，在整个时域和频域遮盖了目标信号，达到欺骗和压制双重干扰效果。图 8.28 给出了拖曳式诱饵转发密集假目标干扰示意图。在一个相干处理周期内，形成多个假目标，超过门限的脉冲分为两类：干扰脉冲和重叠脉冲，此时常规单脉冲雷达无法区分真假目标。

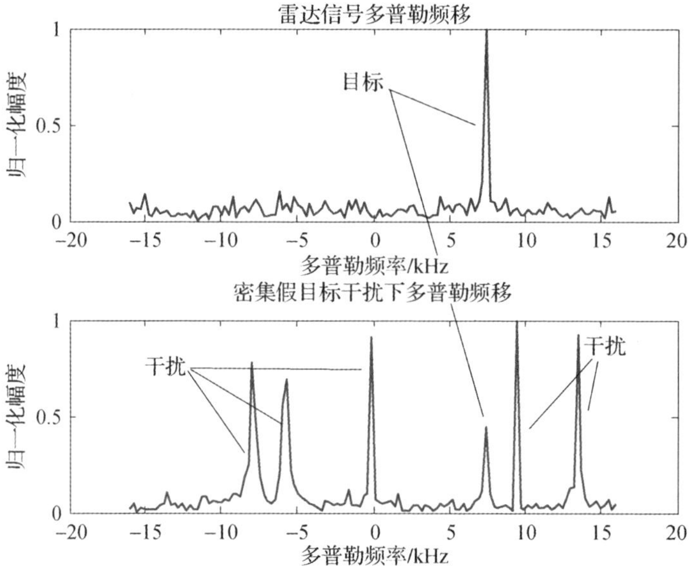

图 8.28　诱饵转发密集假目标干扰示意图

针对这种复杂的电磁干扰背景，图 8.29 给出了拖曳式诱饵转发密集假目标干扰环境下的自动目标检测识别流程图。首先将和通道信号与门限进行对比，此时一个相干处理周期内有多个脉冲超过门限，基于对角差通道获得逐个脉冲信号（包括干扰和目标重叠的脉冲信号）的角度信息差异，再根据脉冲重复频率和脉冲幅度等后验信息，提出目标和干扰分类识别方法，进而完成目标检测识别。

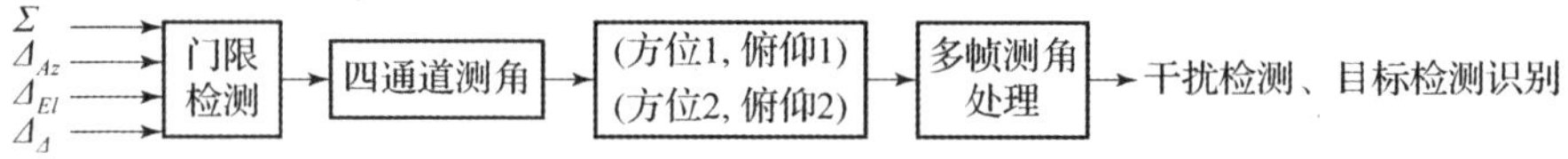

图 8.29　诱饵转发密集假目标干扰环境下自动目标检测识别流程图

有源拖曳式雷达诱饵能够实现角度欺骗、距离欺骗、速度欺骗，以其在实战中表现出的优良干扰效果，在现代空地电子对抗中占据着非常重要的地位。拖曳式诱饵主要用于飞机被敌方雷达锁定时实施的自卫式干扰，诱饵大多采用数字射频存储技术，转发的干扰信号和载机回波信号高度相似，对跟踪雷达形成双点源干扰，诱偏跟踪雷达的跟踪点，从而保护载机平台的安全。拖曳式诱饵通过电缆与被保护目标相连接，两者具有相同的运动特性，载机和拖曳式诱饵在距离、速度和角度分辨不出来，导引头的响应会成为两个射频源的复杂函数，这将产生一个角度误差，从而增加了导弹的脱靶距离。拖曳式诱饵的对抗研究一直是国内外抗干扰研究领域的一个热点问题。对抗拖曳式诱饵需要解决诱饵检测和目标与诱饵的分辨、识别问题。当前关于拖曳式诱饵干扰对抗的研究集中在干扰原理分析、干扰性能仿真和效果评估等方面，对干扰检测和识别的研究甚少。有文献提出基于瞬时匹配矩方法和模型简化似然求解得到了两目标角度估计的解析表达式，但是前提条件是已知两个目标的信号功率或者已知二者的功率比。利用干扰检测、雷达测量和跟踪等信息实现了对目标和诱饵相对功率比的估计。A. Sinha 和 Y. Bar – shalom 提出了基于接收回波条件分布的最大似然估计方法测量两目标的角度，L. F. Zhou 提出通过计算质心角度与聚类相结合的方法获取目标角度。这些方法均需要利用多个脉冲或多个相干处理周期进行处理，容易受到目标起伏的影响，并且降低了单脉冲雷达的数据率。据报道，美军最新型的拖曳式诱饵 ALE – 55 可通过三层防御来保护载机穿过威胁区域，实施压制、欺骗及诱偏：假设整个作战过程诱饵干扰转发密集假目标压制干扰，即可以在雷达的搜索阶段破坏对真实目标的检测，截获假目标干扰信号或是回波与干扰的混叠信号，跟踪阶段获得错误的角度信息，最终末制导阶段失败，形成兼具压制和欺骗的双重干扰效果，亟需探索新的技术途径进行对抗。对角差信号，也称之为二倍差、二阶差或者四极信号，是单脉冲雷达和差比较器附带的输出，一般会用加以负载终止该信号。很少有技术文献提及对角差信号。K. B. Yu 暗示该信号可能有助于提高单脉冲雷达的测角精度、抗主瓣干扰、波束内两目标分辨，然而当前单脉冲雷达中并没有充分利用该通道。对对角差通道特性进行了深入分析，联合和信号、方位差、俯仰差信号构建观测方程，提出了对波束内的目标和诱饵干扰的检测前二维角估计处理方法，多个 CPI 测角聚类数据处理完全能够有效分辨目标和诱饵，进而对真实目标进行跟踪。仿真试验证明了新方法的有效性。

诱饵进行转发式干扰时，对接收到的雷达信号进行复制、放大后发射出去，干扰信号与目标回波形成时域、频域重叠脉冲，是一种两点源干扰效果，雷达的测角结果位于两者的能量质心。

诱饵进行密集假目标干扰时，在一个脉冲重复间隔内，发射多个干扰信号，一部分干扰与目标回波重叠，其余干扰信号形成假目标。由于在时域、频域的密集性，使它能对雷达起到阻塞接收机、提高检测门限、形成多个假目标等作用。在这种情况下，雷达的测角结果取决于雷达的检测方法，如果雷达利用重叠脉冲进行测角，测角结果位于两者的能量质心；如果雷达利用假目标信号进行测角，测角结果为诱饵角度。由于密集假目标干扰信号具有相似性和密集性，雷达很难检测到目标信号。

1. 拖曳式诱饵的密集假目标信号模型

密集假目标干扰是继承了传统噪声干扰的压制性和欺骗干扰的欺骗性双重特点而出现的一种新的一体化的相干干扰信号样式。它与噪声干扰的区别在于它与雷达信号的匹配性，使它在进入雷达接收机后可以获得一定的信号处理增益；它与传统欺骗干扰的区别在于它的密集性，不同密集程度的假目标对雷达的干扰效果不尽相同，但是当假目标密集到一定程度，将会对雷达产生压制性干扰效果。

最常用的多假目标干扰通过侦察设备侦收并记录下雷达信号，然后通过一个雷达脉冲连接一个雷达脉冲地连续复制或下一个脉冲比上一个脉冲延时一个固定的但小于脉冲宽度的时间，从而形成一连串的假目标信号，完整脉冲复制的优势主要体现在其在雷达信号处理机里的脉压损失是最小的，通常这种干扰信号可以表示为

$$s_j(t) = \sum_{i=1}^{N} s(t - \tau_i) e^{j2\pi f_{di} t} \tag{8.73}$$

式中：$s(t)$为雷达信号；τ_i 为假目标延时；N 为形成的假目标个数；f_{di}为假目标的多普勒信息。

这些脉冲信号在时域上是重叠的，且这些脉冲信号之间具有较好的相干性，它被雷达处理后，几乎能在雷达所有的检测单元（距离、速度）中产生干扰信号。此种干扰信号的时域特性主要受延时 τ_i 的影响，即：τ_i 决定了假目标的密集程度及假目标之间的间距，且当（$\tau_i - \tau_{i-1}$）小于雷达脉冲宽度时，假目标干扰信号在脉压前将有一定的重叠。

不考虑多普勒信息时，完整脉冲复制多假目标干扰信号的频域特性也受到延时 τ_i 的影响，对式（8.73）进行傅里叶变换可以得到：

$$S_j(j\omega) = \sum_{i=1}^{N} S(j\omega) e^{-j\omega\tau_i} \tag{8.74}$$

当$\tau_i - \tau_{i-1} = \Delta\tau$时，式（8.74）变化为

$$S_j(j\omega) = S(j\omega) e^{-j\omega\tau_1} e^{-j\frac{(N-1)\omega\Delta\tau}{2}} \frac{\sin\left(\frac{N\omega\Delta\tau}{2}\right)}{\sin\left(\frac{\omega\Delta\tau}{2}\right)} \tag{8.75}$$

式（8.75）第二项为

$$\frac{\sin\left(\frac{N\omega\Delta\tau}{2}\right)}{\sin\left(\frac{\omega\Delta\tau}{2}\right)} \tag{8.76}$$

它是一个周期函数，且其包络具有 sinc 函数形状，周期为$\frac{1}{\Delta\tau}$，它决定了 $S_j(\mathrm{j}\omega)$ 的谱线的密集程度，即当 $\Delta\tau$ 越大，$S_j(\mathrm{j}\omega)$ 的谱线越密集，但此时假目标在时域上越稀疏。图 8.30 给出了雷达信号为线性调频信号时不同 $\Delta\tau$ 下的假目标干扰信号的时域波形和频谱，图 8.31 出了雷达信号为脉冲信号时不同 $\Delta\tau$ 下的假目标干扰信号的时域波形和频谱，其中 T 是信号脉冲宽度。当 $(\tau_i - \tau_{i-1})$ 为随机数时，假目标干扰信号在时域和频域都将变得没有规律。

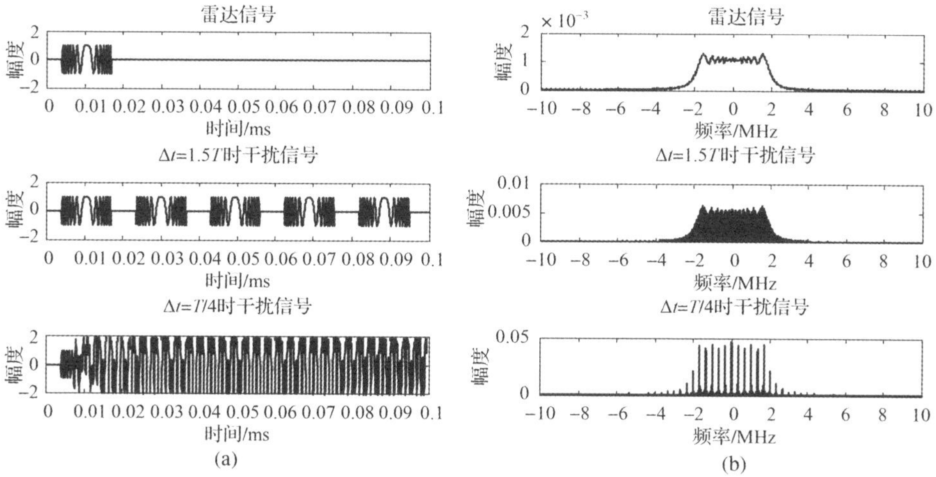

图 8.30　完整脉冲复制多假目标干扰的时频特性（线性调频信号）

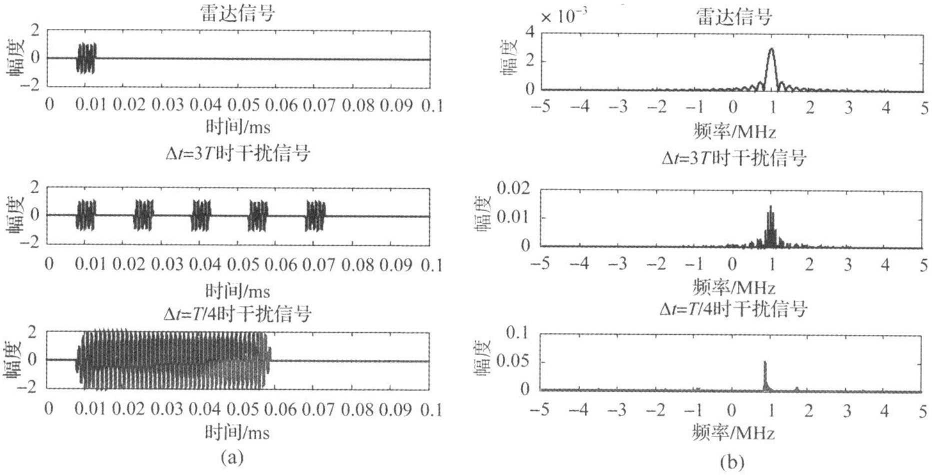

图 8.31　完整脉冲复制多假目标干扰的时频特性（矩形脉冲信号）

2. 对速度跟踪系统的干扰

雷达的速度跟踪系统利用目标的多普勒频移进行跟踪。当只有雷达信号时，经过一个相参处理间隔（CPI）的脉冲多普勒处理后，目标信号在多普勒域形成明显的尖峰，具有较高的信噪比，如图 8. 32 上图所示。在这种情况下，速度波门能够锁定目标，速度跟踪系统能够实现对目标的跟踪。当密集假目标干扰进行多普勒频移调制时，将在多普勒域形成多个假目标，如图 8. 32 下图所示，根据干扰策略的不同，通过不同的多普勒频移调制方式，假目标在多普勒域可以形成随机分布、均匀分布、跳变、缓变等效果，一部分假目标会和目标谱线重叠。此时干扰和目标均超过检测门限，跟踪系统无法区分干扰和目标，由于假目标很多，并且干扰信号的功率大于目标回波，速度波门将跟踪到假目标上，目标信号将逃离到雷达系统的跟踪波门之外。

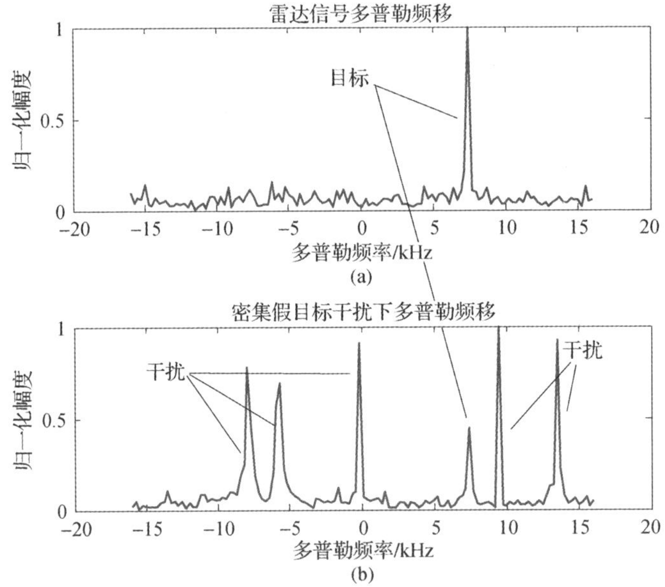

图 8. 32　密集假目标干扰下的多普勒特性

3. 对角度跟踪系统的干扰

单脉冲雷达的角度跟踪系统响应会因为诱饵的存在而发生变化。拖曳式诱饵的工作原理与非相干两点源干扰的原理是相同的。非相干两点源干扰是指落入雷达主瓣的两点源在相位上是无关的。诱饵干扰产生的效果是使雷跟踪在两点源的能量中心上，即跟踪点落在两者的连线上。图 8. 33 给出了诱饵干扰下单脉冲雷达的测角结果。从图中可以看出，经过多次测量，大部分测角值位于诱饵和目标的能量质心，另外一部分由于相位的影响位于两者的连线上。

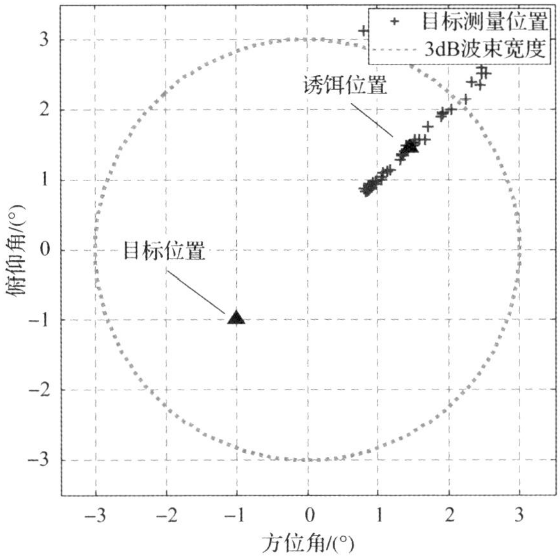

图 8.33 诱饵干扰下单脉冲雷达测角结果

4. 四通道单脉冲雷达对抗密集假目标干扰方法

从前面分析可知，常规的单脉冲雷达无法区分波束内的诱饵和目标。常规单脉冲雷达进行和差网络后，将对角差通道的信号接入匹配负载吸收，只保留了和通道、方位差通道、俯仰差通道。本节将对角差通道引出，提出了一种四通道单脉冲雷达，能够对诱饵和目标的重叠脉冲进行分离，得到诱饵角度和目标角度。在此基础上，针对包含不重叠脉冲的密集假目标干扰进行四通道测角，通过聚类可以分辨诱饵和目标。

5. 四通道单脉冲处理

图 8.34 给出了四通道单脉冲雷达结构图。与常规的单脉冲雷达相比，四通道单脉冲雷达充分利用了对角差通道的信息，能够对诱饵和目标的重叠脉冲进行分离，得到诱饵角度和目标角度。

可以看出，根据 8.5 节的方法直接利用四个通道的输出数据进行计算，就能分别得到目标和诱饵的信号幅度、角度信息，不需要两个目标的回波功率比、回波幅度概率分布等先验信息。

6. 检测前二维角估计

在转发式干扰下，诱饵和目标回波同时到达，四通道单脉冲雷达能够分离两者的角度。对于诱饵进行的密集假目标干扰，假目标数量较多，除了重叠脉冲，还有多个不重叠脉冲，对雷达信号检测和测角形成影响，需要将四通道单脉冲雷达测角方法进行进一步改进。

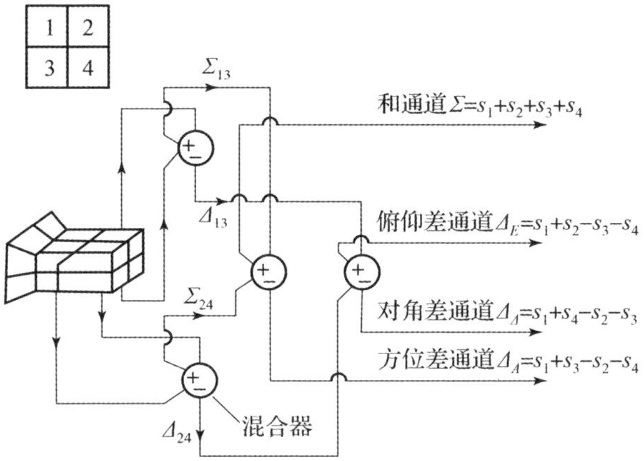

图 8.34　四通道的单脉冲雷达结构图

密集假目标干扰在一个周期内转发多个脉冲，在时域、多普勒频域形成多个假目标，时域假目标形成距离欺骗效果，多普勒频域假目标形成速度欺骗干扰，假目标较多时会导致无法检测到真实目标，形成压制效果。假设雷达为脉冲多普勒雷达，在多普勒域进行目标检测，将超过门限的峰值采样，然后进行测角。图 8.35 给出了密集假目标干扰下多普勒域特性。在密集假目标干扰下，超过门限的点可以分为两类，一部分为干扰与目标回波重叠，如图 8.35 中的采样点 A 所示，如另外一部分为干扰脉冲与目标回波不重叠，如图 8.35 中的采样点 B 所示。当使用采样点 A（重叠脉冲）进行测角时，利用上述的四通道单脉冲测角方法，可以分别得到诱饵和目标的角度；当使用采样点 B（不重叠脉冲）进行测角时，利用常规单脉冲测角就可以得到该脉冲的来波方向（诱饵）。在测角之前需要确定脉冲是来自两个方向的重叠脉冲还是来自一个方向的不重叠脉冲，理论上可以利用式 $\Sigma\Delta_{\Delta}=\Delta_A\Delta_E$ 来判断采样点是否为重叠脉冲，当采样点为不重叠脉冲时，说明该脉冲来自一个方向的信号，公式成立；当然采样点为重叠脉冲时，说明该脉冲为来自两个方向的信号，公式不成立。然而该判断方法对噪声比较敏感，可靠性较低。

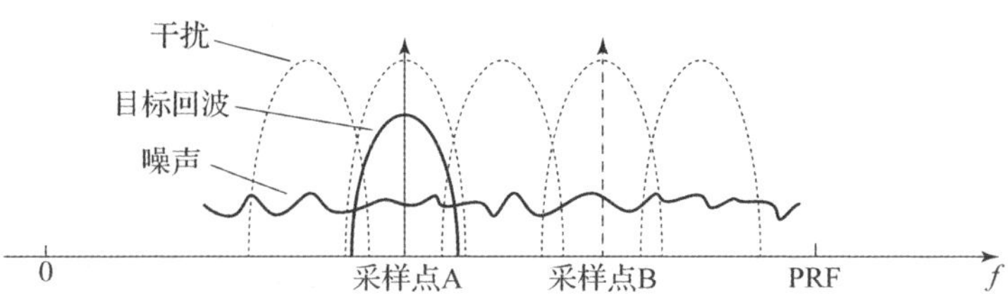

图 8.35　密集假目标干扰下多普勒域特性

在无法区分这两类采样点的情况下，为了测量目标角度，需要对所有超过门限的采样点进行四通道测角。四通道测角会输出两个角度，对于包含目标回波和干扰信号的采样点 A，输出为目标角度和诱饵角度，这种情况下的多个 CPI 测量结果如图 8.36 所示；对于只包含干扰信号的采样点 B，一个输出角度为诱饵角度，另一个输出角度为噪声导致的随机角度，并且该随机角度大部分位于波束宽度外，这种情况下的多个 CPI 测量结果如图 8.37 所示；如果对一个周期内所有的采样点进行四通道测角，经过多个周期测角后，测角结果如图 8.38 所示，可以分为三类，第一类是目标的位置，第二类是诱饵的位置，第三类是噪声导致的随机位置。

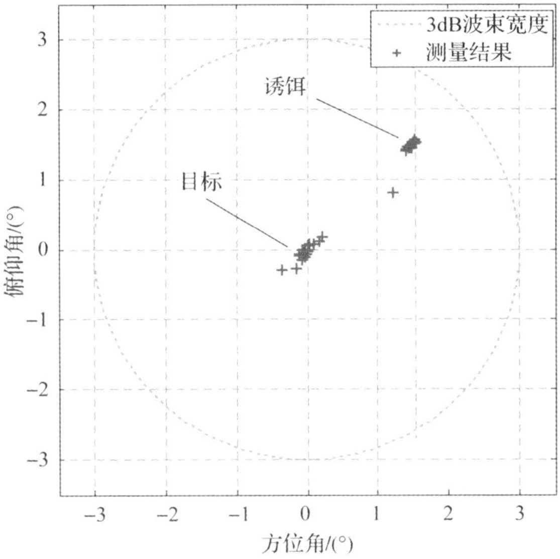

图 8.36　A 类采样点四通道测角结果

7. 多个 CPI 测角聚类处理

进行四通道测角后，将多个 CPI 的测角结果经过聚类处理可以得到目标位置和诱饵位置。K－means 算法是一种经典聚类方法，算法的核心内容在于迭代优化过程，通过不断优化平方误差准则，最终获得对数据集的 k 个划分，并得到其质心。从根本上讲这属于“爬山”算法的范畴，其具体流程可以归纳如下：

（1）随机选取 k 个实体，每个实体均视为一个簇的质心。

（2）按照距离最近原则，将剩余实体分别指派给最近的质心实体，并重新计算每个簇的质心。

（3）不断重复步骤（2），直到平方误差准则收敛，聚类过程完成。

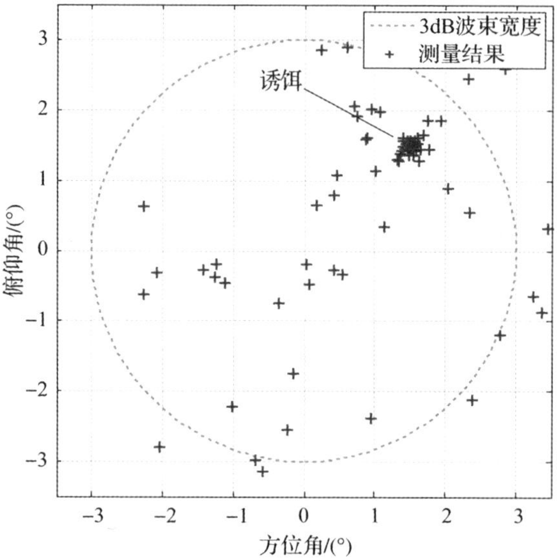

图 8.37　B 类采样点四通道测角结果

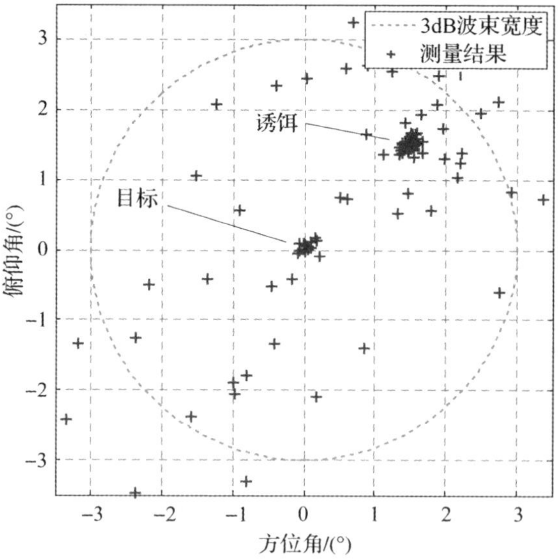

图 8.38　两类混合采样点的测角结果

平方误差准则定义如下：

$$E = \sum_{i=1}^{k} \sum_{p \in C_i} |p - m_i|^2 \tag{8.77}$$

式中：E 表示平方均方误差准则；p 表示空间实体；m_i 表示簇 C_i 的质心。

将四通道测角数据聚类处理后，数量较多的分类判定为诱饵测量位置，数量较少的分类判定为目标测量位置，并给出各自分类的质心位置，将目标分类的质心位置传输给自动跟踪系统，进行目标跟踪。根据实际需求，将诱饵分类的中心位置保留或者丢弃。

本节对诱饵转发密集假目标干扰下目标识别方法进行了性能仿真分析。雷达接收信号经过脉冲多普勒处理后与门限比较，将超过门限的采样点进行测角，雷达采用四通道比幅和差单脉冲测角体制。子天线波束形状为高斯波束，3dB 波束宽度 $\theta_B=6°$，目标角度为(0,0)，诱饵角度为(1.5,1.5)，均位于3dB 波束内，两者回波相位随机分布，干信比为 6dB，经过脉冲多普勒处理后目标回波信噪比为 SNR = 30dB，每个 CPI 周期产生 5 个假目标，因此每个 CPI 周期内有 $N=5$ 个采样点超过门限，其中有一个采样点包含目标回波和干扰信号，其余采样点为干扰信号，对 $M=20$ 个 CPI 周期的数据进行四通道测角后，得到的诱饵测角点位置为 100 个，目标测角点为 20 个，噪声导致的测角点为 80 个。在处理过程中，首先将远离波束范围的测角点剔除，得到的测角结果如图 8.39（a）所示，从图中可以看出，测角位置出现两个比较明显的聚集区，其中一个区域为目标位置，另一个区域为诱饵位置，除此之外还有若干噪声导致的随机点。对于自动跟踪系统，需要排除噪声和干扰，进一步确定目标位置。图 8.39（b）给出了聚类处理后的结果，从图中可以看出，K - means 聚类算法有效地将测角结果分为两类，并且按照两种分类内部测角点的数量关系正确地辨识出目标分类和诱饵分类，给出了各自分类的中心位置。目标分类和诱饵分类的中心位置与正确值非常接近，能够满足实际需求。

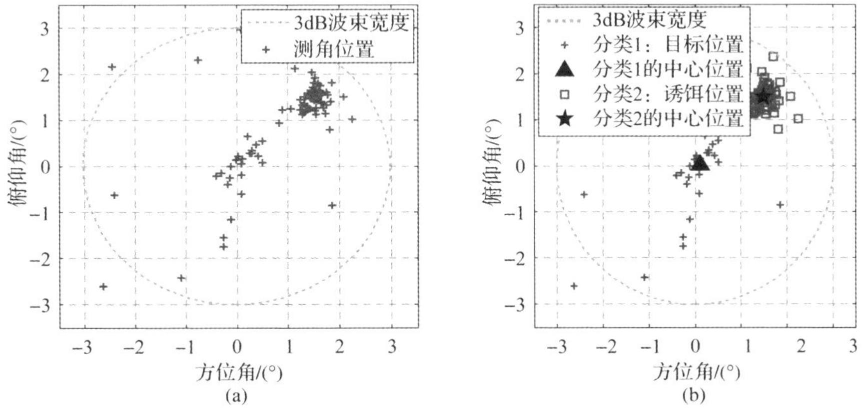

图 8.39　聚类处理

（a）测角结果；（b）聚类处理结果。

本节分析了拖曳式诱饵转发密集假目标的干扰机理，提出了一种四通道单脉冲雷达系统结构，提取和利用了雷达对角线差通道的接收信号，实现了对诱饵和目标的重叠脉冲进行测角，不需要两者的功率比、回波幅度概率分布等先验信息，计算过程简单高效。在此基础上，针对诱饵转发密集假目标干扰，将超过门限的信号进行四通道测角，多个 CPI 测角后进行聚类处理，得到目标和诱饵角度。对新方法进行了仿真分析，结果表明该算法能够在诱饵转发密集假目标干扰下给出正确的目标角度。

第9章　对角差天线方向图特性与抗干扰数据分析

9.1　理论特性

国防工业出版社出版的《单脉冲测向原理与技术》一书指出，对角差信号（也称为二倍差、二阶差、四极信号、双差信号（double difference signal），即本书的差差信号）与和信号的比值 Δ_Δ/Σ 在主轴附近灵敏度很小或者几乎没有灵敏度。对于单个目标，位于视轴附近时，几乎没有用处。对于两个目标，有六个未知量，常规处理方法是不可区分的，Δ_Δ/Σ 提供了额外的方程，6 个方程 6 个未知量，看起来求解方程就能得到两个目标的角度信息，但是当两个目标位于俯仰轴（或者同时位于方位轴），Δ_Δ/Σ 均为零，说明 Δ_Δ/Σ 灵敏度较低。

然而，上述文献的研究采用的归一化方法是 Δ_Δ/Σ，即对角差与和信号的比值。本书采用的归一化方法是与此不同的，以方位差和俯仰差信号作为基准进行了归一化，即 Δ_Δ/Δ_A、Δ_Δ/Δ_E，能够提高主轴附近的灵敏度。当两个目标位于俯仰轴（或者同时位于方位轴）时，随着导弹、拖曳式诱饵与目标的机动，该情况会一闪而过，仅为瞬间情况、小概率事件。

四个通道信号响应如图 9.1 所示。其中图 9.1 为比幅单脉冲，图 9.2 为比相单脉冲。

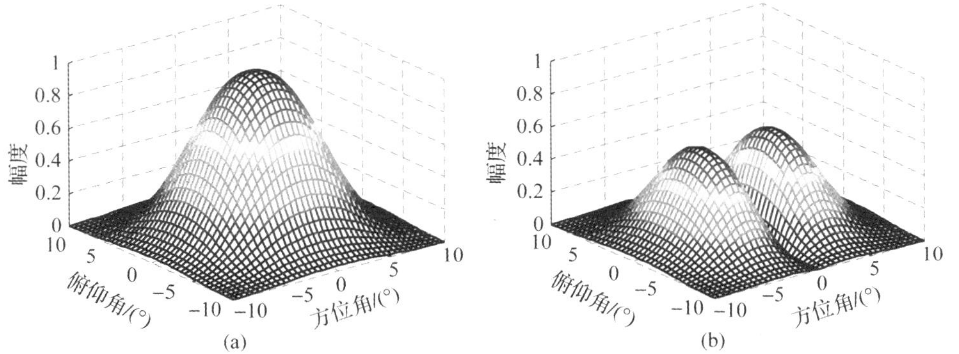

(a)　　(b)

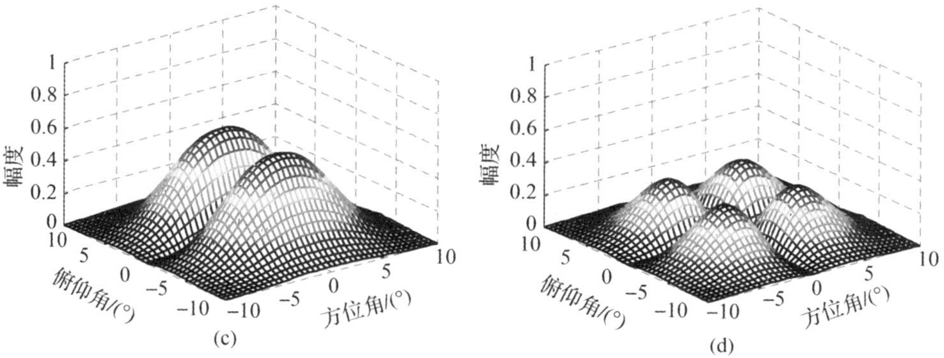

图 9.1　比幅单脉冲四个通道信号响应

（a）和信号；（b）方位差信号；（c）俯仰差信号；（d）对角差信号。

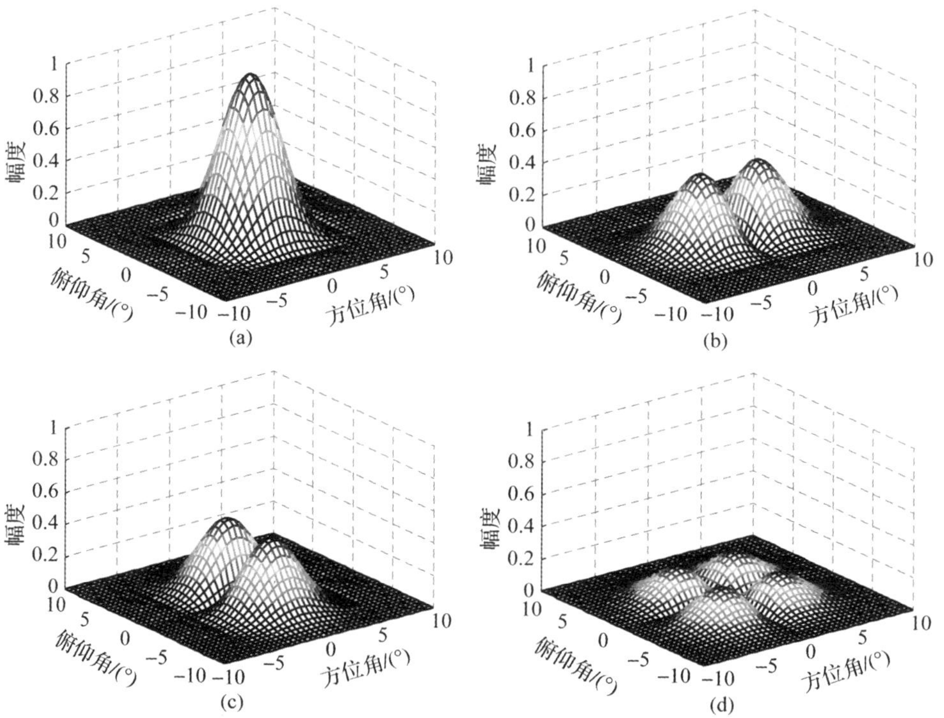

图 9.2　比相单脉冲四个通道信号响应

（a）和信号；（b）方位差；（c）俯仰差；（d）对角差。

不同角度区域的信号响应具有正负差异（对于复信号是反相），如图 9.3 所示。从图中可以看出，在俯仰轴和方位轴附近，虽然对角差通道的响应接近于零，但是在轴的两侧，具有相反的正负号，变化比较剧烈，因此具有较高的灵敏度。

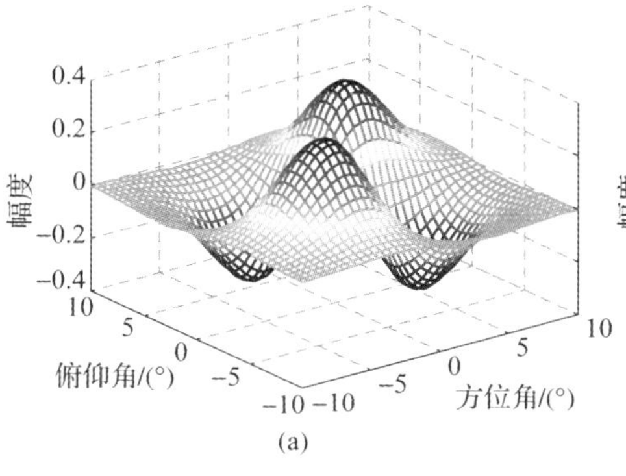

图 9.3　带正负号的对角差通道响应

（a）比幅单脉冲；（b）比相单脉冲。

图 9.4 给出了比相单脉冲雷达天线的 45°切面方向图的幅度和相位特性曲线。

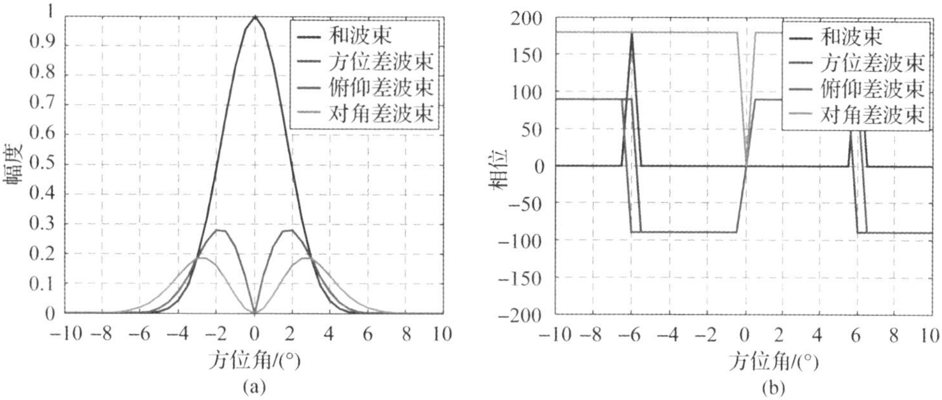

图 9.4　比相单脉冲幅相特性

（a）45°面方向图；（b）45°面相位方向图。

以下给出不同阵列结构的和通道、方位差通道、俯仰差通道、对角差通道的方向图。图 9.5 给出了矩形阵列四个通道对应的方向图，图 9.6 给出了圆形阵列四个通道对应的方向图。从图中可以看出，对角差通道的理想天线方向图是在方位和俯仰维对称分布、中心响应为零、测角线性区域响应显著的结构。受加工和通道非理想因素影响，会破坏方向图的零深和对称结构，为了达到理想的目标检测和识别性能，需要对方向图进行测量和内外校准。

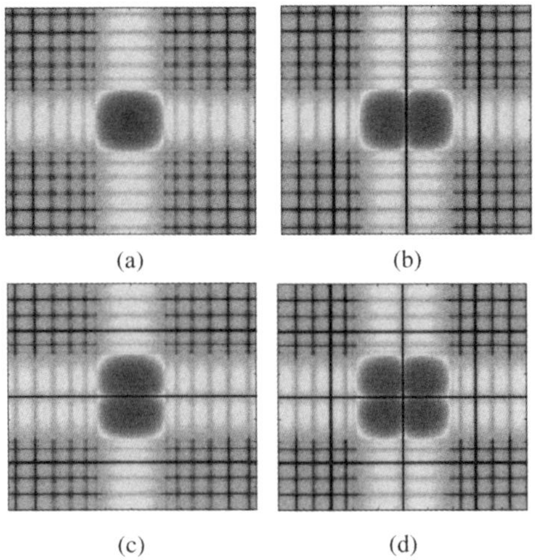

图9.5　矩形阵列四个通道方向图

（a）和波束；（b）方位差波束；（c）俯仰差波束；（d）对角差波束。

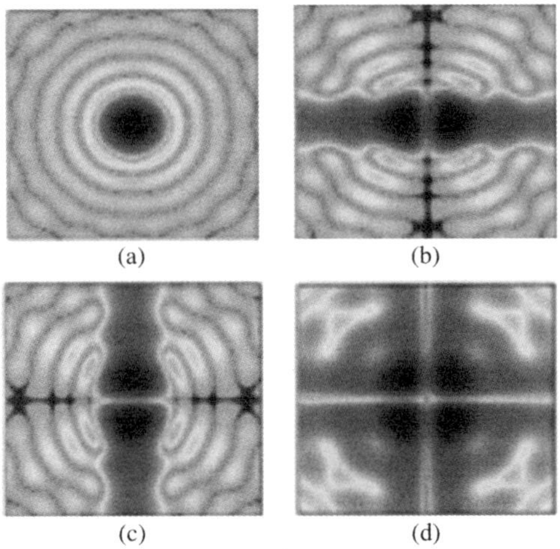

图9.6　圆形阵列四个通道方向图

（a）和波束；（b）方位差波束；（c）俯仰差波束；（d）对角差波束。

9.2　实测特性

前面几节的主要验证两目标角分辨算法，天线模型均采用了理想的高斯波束或者辛克函数波束。随着研究的深入，有必要对实际天线模型进行更加深入的分析。

图9.7给出了工作在Ku波段的天线阵结构，此天线阵为圆形结构，为了减小旁瓣电平，根据加权系数对天线阵元的位置进行特殊设计，并保持视轴附近的线性单脉冲比关系。

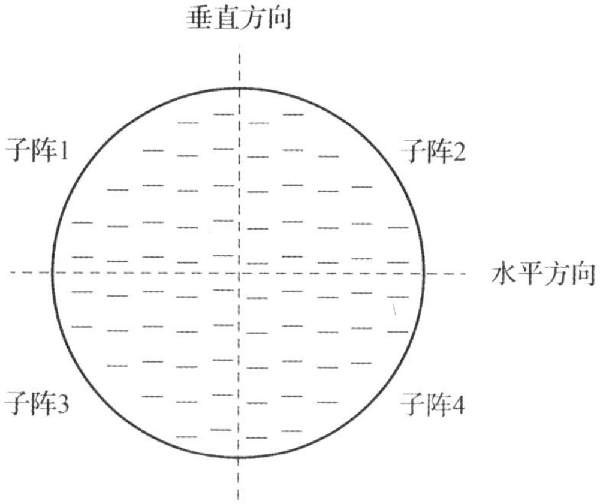

图9.7　Ku波段天线阵的阵元结构

1. 幅度方向图

图9.8给出了此天线四个通道的实测方向图，其中图9.8（a）为方位面的方向图，图9.8（b）为俯仰面的方向图，图9.8（c）为45°面的方向图，图9.8（d）为135°面的方向图。从图中可以看出，受加工误差的影响，对角差波束存在非理想特性，在中心位置有起伏。

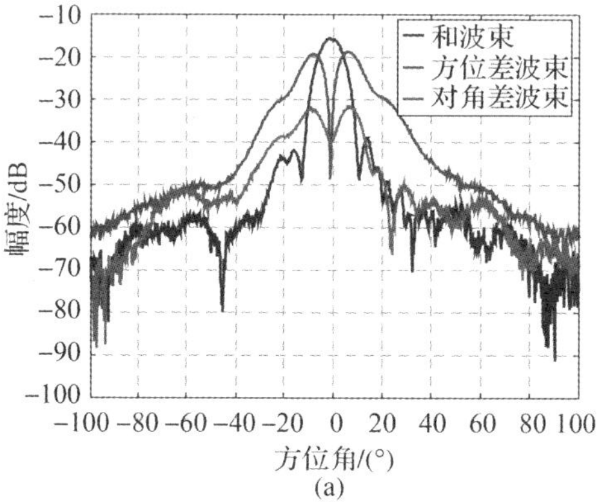

(a)

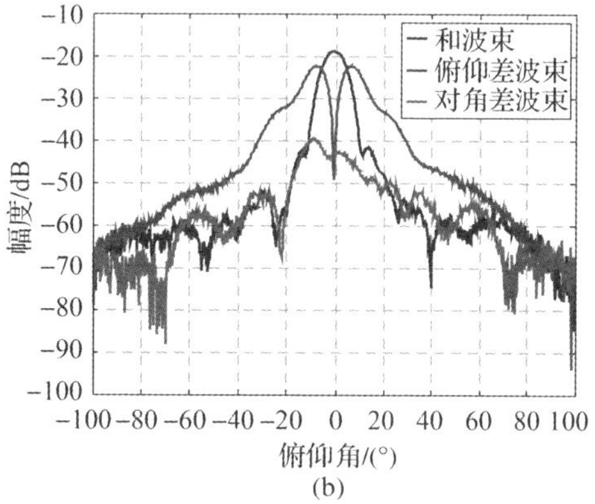

(b)

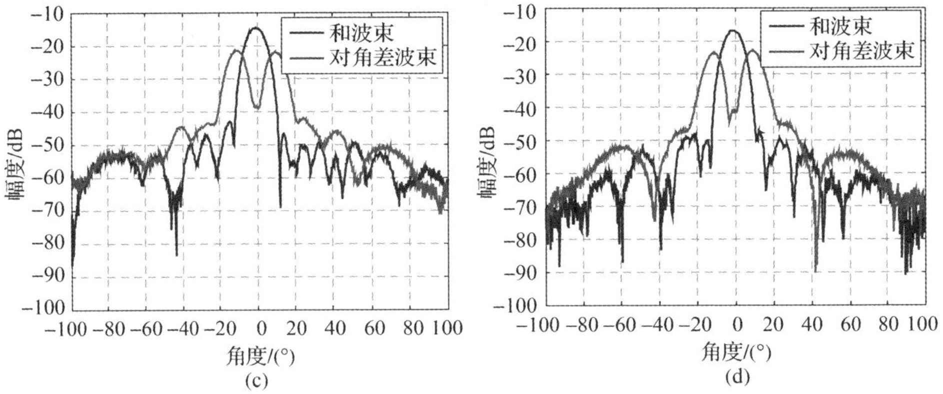

图 9.8　四个通道的实测方向图

（a）方位面；（b）俯仰面；（c）45°面；（d）135°面。

2. 相位方向图

从图 9.9 和图 9.10 中可以看出，方位差、俯仰差信号在主轴两侧有接近 180°相位差，方位差信号与和信号的相位差不为 90°，由于馈线长度存在差异，因此在实际使用中需要通过自检信号进行补偿。同理，俯仰差信号也需要补偿。

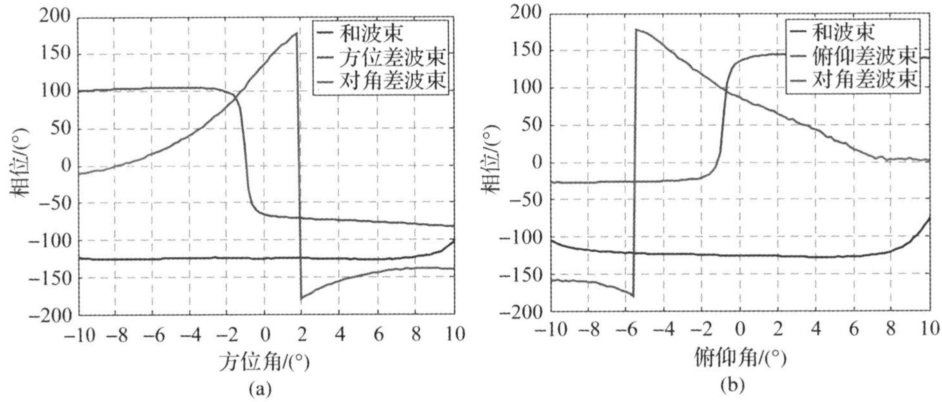

图 9.9　实测相位方向图

（a）方位面；（b）俯仰面。

经过相位补偿后的相位方向图如图 9.10 所示。

图 9.11 给出了不同切面的和波束幅度对比，从图中可以看出，45°切面的波束较窄，说明和波束方向图并不是旋转对称的。图 9.12 给出了不同切面的误差鉴别曲线，从图中可以看出，不同切面的误差鉴别曲线基本一致，说明天线的设计及加工精度较高。

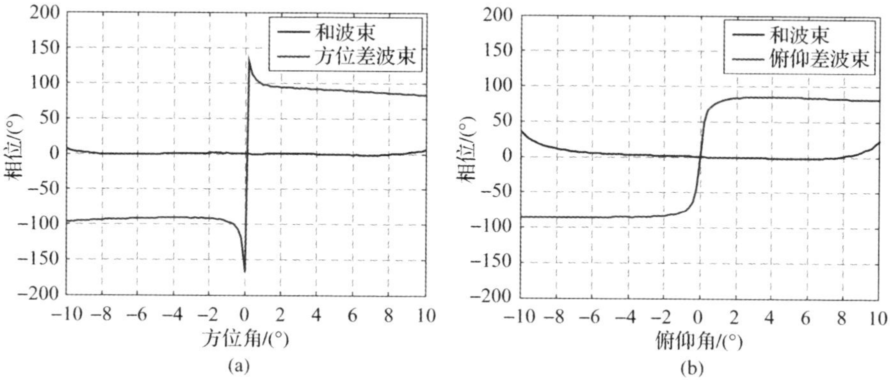

图 9.10　相位补偿后的结果

（a）方位面；（b）俯仰面。

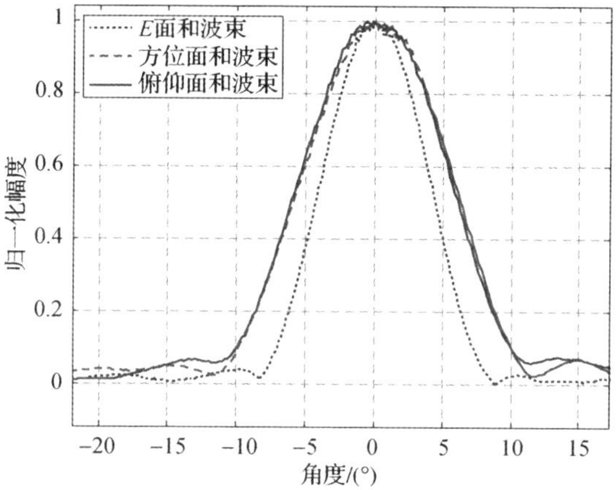

图 9.11　不同切面的和波束幅度对比

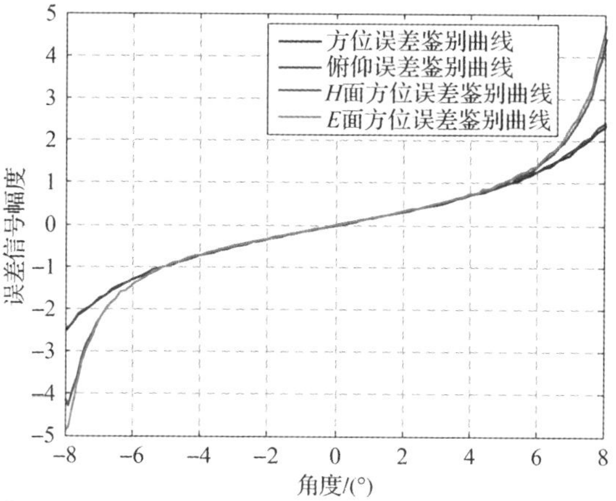

图 9.12　不同切面的误差鉴别曲线（虚部）

9.3 对某单脉冲雷达半实物仿真系统的角度分辨原理验证试验

1. 试验目的

验证基于对角差通道的角度高分辨方法的有效性。

2. 试验条件和设备

干扰模拟器、线极化标准天线、某四通道单脉冲雷达平台、毫米波暗室。

3. 试验内容

测量雷达的和支路、方位差支路、俯仰差支路方向图，分析角度鉴别曲线特性。雷达主瓣内设置两个辐射源，分别发射干扰信号和模拟目标信号，干扰源和目标源的相位特性保持随机，记录四个通道多普勒滤波器的中频采样原始数据，编写数据处理软件对原始数据进行处理，获得主瓣内目标和点源干扰的角度信息，对分辨算法进行验证。

4. 试验步骤

打开模拟器，同时输出两路信号，其中一路模拟目标回波，另一路模拟点源干扰，目标和干扰的空间角同时位于雷达天线主瓣内，试验场景如图 9.13 所示。此时，两路信号的极化方式和雷达导引头的工作方式一致。通过调整两个信号功率，使得单个通道内信噪比达到 25dB。

(a) (b)

图 9.13 试验场景

(a) 辐射信号源；(b) 四通道接收模块。

5. 幅度方向图实测结果

各个面的实测幅度方向图如图 9.14 所示。从图中可以看出，和波束、方位差波束、俯仰差波束特性比较理想。

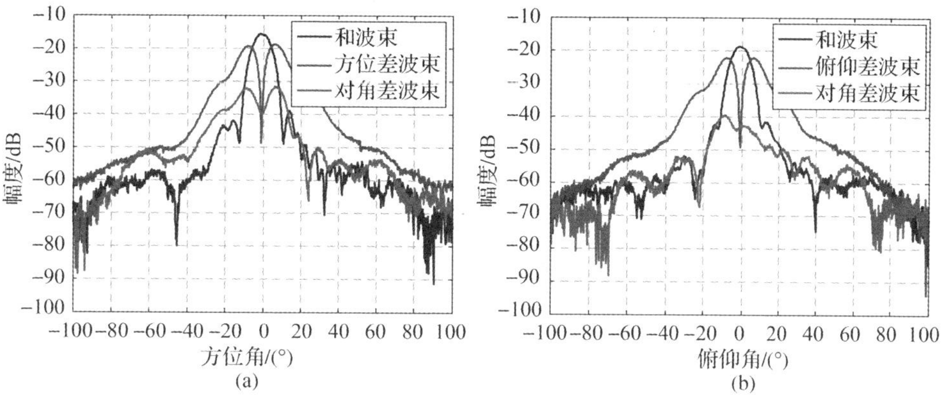

图 9.14　实测幅度方向图

（a）方位面；（b）俯仰面。

6. 角度鉴别曲线实测结果

俯仰面的角度鉴别曲线，在线性区间性能良好，主极化和交叉极化的结构类似，斜率接近。交叉极化的角度鉴别曲线（图 9.15）平坦度较差，存在明显起伏。方位面的角度鉴别曲线，在线性区间性能良好，主极化和交叉极化的结构类似，但是斜率相反。交叉极化的角度鉴别曲线平坦度较差，存在明显起伏。

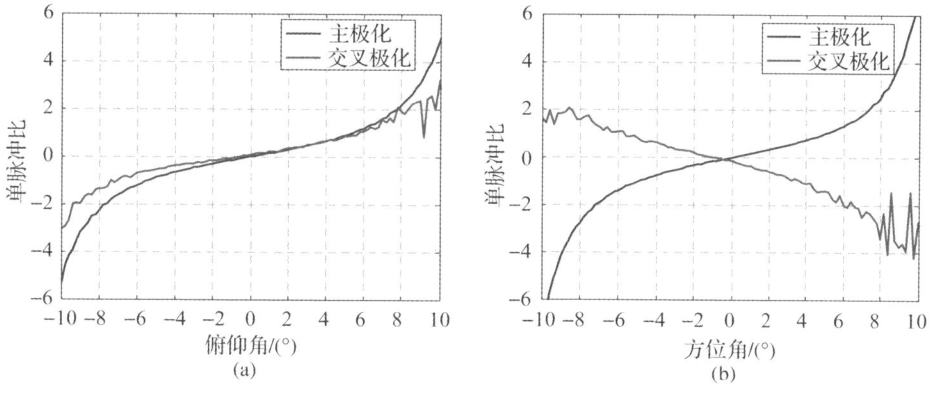

图 9.15　主、交叉极化的角度鉴别曲线

（a）俯仰面；（b）方位面。

7. 原始采集数据

四个通道匹配滤波后（峰值）的部分实测数据如表 9.1 和表 9.2 所列。

表 9.1　和通道、方位差通道实测数据

目标角度位置/(°)	和通道		方位差通道	
	实部	虚部	实部	虚部
单目标在 0	-6435.12	-2666.77	88.995	-14.399
单目标在右偏上(2.8,2.2)	3123.045	3638.39	-1517.16	-1675.18
双目标跟踪到中心	5676.249	-7481.26	-304.563	-189.957
	1931.433	9162.813	333.651	-104.127
	3766.106	-8603.94	-321	-67.317
单目标偏左(-0.83,-0.7)	-6479.91	-244.88	-860.204	-381.433
	-6189.57	811.438	-841.682	122.177
单目标偏右(1.8,1.4)	-1678.73	4794.695	482.278	-1405.51
	-517.759	-5081.14	216.931	1396.523

表 9.2　俯仰差通道、对角差通道实测数据

目标角度位置/(°)	俯仰差通道		对角差通道	
	实部	虚部	实部	虚部
单目标在 0	28.642	-119.408	-236.716	-176.02
单目标在右偏上(2.8,2.2)	-2155.58	69.599	376.444	-173.559
双目标跟踪到中心	-157.255	16.481	232.034	-341.059
	87.634	-162.477	100.001	397.128
	-188.66	94.971	167.874	-444.199
单目标偏左(-0.83,-0.7)	-813.734	395.35	-415.268	-117.355
	-486.295	684.288	-440.751	107.411
单目标偏右(1.8,1.4)	-721.47	-1185.94	-101.569	124.879
	1234.568	729.66	13.748	-63.858

8. 常规算法处理结果

利用常规三通道测角，方位差和俯仰差除以通道补偿系数，单脉冲比取实部，然后乘以角度曲线的斜率，计算得到的角度如表9.3所列。从表中可以看出，当只有一个目标时，测量结果与目标真实位置误差很小，与实际吻合。当存在两个目标时，无法分辨，测量结果为两者中心位置。

表9.3　常规算法测量结果

目标真实位置/(°)	常规算法测量结果	
	方位角	俯仰角
单目标在0	0.0738	0.0632
单目标在右偏上(2.8,2.2)	3.0790	2.5000
双目标跟踪到中心	0.0117	-0.0098
	0.0122	0.0012
	0.0367	0.0026
单目标偏左(-0.83,-0.7)	-0.8641	-0.7240
	-0.8897	-0.7475
单目标偏右(1.8,1.4)	1.9096	1.5193
	1.8078	1.5570

9. 角度超分辨算法处理结果

试验场景分为角度上的单一目标和双目标（辐射源），目标为垂直极化。在不同的信噪比、雷达极化等参数下，利用常规测角和四通道测角，测角数据如表9.4所列。从测量结果可以看出，只有单一目标时，常规测角和四通道测角方法都能给出正确的测角结果；当存在两个目标时，常规单脉冲测角无法进行区分，测量结果为两者中心位置，而四通道测角算法能够将两者分辨开，并分别给出了正确的测角结果。

表9.4　常规算法测量结果

试验场景	测角结果					
	常规测角		四通道测角			
	方位	俯仰	方位1	俯仰1	方位2	俯仰2
一个目标(1.8,3.2)，雷达垂直极化	1.8489	3.1287	1.7428	2.7649	—	—
	1.9588	3.1288	2.1108	2.8127	—	—
	1.8449	3.1221	1.9502	2.8229	—	—

续表

试验场景	测角结果					
	常规测角		四通道测角			
	方位	俯仰	方位 1	俯仰 1	方位 2	俯仰 2
一个目标(−3,−1.5),雷达垂直极化	−3.0518	−1.6056	−3.4276	−1.9197	—	—
	−3.1053	−1.5246	−3.5051	−1.9232	—	—
	−3.0220	−1.6169	−3.3944	−1.9887	—	—
上述两个目标(1.8,3.2)和(−3,−1.5),信噪比 20dB	−0.3367	1.2175	2.0817	3.4237	−2.9999	−1.2118
	−0.3101	1.2068	1.9495	3.2512	−2.8897	−1.1271
	−0.3528	1.1736	1.9022	3.1970	−2.9610	−1.1667
	−0.3521	1.2118	1.9211	3.1983	−2.8955	−1.0107
上述两个目标(1.8,3.2)和(−3,−1.5),信噪比 30dB	−0.3355	0.9704	−2.6995	−1.1550	2.0306	3.0977
	−0.5555	0.9540	−2.4410	−0.8522	2.2910	3.6808
	−0.3915	1.0820	−2.7803	−1.0479	2.0852	3.2903
	−0.4945	1.0350	−2.7621	−0.8816	2.0744	3.2060
	−0.5534	1.0528	1.6686	2.9607	−3.0613	−1.1006
一个目标(−2.6,2.6),雷达水平极化	−2.8498	2.8496	−2.6363	2.3763	—	—
	−2.7888	2.9938	−2.5745	2.5832	—	—
	−2.6980	2.9400	−2.5194	2.5821	—	—
	−2.8404	3.0340	−2.6132	2.5998	—	—
	−2.7335	2.9065	−2.5139	2.4740	—	—
一个目标(2.6,−2.3),雷达水平极化	2.8002	−2.5244	2.7163	−1.9337	—	—
	2.7372	−2.5729	2.7114	−2.0154	—	—
	2.8062	−2.5402	2.7302	−1.9479	—	—
	2.8353	−2.5350	2.7446	−2.1005	—	—
	2.6798	−2.5977	2.6296	−2.0102	—	—
一个目标(2.8,2.3),雷达垂直极化	2.9791	2.7343	2.9497	2.5057	—	—
	2.9280	2.6407	2.8256	2.4506	—	—
	2.7935	2.5942	2.7027	2.3696	—	—
	2.9113	2.6232	2.7801	2.4277	—	—
	2.9345	2.6249	2.8125	2.4622	—	—

第10章　双极化单脉冲雷达抗拖曳式诱饵干扰技术

单脉冲雷达测角技术大规模被用在高精度的跟踪制导雷达系统里，这种技术现在已经比较成熟。但是，如果有角度相近但不同的目标和干扰源一起存在于雷达主波束里时，在时域以及频域，目标回波都会产生部分带宽干扰，导致被覆盖，经过常规信号处理以后，目标没有办法被单脉冲雷达检测到，也有可能产生检测错误、跟踪干扰源等现象，物理空间目标以及干扰的加权平均就是单脉冲测角的输出，没有办法获取准确的角度指示，从而导致雷达角度跟踪系统的破坏。举例说明，对于美军的 ALE－60 拖曳式诱饵而言，在它进行干扰实施时，通常会用一个存在于导引头雷达波束、和真实目标十分“相似”的假目标进行模拟，并通过空间非相干两点源干扰相关原理发生相位波前畸变，对单脉冲雷达的角度测量过程进行干扰以及破坏，致使导弹失跟或误导攻击。如果想达到角度欺骗的目的，那么诱饵必须具备模拟目标载机相关特征的能力，从而使诱饵干扰信号和真实目标信号之间的差异尽可能缩小，这些差异方面包括距离、速度、信号幅度，调制域等，从而产生迷惑作用，干扰引头雷达的波束指向，使导引头分辨目标以及诱饵所用的时间尽可能延长，从而达到角度欺骗干扰效能的最大化。面对新型对抗条件，拖曳式诱饵干扰的信号也形成了新的变动，可以转发噪声压制干扰，使得干扰不仅具有角度欺骗的干扰效果，还具备了时域、频域压制的效果，对雷达检测、参数测量、目标跟踪等一系列过程产生了影响。

近些年，国内对拖曳式诱饵对抗的理论研究主要还是主要集中在通过增加角度超分辨来提高被动雷达导引头抗多点源诱饵诱偏的能力方面，信号处理相关硬件不断发展，抗诱偏技术也随之向工程化挺近。但是在主动雷达导引头抗有源拖曳式诱饵方面的学术讨论、研究较少，大部分还是停留在概念上，如进行多模复合制导、数据融合处理、双多基地雷达导引头等，在实际的技术层面分析还不够深入。有文献提出，采用极化信息进行机载拖曳式诱饵检测及抑制，建立单脉冲雷达测角系统中不同极化通道上，诱饵干扰以及雷达目标响应函数，然后依照函数特征差异检测干扰；国防科技大学提出了混合极化单脉冲系统抗主瓣压制式干扰的目标角度估计方法，在传统极化滤波输出数据过程中，遇到的剩余干扰、目标去极化效应因素，经正交极化和、差通道的极化滤波与极化的共同作用，完成目标角度估计。上述极化系统均要求单脉冲雷达具备全极化发射和全极化接收的能力，在系统复杂度、系统计算开销上面具有一定的实现难度，然而，可以看到，如何由极化域的角度出发，探索拖曳式诱饵有效对抗方法，设计方向性、指引性、具有工程实现前景的处理技术是目前抗干扰领域研究的一个重要方向。

10.1 双极化单脉冲雷达接收通道设计

从物理原理上看，无论是雷达目标还是诱饵干扰，在雷达照射波束内都可以看作两个独立点源目标，只是这两个点源目标发射信号不同，空间角坐标位置不同。由单脉冲原理可知，对于主瓣波束宽度内同时存在的两个目标，雷达是无法对其进行角度分辨的，所以也没有办法在进行目标和诱饵干扰的同时提取相关角度信息，以上原因就对当前雷达抗干扰能力产生了制约。对于电磁波而言，除了时域、频域以及空域信息以外，极化也是一种可以利用的重要信息资源，可以通过对极化信息的不断探索研究，从新的方面改进当前雷达探测系统性能。为了增加单脉冲雷达的抗拖曳式诱饵干扰能力，从极化信息角度出发，找到了一种新的手段，主要将雷达接收改进为双极化方式。对于常规单脉冲雷达而言，通常情况下对应的是垂直极化或者水平极化，单一的极化信号是它的发射、接收的信号来源。在实际操作过程中，无论是目标回波，还是主瓣复合干扰信号，都是垂直极化分量与水平极化分量同时存在的。如果单脉冲雷达的接收工作选取的是双极化方式，那么，就可以同时接收回波信号的水平极化分量和垂直极化分量。

如果单脉冲雷达天线的构成包括 A、B、C、D 四个象限，将它们接收到信号做线性组合，分别得到了俯仰差信号、和信号、方位差信号，并通过这一系列组合信号对目标角度进行测量。常规单脉冲雷达天线是单一极化的，只能获得单一极化分量的信号。本设计中，用双极化单脉冲雷达天线来替代单极化，具体如图 10.1 所示。所以，天线四个象限经过极化改造操作以后，对应的各路输出全为双极化，既包括一路水平极化，又包括一路垂直极化。每个象限有两路输出，四个象限就有 8 路输出信号，如图 10.2 所示，图 10.2 对应的就是经过改进处理以后的双极化单脉冲雷达接收机系统组成结构图。

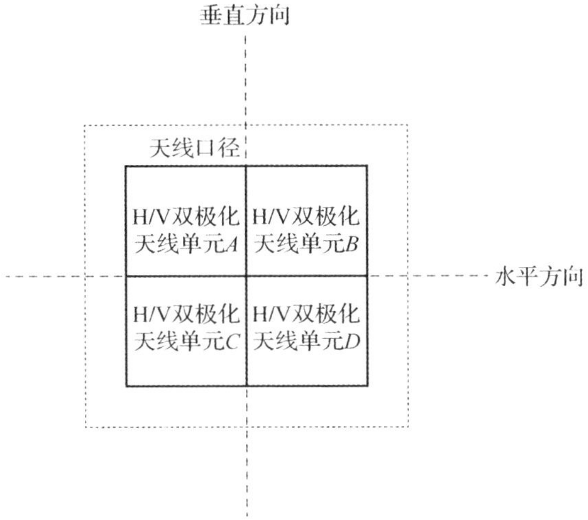

图 10.1　经改进处理后双极化单脉冲雷达天线四象限构成示意图

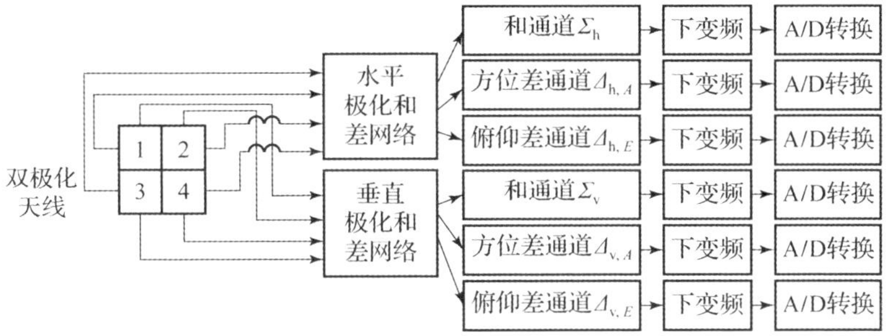

图 10.2　改进后的双极化单脉冲雷达接收机系统组成结构图

A 路的垂直极化输出 A_{v}，水平极化输出 A_{h}；

B 路的垂直极化输出 B_{v}，水平极化输出 B_{h}；

C 路的垂直极化输出 C_{v}，水平极化输出 C_{h}；

D 路的垂直极化输出 D_{v}，水平极化输出 D_{h}。

图 10.3 对应的是和差网络结构示意图，该网络包括水平极化和差网络以及垂直极化和差网络两部分，具有一样的结构。每路和差网络分别由四个和差器组成，提供四路输入，接收天线的输出信号，提供四路输出，其中的三路对应的是俯仰差信号、方位差信号以及和信号，第四路对应的是外接的负载。天线输出的 8 路信号，经过和差网络进行线性组合，形成 6 路输出信号，分别为：水平极化的和信号表示为 Σ_{h}、方位差信号表示为 $\Delta_{\mathrm{h},A}$、俯仰差信号表示为 $\Delta_{\mathrm{h},E}$，垂直极化的和信号表示为 Σ_{v}、方位差信号表示为 $\Delta_{\mathrm{v},A}$、俯仰差信号表

示为 $\Delta_{v,E}$。各符号的下标代表的意义分别是：v 代表的是垂直极化，h 代表的是水平极化，A 代表的是方位角，E 代表的是俯仰角。

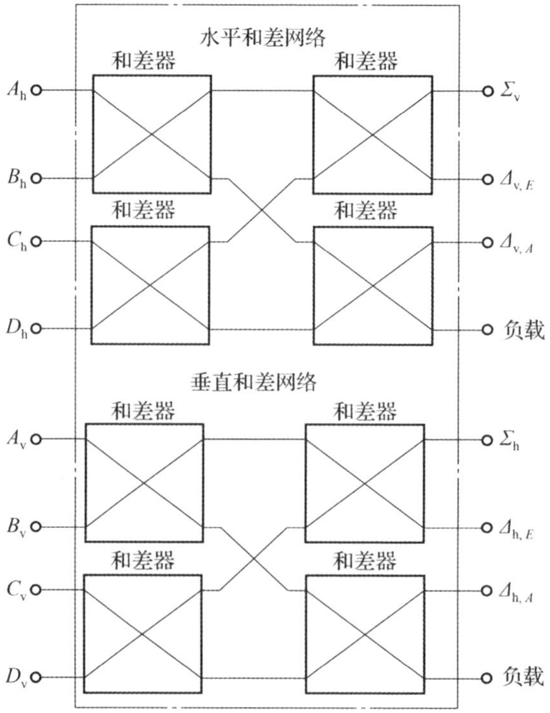

图 10.3　和差网络结构示意图

以上六路输出信号对应的 A、B、C、D 四象限的 8 出信号具体关系：

$$\Sigma_v = A_v + B_v + C_v + D_v \tag{10.1}$$

$$\Sigma_h = A_h + B_h + C_h + D_h \tag{10.2}$$

$$\Delta_{v,A} = (A_v + C_v) - (B_v + D_v) \tag{10.3}$$

$$\Delta_{v,E} = (A_v + B_v) - (C_v + D_v) \tag{10.4}$$

$$\Sigma_{h,A} = (A_h + C_h) - (B_h + D_h) \tag{10.5}$$

$$\Delta_{h,E} = (A_h + B_h) - (C_h + D_h) \tag{10.6}$$

10.2　极化解耦角度估计方法

在和通道中，如果将目标信号在垂直方向的极化分量响应用 Σ_{Tv} 表示，干扰信号在垂直方向的极化分量响应用 Σ_{Iv} 表示，当主波束内存在目标和干扰时，

各路信号的输出为目标信号和干扰信号的叠加。因此，垂直极化分量的和、差信号表示为

$$\Sigma_{v} = \Sigma_{Tv} + \Sigma_{Iv} \tag{10.7}$$

$$\Delta_{v,A} = k(\theta_{T,A}\Sigma_{Tv} + \theta_{I,A}\Sigma_{Iv}) \tag{10.8}$$

$$\Delta_{v,E} = k(\theta_{T,E}\Sigma_{Tv} + \theta_{I,E}\Sigma_{Iv}) \tag{10.9}$$

同理，水平极化分量的和、差信号可以表示为

$$\Sigma_{h} = \Sigma_{Th} + \Sigma_{Ih} \tag{10.10}$$

$$\Delta_{h,A} = k(\theta_{T,A}\Sigma_{Th} + \theta_{I,A}\Sigma_{Ih}) \tag{10.11}$$

$$\Delta_{h,E} = k(\theta_{T,E}\Sigma_{Th} + \theta_{I,E}\Sigma_{Ih}) \tag{10.12}$$

式中：T代表的是目标；I代表的是干扰；v代表的是垂直方向的极化分量；h代表水平极化分量；A表示方位方向；E表示俯仰方向；k为单脉冲雷达的角度鉴别曲线斜率；Σ表示的是和信号；Δ表示的是差信号；$(\theta_{T,A},\theta_{T,E})$表示的是目标的方位角以及俯仰角；$(\theta_{I,A},\theta_{I,E})$表示的是干扰的方位角以及俯仰角。

分别把式（10.7）、式（10.10）代入式（10.8）中、式（10.11）中，可以获得

$$\Delta_{v,A} = k\theta_{T,A}(\Sigma_{v} - \Sigma_{Iv}) + k\theta_{I,A}\Sigma_{Iv} \tag{10.13}$$

$$\Delta_{h,A} = k\theta_{T,A}(\Sigma_{h} - \Sigma_{Ih}) + k\theta_{I,A}\Sigma_{Ih} \tag{10.14}$$

如果把式（10.13）、式（10.14）均当作一元二次方程，选取消元法把$\theta_{I,A}$去掉。第一步是式（10.13）左右两边同乘$k\Sigma_{Ih}$，式（10.14）左右两边同乘$k\Sigma_{Iv}$，可以获得

$$\Delta_{v,A}k\Sigma_{Ih} = k(\Sigma_{v} - \Sigma_{Iv})k\Sigma_{Ih}\theta_{T,A} + k\Sigma_{Iv}k\Sigma_{Ih}\theta_{I,A} \tag{10.15}$$

$$\Delta_{h,A}k\Sigma_{Iv} = k(\Sigma_{h} - \Sigma_{Ih})k\Sigma_{Iv}\theta_{T,A} + k\Sigma_{Ih}k\Sigma_{Iv}\theta_{I,A} \tag{10.16}$$

将式（10.15）减去式（10.16）得到

$$\Delta_{v,A}k\Sigma_{Ih} - \Delta_{h,A}k\Sigma_{Iv} = [k(\Sigma_{v} - \Sigma_{Iv})k\Sigma_{Ih} - k(\Sigma_{h} - \Sigma_{Ih})k\Sigma_{Iv}]\theta_{T,A} \tag{10.17}$$

求解可以得到目标的方位角$\theta_{T,A}$：

$$\theta_{T,A} = \frac{\Delta_{v,A}k\Sigma_{Ih} - \Delta_{h,A}k\Sigma_{Iv}}{k(\Sigma_{v} - \Sigma_{Iv})k\Sigma_{Ih} - k(\Sigma_{h} - \Sigma_{Ih})k\Sigma_{Iv}} \tag{10.18}$$

进一步化简得到

$$\theta_{T,A} = \frac{1}{k} \times \frac{p\Delta_{v,A} - \Delta_{h,A}}{p\Sigma_{v} - \Sigma_{h}} \tag{10.19}$$

式中：$p = \Sigma_{Ih}/\Sigma_{Iv}$代表的是干扰信号对应的极化比，具体可以通过不同距离单元的干扰信号极化作用以后估计获取。

重复以上的操作步骤，获取得到目标对应的俯仰角：

$$\theta_{T,E} = \frac{1}{k} \times \frac{p\Delta_{v,E} - \Delta_{h,E}}{p\Sigma_{v} - \Sigma_{h}} \tag{10.20}$$

根据这个算法，就可以在干扰条件下进行目标的角度分辨。

由以上分析可知，如果想进行目标方位角以及俯仰角的确定，必须提前获取干扰信号的极化比 $p=\Sigma_{\text{Ih}}/\Sigma_{\text{Iv}}$。

在雷达主波束范围里，会有各个角度的目标以及干扰源存在，对于和通道而言，它的输出信号既包括目标信号，又包括干扰信号，由于干扰信号功率很强，目标信号被干扰信号淹没，干扰和目标信号功率比一般大于 15dB，即 $\Sigma_{\text{Tv}} \ll \Sigma_{\text{Iv}}$，$\Sigma_{\text{Th}} \ll \Sigma_{\text{Ih}}$，所以，对于垂直极化通道而言，它的输出是以干扰信号对应的垂直方向上极化分量为主；对于水平极化通道而言，它的输出是以干扰信号对应的水平方向的极化分量为主。

$$\Sigma_{\text{v}} \approx \Sigma_{\text{Iv}} \tag{10.21}$$

$$\Sigma_{\text{h}} \approx \Sigma_{\text{Ih}} \tag{10.22}$$

因此，干扰信号的极化特性（极化比）可以利用水平极化的和通道、垂直极化的和通道在多个距离单元或者速度单元的输出数据 $\Sigma_{\text{h}}(t),\Sigma_{\text{v}}(t)$，估计得到

$$p \approx \overline{\frac{\Sigma_{\text{h}}(t)}{\Sigma_{\text{v}}(t)}} \tag{10.23}$$

式中：t 为时间/频率标志。不同的 t 表示不同的距离/速度单元，根据上面的公式，干扰信号的极化比可以利用这两个极化通道中的输出信号进行极化估计得到，下一步是对估计得到的不同距离、不同频率单元下的极化比值取平均。

从上述算法中可知，不能对所有的采样单元的信号进行极化解耦合算法，要对目标信号和干扰信号共同存在的分辨单元进行相应的解算。因此，为了确定目标和干扰混叠的距离/速度分辨单元，要做一次和通道极化滤波预处理，提高该单元的信干比，即确定干扰所在单元。

以式（10.23）估计得到干扰极化矢量 $\boldsymbol{p}=[\cos\gamma,\sin\gamma e^{j\phi}]^{\text{T}}$ 为依据，以正交投影准则为基础，进行干扰抑制极化滤波器的设计。滤波器矢量 $\boldsymbol{H}$ 满足

$$\boldsymbol{H}=[\sin\gamma \quad \cos\gamma e^{-j\phi}]^{\text{T}} \tag{10.24}$$

式中：γ 表示干扰的极化倾角；ϕ 表示 δ_s 是干扰信号的极化角相差。

对两个和通道$(\Sigma_{\text{v}},\Sigma_{\text{h}})$做极化滤波处理，该和通道包含目标回波信号以及干扰信号两部分，获取到经预处理后对应和信号 Σ_{PF}。

$$\Sigma_{\text{PF}}=\boldsymbol{H}^{\text{T}} \cdot \begin{bmatrix} \Sigma_{\text{h}} \\ \Sigma_{\text{v}} \end{bmatrix} \tag{10.25}$$

两个和通道经过滤波后，干扰信号被显著抑制，可以根据滤波后的数据进行检测，搜索找到目标和干扰混叠所在的距离/速度分辨单元，并将该距离/速度分辨单元标记为 Ω，并将该 Ω 单元所在的 6 路原始信号（未经滤波处理过

的）提取出来，获取来自水平极化以及垂直极化两部分通道输出构成的和信号 $\Sigma_{\mathrm{v}}(\Omega),\Sigma_{\mathrm{h}}(\Omega)$，获取来自水平极化以及垂直极化两部分通道输出构成的方位差信号 $\Delta_{\mathrm{v},A}(\Omega),\Delta_{\mathrm{h},A}(\Omega)$，获取来自水平极化以及垂直极化两部分通道输出构成的俯仰差信号 $\Delta_{\mathrm{v},E}(\Omega),\Delta_{\mathrm{h},E}(\Omega)$，将以上各值代入公式以后，就可以得到目标的方位角以及俯仰角。

10.3 双极化单脉冲角度估计步骤和实验

在两点源干扰情况下，双极化单脉冲雷达进行测量目标角度的具体流程图参考图 10.4。按照处理的时间顺序，先利用两个和差网络输出的水平极化和信号与垂直极化和信号（干扰起主导作用），得到复合干扰信号对应的极化比，然后进行极化滤波器的设计，同时利用极化滤波预处理对两路和通道进行操作，该处理的目的在于根据输出数据找到目标和干扰混叠的所在的距离/速度分辨单元。滤波后干扰信号会受到显著抑制，大幅度改善信干比，如图 10.5 所示，检测到目标、干扰混叠的单元后，对该单元所处的 6 路信号的距离/速度分辨单元采用本书提出的极化解耦角估计方法，估计出目标的方位和俯仰角。

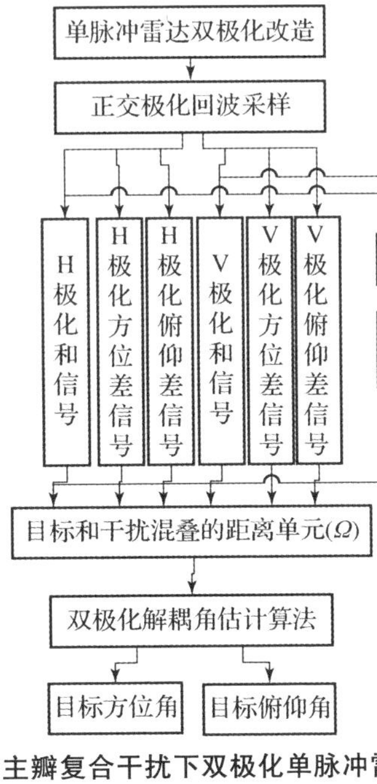

图 10.4　主瓣复合干扰下双极化单脉冲雷达目标角度测量流程图

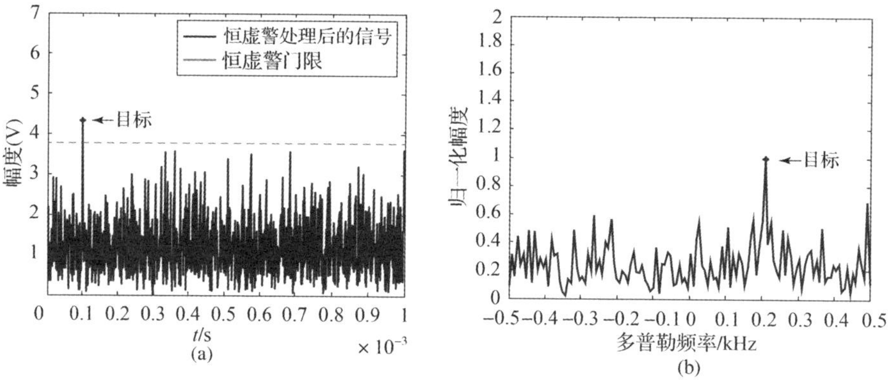

图 10.5　和通道极化滤波预处理后，目标/干扰混叠单元的检测结果

(a) 恒虚警门限检测（有干扰）；(b) 雷达信号多普勒频移。

算法步骤如下：

(1) 将单脉冲雷达改为单极化发射，双极化接收工作方式。

(2) 依照和通道对应输出信号，求解复合干扰信号对应的极化比。

(3) 和通道极化滤波预处理，提高信号干扰功率比，搜索目标和干扰混叠的距离/速度分辨单元。

(4) 针对搜索后得到的混叠单元，采用双极化解耦角估计方法。

仿真实验中，雷达工作在 10.4GHz，发射极化为垂直极化，雷达的波束宽度为6°，目标位于主瓣内(-1，-1)°；雷达发射信号经过目标极化散射矩阵的调制，回波信号极化接近为79°斜极化，雷达接收机可以同时进行水平极化和垂直极化接收，射频通道自身具有的信噪比 SNR 为 20dB。干扰源位于主瓣内(1.5，1.5)°，干扰机以 10MHz 的带宽产生噪声调频信号，干扰信号功率较大，和目标信号功率比 ISR = 20dB，美军报道的拖曳式诱饵天线一般是 45°斜极化，因此仿真中设置干扰极化为 45°斜极化。干扰信号的相位和目标回波的相位没有保持稳定的数学关系，形成非相干两点源干扰。此时目标信号就会被干扰信号彻底压制，导致在时域内进行目标信号检测失败，而目标信号的频率也被干扰信号彻底掩盖，此时目标信号完全被压制，目标信号在频域无法检测，如图 10.5 所示，因此无论是时域还是频域，诱饵转发的噪声干扰能够压制目标信号。

根据本书给出的处理步骤和处理方法，进行了蒙特卡罗仿真实验，图 10.6 给出了在干扰条件下双极化单脉冲雷达目标角度计算结果，每个干扰和目标叠加信号都可以解算一次角度，解算 100 次。可以看出，估计得到的目标角度与目标真实角度非常接近。仿真数据表明采用本方法，可以准确得到干扰下目标对应角度的估计值。为了分析本算法的角度估计性能，假设雷达系统存在非理想或扰动的因素，干扰的极化估计存在偏差，设干扰的极化估计误差在 0 ~ 0.2

范围内随机变化，相位估计误差为15°，通过数值仿真来分析干扰条件下的角度估计值和真实值的偏差，如图10.7所示。仿真数据表明，当极化比估计误差增加时，对应的雷达目标的角估计误差也会随之增加，也就是说如果干扰的极化估计误差减小，对应的雷达目标的角度估计误差也相应减小。当极化估计偏差处于仿真所设置的变化区间里，估计得到的目标角度的精度是很高的。大量内外场实验表明，极化估计偏差主要取决于天线的极化隔离度、两正交极化通道的幅相一致性、时/频域极化估计算法等，该误差都可以通过内场实验进行自校准。

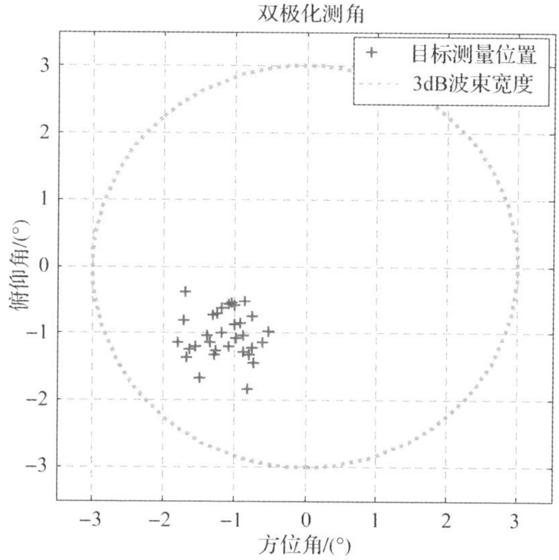

图10.6　干扰条件下目标角度估计结果

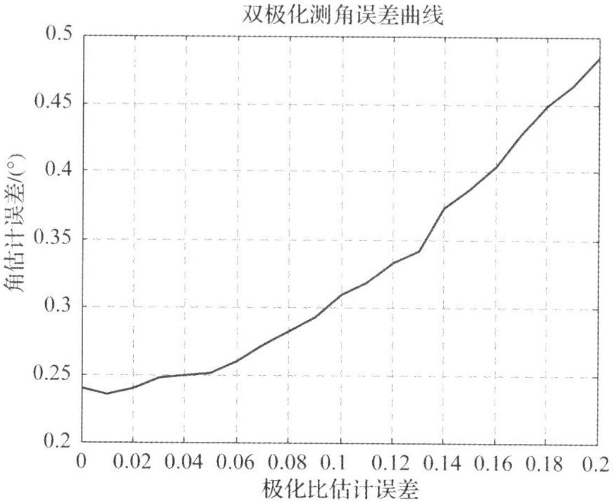

图10.7　不同极化估计偏差条件下目标角度估计性能

第11章　箔条干扰及极化反干扰技术

精确制导武器在现代战争中的作用日益重要，在近年来的历次局部战争中，精确制导武器已成为决定战争胜败的关键。目前，世界各军事强国都在大力加强各类精确制导武器的研制。反舰导弹是现代海战中的重要进攻武器，在国土安全特别是领海安全防护中占有至关重要的地位。末制导雷达导引头是反舰导弹的关键装置，反舰导弹攻防对抗很大程度上是围绕雷达导引头的电子对抗。雷达导引头在对目标截获和跟踪的过程中，面临的电磁环境极其复杂，不仅有自然干扰（如地杂波、海杂波和气象杂波等），还有人为干扰（包括各种无源干扰和有源干扰），其中，箔条干扰造价低廉，应用也最为广泛，是雷达导引头面临的最主要的干扰之一。

箔条干扰按用途分为压制式干扰和欺骗式干扰，箔条用来干扰反舰导弹雷达导引头属于后者，即利用箔条干扰形成假目标，影响雷达的目标测量和识别等方面。如何提高雷达导引头的抗箔条干扰能力一直是个备受关注的问题。关于该问题的解决思路目前主要有以下几种：基于多普勒处理的抗箔条技术，基于宽带的抗箔条技术，基于极化信息的抗箔条干扰技术。本章针对箔条干扰在舰船自卫中的应用，基于箔条干扰和舰船目标的极化特性差异，研究反舰导弹极化雷达导引头抗箔条干扰的技术和方法。

本章首先对箔条干扰在舰船防护中的应用进行了介绍，对箔条冲淡干扰和质心干扰的使用方式以及干扰效果进行了分析，并就反舰导弹抗箔条干扰的现状进行了介绍；然后，针对箔条干扰和舰船目标可分辨的情况，首先对箔条干扰和舰船极化角的统计特性进行了理论推导，基于箔条干扰和舰船的极化特性差异，提出了基于目标极化角均值和均方根的箔条干扰识别方法，并利用实测数据验证了该算法的有效性；最后，针对箔条干扰和舰船目标不可分辨的情况，分析了箔条干扰对雷达目标角度测量的影响，在此基础上提出了基于极化对比增强的抗干扰方法，有助于提高雷达目标的角度测量精度。

11.1 箔条干扰在舰船防护中的应用

用于对抗反舰导弹保护舰艇时，箔条干扰通常有四种作战使用方式：迷惑干扰、冲淡干扰、转移干扰和质心干扰。其中，迷惑干扰是针对反舰导弹发射平台的雷达探测系统的干扰，其余三种都是针对弹上末制导雷达的干扰，转移干扰是一种无源干扰和有源干扰相结合的方式，通过距离拖引使雷达的跟踪转移到箔条干扰上，在实际中使用不多。箔条冲淡干扰和箔条质心干扰，是分别针对反舰导弹对舰船目标锁定前和锁定后使用的箔条干扰，使用最为广泛，本章主要针对这两种情况进行分析。

11.1.1 冲淡干扰

冲淡干扰用于反舰导弹的目标搜索阶段，目的是破坏导弹末制导雷达对目标的正常捕捉，诱偏其捕捉假目标。在末制导雷达开机搜索前，舰艇向其周围发射若干枚箔条弹，形成多个假目标，真假目标混在一起，使得末制导雷达难以辨别真假，降低其捕捉舰艇的概率，如图 11.1 所示。箔条弹的发射距离因具体反舰导弹末制导雷达的天线波束宽度而异，必须确保箔条云和舰艇不能处于末制导雷达的同一分辨单元之内，否则起不到冲淡的作用。

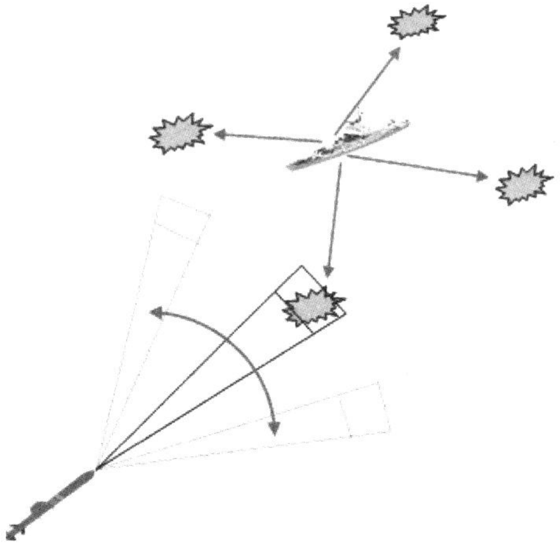

图 11.1　冲淡干扰示意图

反舰导弹雷达导引头开机后按照一定的准则对特定的海域进行目标搜索，图 11.2 给出了冲淡干扰释放前后雷达导引头目标搜索过程中雷达回波的对比。其中，图 11.2（a）为冲淡干扰释放前，目标搜索过程中的雷达回波，由于海面上只有一个显著的舰船目标，雷达导引头可以很容易地捕捉到该目标。图 11.2（b）为箔条冲淡干扰释放后，使用了 4 发箔条弹，可以看出雷达搜索到 5 个目标，包括一个舰船目标和 4 个箔条干扰形成的假目标，雷达导引头必须从中选择一个目标作为跟踪和下一步打击的对象，这样就降低了舰船目标被打击的概率。如果雷达导引头从 5 个目标中等概率地进行选择，那么舰船目标被锁定的概率降为原来的 20%。

(a)

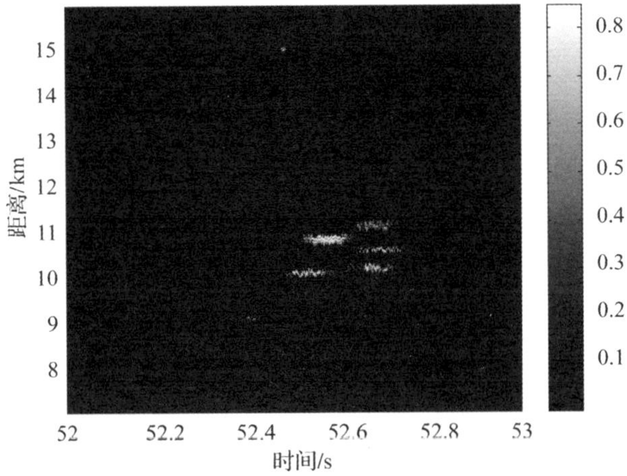

(b)

图 11.2　冲淡干扰的实测数据分析

（a）冲淡干扰释放前；（b）冲淡干扰释放后。

11.1.2 质心干扰

箔条质心干扰主要是干扰末制导雷达的跟踪段。当舰船被雷达导引头锁定，制导雷达进入跟踪段时，在舰艇所处的雷达分辨单元内，箔条投放器向舰艇一侧几百米处发射箔条弹，舰艇根据导弹方向、自身航向、航速以及风速、风向等因素迅速机动，当目标驶出雷达波束后，雷达的跟踪点将转移到箔条诱饵上，错误跟踪并攻击箔条干扰，质心干扰的示意图如图11.3所示。

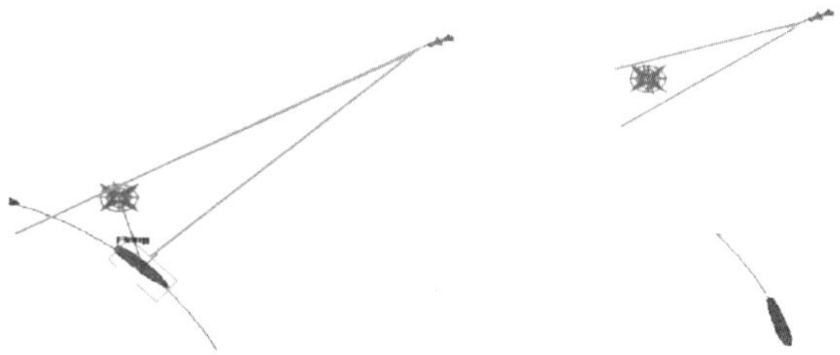

(a) (b)

图11.3 质心干扰示意图

（a）箔条抛撒初期；（b）目标成功逃脱。

箔条质心干扰的干扰过程一般可划分为两个阶段：

（1）实施质心干扰初期，箔条诱饵布设在目标附近，二者都处在雷达的波束范围内，且处于雷达的同一个分辨单元之内，使雷达跟踪二者的合成质心，通常箔条的RCS大于舰船目标，合成质心靠近箔条干扰方向。

（2）由于雷达的跟踪范围内包括多个距离分辨单元，如果雷达导引头的距离分辨率足够高，一般情况下，在目标移出跟踪门或雷达波束之前，一般舰船和箔条干扰会首先在距离上可以分辨。此时箔条干扰和舰船虽然不处在同一距离分辨单元内，但箔条干扰和舰船目标都处在雷达的波束宽度内，且都处在雷达的距离跟踪门内，所以雷达将会检测到两个目标的回波。现有雷达导引头一般不具有多目标跟踪能力，雷达根据最近邻等航迹关联准则，将测得的雷达目标点迹与原有航迹关联，由于第一阶段时雷达导引头跟踪箔条干扰和舰船的质心，且质心靠近箔条干扰，所以雷达导引头很可能选择箔条干扰而进行继续跟踪。

图11.4给出了某雷达导引头在箔条质心干扰外场试验中的实测数据。其中，距离分辨力为52.5m，跟踪门的宽度为1km。在开始阶段，雷达导引头捕捉到舰船目标，并进行稳定跟踪，然后舰船施放箔条质心干扰，从图上可以看

出，在大概 10~15s 后，雷达已经可以将箔条和舰船在距离上分辨开，二者都位于跟踪门内，所以雷达将会检测到两个目标。

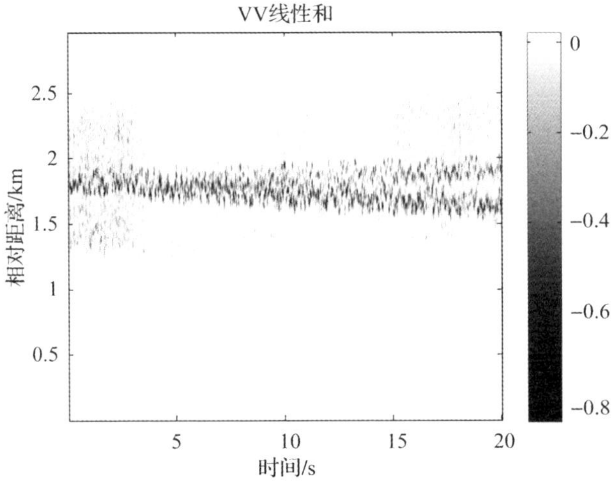

图 11.4　质心干扰的实测数据分析

箔条质心干扰不仅影响雷达的信号处理，还影响雷达的数据处理。在第一阶段，即箔条质心干扰投放初期，雷达无法将箔条和舰船在距离上分辨开，此时雷达检测到的目标为箔条干扰和舰船合成的结果，雷达对目标的量测值特别是角度测量值将偏差舰船的真实值，此时角度测量值的均值为舰船和箔条的 RCS 质心。一般情况下使用时箔条的 RCS 大于舰船目标，所以该“质心”靠近箔条干扰。雷达根据此观测点迹进行跟踪，不可分辨的情况持续的时间足够长，雷达的跟踪点将偏离舰船目标足够远。

当二者满足可分辨条件时，此时存在两种可能：一是舰船已逃出雷达的跟踪范围，二是舰船仍处在雷达跟踪范围内，图 11.4 所示的情况即属于后一种情况。如果雷达导引头不具有识别能力，直接按照最近邻原则进行关联，由于箔条干扰形成的观测点迹距离前一阶段箔条和舰船“质心”的点迹近，则雷达导引头将有很大可能转而跟踪箔条干扰。

11.2　反舰导弹抗箔条干扰的现状

反舰导弹的攻防技术总是相互制约，在对抗中不断向前发展。为了提高反舰导弹的打击精度，抑制无源干扰特别是箔条干扰的影响，反舰导引头的制导体制在不断地寻求发展，很多对抗箔条干扰的技术和方法也应运而生。

对冲淡干扰，箔条和舰船的相对距离较远，箔条和舰船一般不处在同一分辨单元内，冲淡干扰对雷达导引头性能的影响比较简单，仅影响雷达的目标搜捕环节，要对抗箔条冲淡干扰只需对雷达搜索到的目标进行筛选即可，可以采用识别的方法抗冲淡干扰。

质心干扰一般分为两个阶段，即可分辨前和可分辨后，可分辨前箔条干扰主要影响雷达目标角度测量和距离测量，引起雷达目标测值的起伏增大，且使得测量值偏离目标真实值。可分辨后，如果箔条和雷达目标都位于雷达导引头的跟踪范围内，则主要影响雷达航迹关联和跟踪环节。以前的研究一般仅讨论了可分辨前箔条质心干扰对雷达目标测量环节的影响，指出投放质心干扰后，雷达导引头跟踪箔条和舰船的质心，对可分辨后的情况一般没有考虑。

对质心式干扰一般刚刚抛撒时箔条干扰和舰船目标处在同一距离分辨体积内，难以分辨，抛撒后箔条顺风漂移同时舰船目标也伴随着机动，箔条干扰和舰船目标逐渐脱离同一距离分辨单元，箔条干扰和舰船目标距离上不可分辨的时间与箔条干扰的抛撒参数、舰船的机动方案、风速、导弹的航向、雷达导引头的工作参数等有关。抗质心干扰问题较难解决，尤其对于箔条干扰和舰船无法分辨的阶段，导致识别的抗干扰方法难以使用。因此提高雷达距离分辨力或者采用 PD 体制使雷达导引头具有多普勒分辨能力，成为目前普遍采用的方法。

当雷达导引头的距离分辨力提高后，在目标移出跟踪门或雷达波束之前，一般舰船和箔条干扰会首先在距离上可以分辨。此时虽然箔条干扰和舰船不处在同一距离分辨单元内，但二者都处在雷达的波束宽度内，且都处在雷达的距离跟踪门内，所以雷达将会检测到两个目标的回波。对 PD 雷达导引头，即使雷达在距离上无法分辨箔条和舰船，但如果二者的径向速度差异大于雷达的多普勒分辨力，那么雷达导引头可以在多普勒域将二者区分开。当雷达导引头可以将箔条干扰和雷达目标分辨开后，如果二者都处于雷达的跟踪范围内，雷达将观测到两个目标，形成两个点迹。如果雷达具有目标识别的能力，可以选择目标的点迹而非箔条的点迹进行后续的跟踪，从而达到抗箔条干扰的目的。

末制导雷达导引头抗箔条干扰的措施在箔条干扰和舰船目标可分辨和不可分辨两种情况下有所区别。对箔条干扰和舰船不可分辨的情况，由于此时舰船和箔条的距离、多普勒都相同，极化信息就成为了可供利用的重要信息之一。利用舰船和箔条的极化特性差异，尽可能滤除箔条干扰回波，保留目标回波，可望提高测角精度。对于箔条干扰和舰船可分辨的情况，采用的抗箔条干扰方法一般为：根据雷达回波，识别箔条和舰船，并摒弃箔条干扰回波。现有的导引头雷达抗干扰方法主要是针对箔条干扰和舰船目标可分辨的情况，利用识别的方法抗箔条干扰。现有的识别箔条干扰的方法包括：基于多普勒展宽的识别方法，基于极化特性的识别方法，基于宽带一维像的识别方法。

11.3 基于极化识别的抗箔条干扰方法

如果箔条干扰和舰船目标可以分辨开，那么雷达只需对检测到的目标进行识别，根据识别的结果进行后续的处理。本节针对箔条干扰和舰船目标可分辨的情况，研究基于极化识别的抗箔条干扰方法。

11.3.1 舰船和箔条的极化特性分析

1. 箔条和舰船的极化特性分析

由于反舰导弹的飞行高度一般很低，可近似认为雷达导引头和目标的连线方向即雷达视线方向（LOS）位于水平面内。建立图 11.5 如示的雷达散射坐标系，箔条偶极子的姿态用(θ,ϕ)表示，偶极子与雷达视线的夹角为 Θ。箔条偶极子的极化散射矩阵为

$$\boldsymbol{S}(\theta,\phi)=\begin{bmatrix} s_{\mathrm{HH}}(\theta,\phi) & s_{\mathrm{HV}}(\theta,\phi) \\ s_{\mathrm{HV}}(\theta,\phi) & s_{\mathrm{VV}}(\theta,\phi) \end{bmatrix}=-\frac{\lambda}{\sqrt{\pi}}\times\frac{f(\Theta)}{\sin^2\Theta}\begin{bmatrix} (\boldsymbol{d}\cdot\boldsymbol{e}_{\mathrm{h}})^2 & (\boldsymbol{d}\cdot\boldsymbol{e}_{\mathrm{h}})(\boldsymbol{d}\cdot\boldsymbol{e}_{\mathrm{v}}) \\ (\boldsymbol{d}\cdot\boldsymbol{e}_{\mathrm{h}})(\boldsymbol{d}\cdot\boldsymbol{e}_{\mathrm{v}}) & (\boldsymbol{d}\cdot\boldsymbol{e}_{\mathrm{v}})^2 \end{bmatrix} \tag{11.1}$$

式中：λ 是雷达工作波长；$\boldsymbol{d}$ 是箔条偶极子的取向单位矢量；$\boldsymbol{e}_{\mathrm{h}}$ 和 $\boldsymbol{e}_{\mathrm{v}}$ 是入射电磁波垂直和水平极化的单位电场矢量；$f(\Theta)$为箔条偶极子散射方向图函数。

$$\cos\Theta=\cos\theta\cos\phi \tag{11.2}$$

$$\boldsymbol{d}\cdot\boldsymbol{e}_{\mathrm{h}}=\cos\theta\sin\phi \tag{11.3}$$

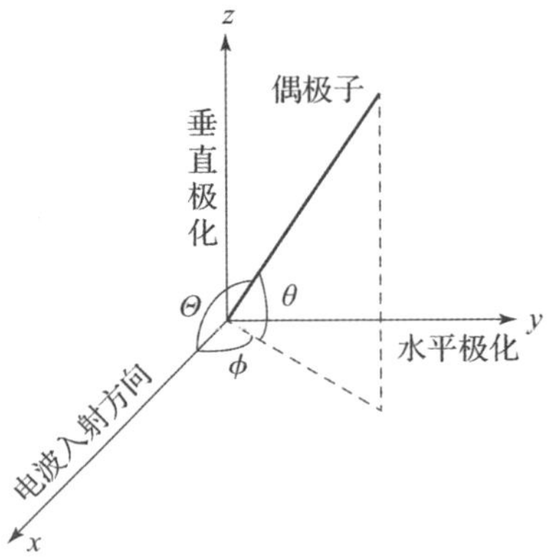

图 11.5 雷达散射坐标系

$$\boldsymbol{d}\cdot\boldsymbol{e}_{\mathrm{v}}=\sin\theta \tag{11.4}$$

箔条云由大量姿态不同的箔条偶极子构成，一般认为刚刚抛撒后箔条的姿态近似均匀分布，抛撒后箔条的姿态逐渐趋于水平分布，假设箔条的方位角服从$[0,2\pi]$的均匀分布，俯仰角服从零均值的正态分布，则箔条姿态(θ,ϕ)服从以下分布形式：

$$W(\theta,\phi)=\begin{cases}\dfrac{1}{\sqrt{8\pi^3}D\zeta}\mathrm{e}^{-\frac{\theta^2}{2D^2}},0\leqslant\phi\leqslant 2\pi, & -\dfrac{\pi}{2}\leqslant\theta\leqslant\dfrac{\pi}{2}\\ 0, & \text{其他情况}\end{cases} \tag{11.5}$$

式中：$\zeta=\int_{-\frac{\pi}{2}}^{\frac{\pi}{2}}\dfrac{1}{\sqrt{2\pi}D}\mathrm{e}^{-\frac{\theta^2}{2D^2}}\mathrm{d}\theta$；$D$为正态分布的方差，$D$越小说明箔条的姿态越趋近于水平，当$D=0$时，对应箔条的取向为水平面内均匀分布的情况，当$D=\infty$即表示箔条的姿态在整个$4\pi$立体角内服从均匀分布。

箔条云极化散射矢量$[s_{\mathrm{HH}}\quad s_{\mathrm{VV}}\quad s_{\mathrm{HV}}]^{\mathrm{T}}$服从零均值的复高斯分布，其协方差矩阵为

$$\boldsymbol{\Sigma}_k=E[\boldsymbol{k}\boldsymbol{k}^{\mathrm{H}}]=\sigma_0\begin{bmatrix}1 & 0 & \varepsilon\\ 0 & \varepsilon & 0\\ \varepsilon & 0 & \gamma\end{bmatrix} \tag{11.6}$$

式中：$\gamma=\dfrac{\sigma_{\mathrm{VV}}}{\sigma_{\mathrm{HH}}},\varepsilon=\dfrac{\sigma_{\mathrm{HV}}}{\sigma_{\mathrm{HH}}},\sigma_{\mathrm{HH}},\sigma_{\mathrm{VV}},\sigma_{\mathrm{HV}}$分别是HH、VV和HV通道下箔条的平均RCS。通过式（11.6）可看出，箔条云极化散射的同极化通道和交叉极化通道之间不相关。γ,ε与箔条云的姿态统计分布以及雷达视线等有关系，对于反舰导弹，雷达视线处在水平面内，可以得到ε,γ随D的变化曲线，如图11.6所示。

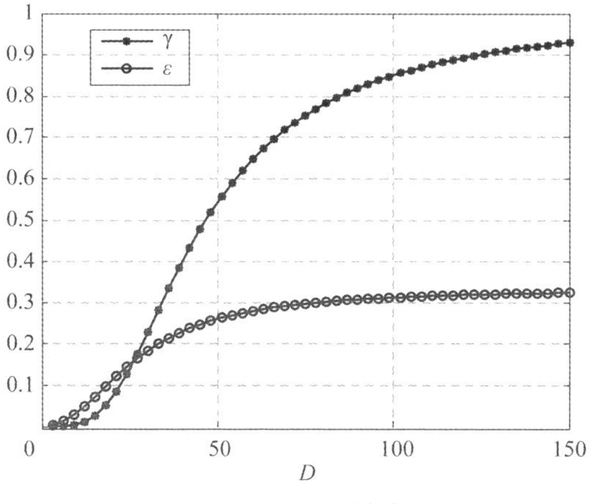

图11.6　ε和γ随D的变化曲线

通过图 11.6 可以发现：水平正态分布箔条云的 HH 通道平均 RCS 大于另外两个极化通道，即 ε,γ 都小于 1，且 ε,γ 都随着正态分布方差的增加而增大，当 D 很大时，γ 趋于 1，ε 趋于 1/3。

舰船的极化散射以平板和二面角为主，根据舰船的几何模型，采用电磁计算的方法得到的各极化通道舰船的一维像如图 11.7 所示。

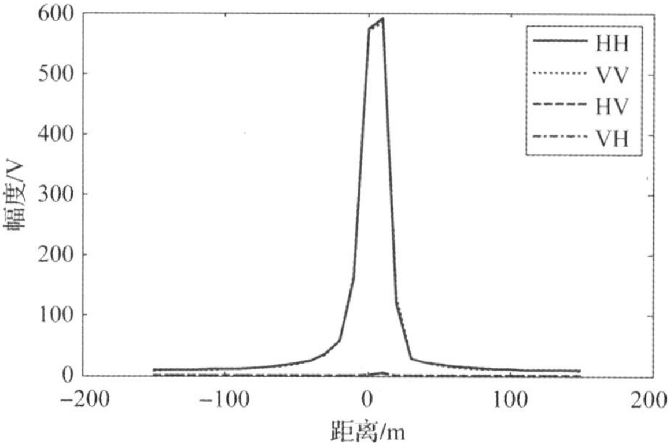

图 11.7　舰船极化特性的示意图

由上图可知，对舰船目标其同极化通道的回波幅度远大于交叉极化通道，这个结论与很多文献相一致。

2. 极化角的统计特性

现有的极化雷达导引头多为双极化体制，为了抑制海杂波和箔条等干扰，选用垂直极化发射，用垂直极化和水平极化进行接收。假设雷达导引头测得的两个极化通道的雷达回波幅度分别 A_{VV} 和 A_{HV}。那么由上一节的分析可知，从统计意义上讲，对于舰船目标，其回波幅度一般满足 $A_{VV} \gg A_{HV}$，而箔条干扰其回波幅度 A_{VV} 比 A_{HV} 稍大或者小于 A_{HV}。

基于双极化非相参雷达体制，最为常用的极化特征为极化比和极化角。根据前面的分析，箔条干扰的两个极化通道 VV 和 HV 的回波相互独立，幅度服从瑞利分布。对舰船目标假设两个极化通道 VV 和 HV 的回波相互独立，幅度服从瑞利分布。下面推导箔条和舰舰目标极化角的统计特性。

雷达目标回波幅度 A_{VV} 和 A_{HV} 服从的概率密度函数的表达式如下：

$$f(A_{HV}) = \frac{2A_{HV}}{\sigma_{HV}}\exp\left(-\frac{A_{HV}^2}{\sigma_{HV}}\right), 0 \leqslant A_{HV} < \infty \tag{11.7}$$

$$f(A_{VV}) = \frac{2A_{VV}}{\sigma_{VV}}\exp\left(-\frac{A_{VV}^2}{\sigma_{VV}}\right), 0 \leqslant A_{VV} < \infty \tag{11.8}$$

根据极化比的定义 $\rho=\frac{A_{VV}}{A_{HV}}e^{j\Delta\phi}=\tan\gamma e^{j\Delta\phi}$，其中，$\Delta\phi$ 服从均匀分布。令 $b=\frac{\sigma_{VV}}{\sigma_{HV}}$，可以得到极化比幅度 $|\rho|=\frac{A_{VV}}{A_{HV}}$ 的统计分布为

$$\begin{aligned}f(|\rho|)&=f\left(\frac{A_{VV}}{A_{HV}}\right)=\int_0^{\infty}A_{HV}\frac{2A_{HV}}{\sigma_{HV}}\exp\left(-\frac{A_{HV}^2}{\sigma_{HV}}\right)\frac{2(|\rho|A_{HV})}{\sigma_{VV}}\exp\left(-\frac{(|\rho|A_{HV})^2}{\sigma_{VV}}\right)dA_{HV}\\&\overset{令u=\frac{A_{HV}}{\sqrt{\sigma_{HV}}}}{=}\frac{4|\rho|}{b}\int_0^{\infty}u^3\exp\left[-\left(1+\frac{|\rho|^2}{b}\right)u^2\right]du\\&\overset{令x=u^2}{=}\frac{2|\rho|}{b}\int_0^{\infty}x\exp\left[-\left(1+\frac{|\rho|^2}{b}\right)x\right]dx=\frac{2b|\rho|}{(b+|\rho|^2)^2},\ |\rho|\geqslant 0\end{aligned}\tag{11.9}$$

根据极化比和极化角的关系，$\rho=\tan(\Psi),\Psi=\arctan(\rho)$，可以得到极化角的统计特性：

$$f(\Psi)=\frac{2b\tan\Psi}{(b+\tan^2\Psi)^2}\frac{1}{\cos^2\Psi}=\frac{2b\cos\Psi\sin\Psi}{(b\cos^2\Psi+\sin^2\Psi)^2}\quad 0\leqslant\Psi\leqslant\frac{\pi}{2}\tag{11.10}$$

图 11.8 给出了不同 b 值下极化角的概率密度曲线的比较。

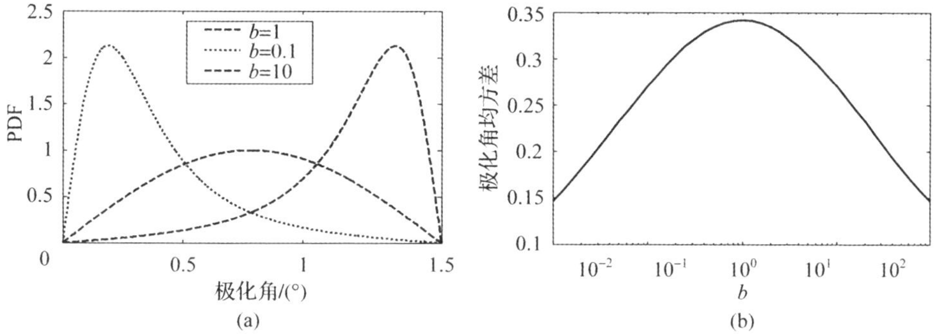

图 11.8　极化角的统计特性

（a）极化角的概率密度分布；（b）极化角的均方差。

通过上式不难求得极化角的均值为

$$E[\Psi]=\frac{\sqrt{b}}{1+\sqrt{b}}\times\frac{\pi}{2}\tag{11.11}$$

由式（11.10）难以推导出极化角高阶矩的表达式，图 11.8（b）给出了极化角均方差的数值计算结果，从图 11.8（b）可以看出，b 越接近于 1 均方差越大。

11.3.2 基于极化识别的抗箔条干扰方法

利用某双极化雷达导引头模拟器的外场实测数据，对箔条干扰和舰船目标的极化特性进行分析，导引头模拟器的工作频率为35GHz，脉冲宽度为0.35μs，雷达导引头的发射极化为垂直极化，接收极化为垂直极化和水平极化。由于该雷达导引头为非相参体制，且两个极化通道是脉间交替分时接收，所以该雷达导引头的测量信息主要是两个极化通道内目标回波的幅度信息。共有三种不同类型的舰船参与了外场试验，分别为舰船A、舰船B和小艇。图11.9给出了箔条以及几种不同类型舰船的极化角的统计直方图。

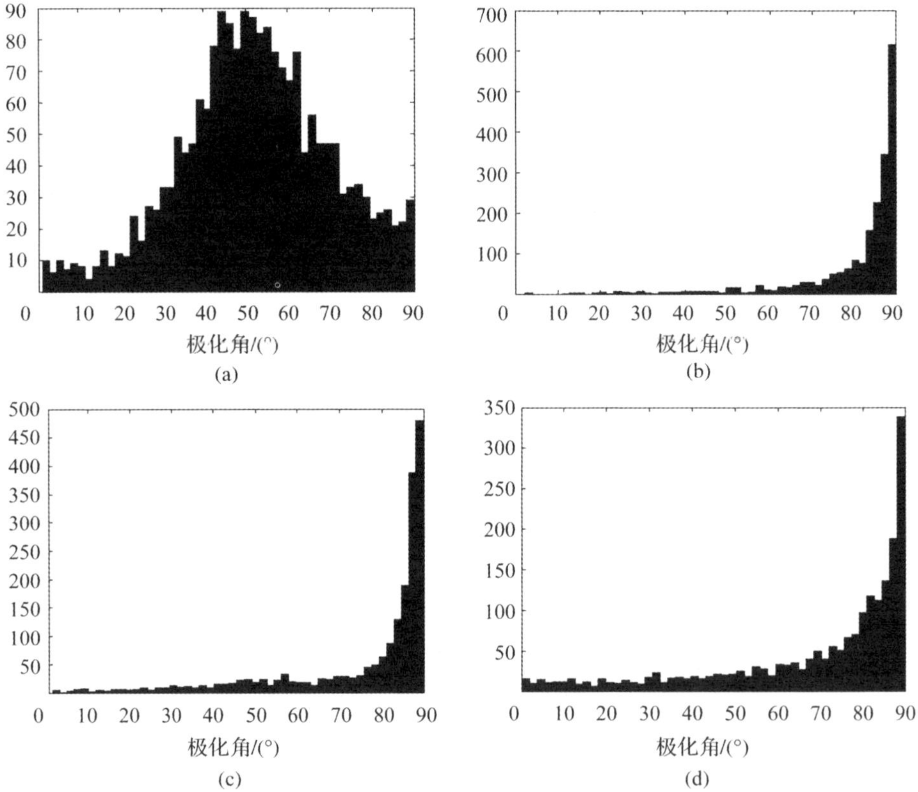

图11.9 外场实测的舰船和箔条极化角统计直方图

(a) 箔条；(b) 舰船A；(c) 舰船B；(d) 舰船B。

由图11.9可以看出，极化角的均值稍大于45°，小于60°，分布范围比较宽，散布在[0,90]范围内，对舰船极化角的均值比较大，主要分布范围在60°以上。由比较可知，箔条干扰的极化角均值比舰船小，极化角的均方差箔条干扰大于舰船目标。

由于对舰船目标，$b \gg 1$，而箔条干扰 b 稍大于1或小于1，且二者的起伏特征不同，由此决定了舰船和箔条干扰的极化角特征具有很大差别。根据极化角分布的以上统计特性，可以选取极化角的均值和均方差作为极化识别的特征量。

$$\begin{cases} \overline{\Psi} > \eta_1, & \text{舰船} \\ \overline{\Psi} < \eta_1 \begin{cases} D_\Psi < \eta_2, & \text{舰船} \\ D_\Psi > \eta_2, & \text{箔条} \end{cases} \end{cases} \tag{11.12}$$

式中：$\overline{\Psi}$ 和 D_Ψ 分别为根据连续的几个或十几个脉冲得到的雷达目标极化角的均值和方差。

利用箔条干扰和舰船的实测数据，对本文所提出的识别方法进行验证。图11.10分别给出了极化角的均值和均方差随时间的变化曲线。

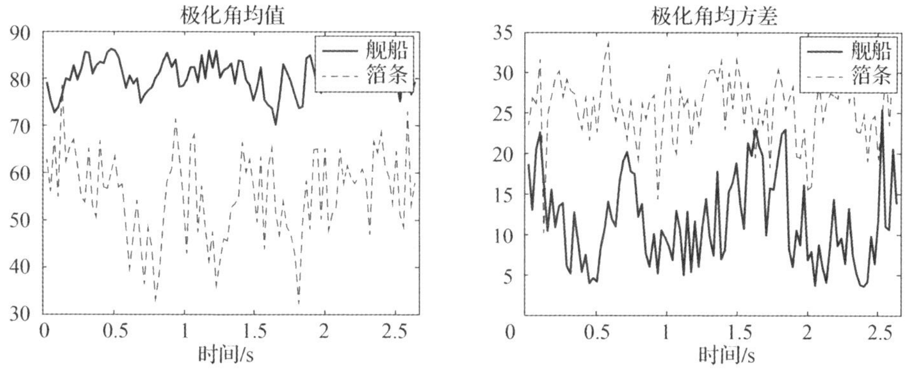

(a)

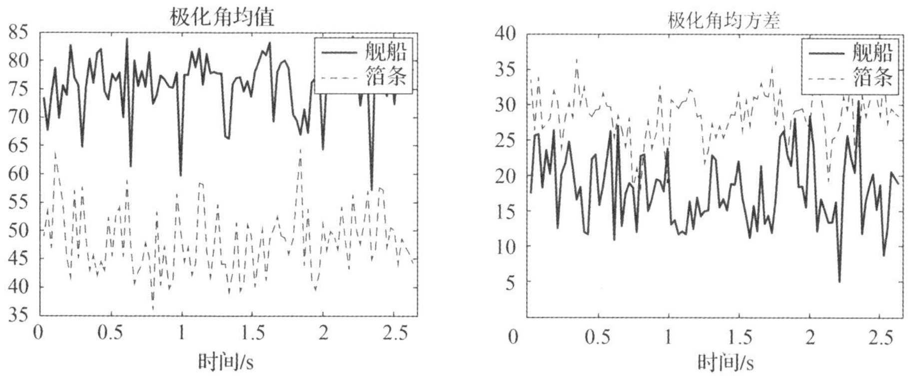

(b)

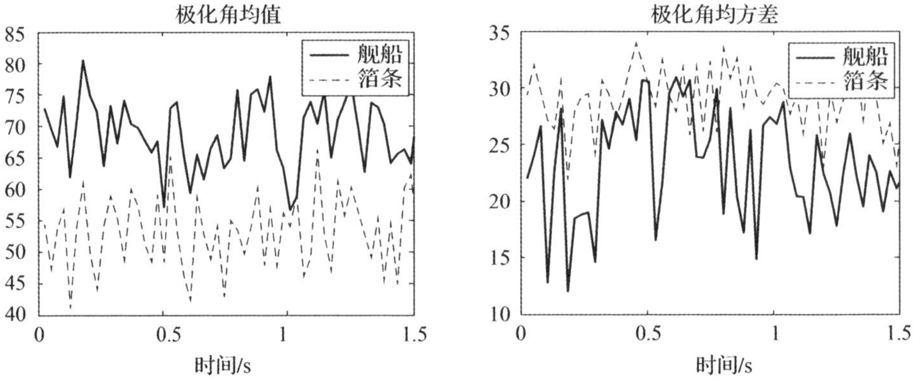

(c)

图 11.10 实测数据得到的处理结果

（a）舰船 A；（b）舰船 B；（c）小艇。

由图 11.10 可以看出，舰船 A 的极化特性和箔条相差最大，其次是舰船 B，然后是小艇。根据大量的数据分析和识别实验，对于信噪比比较大，海面风速比较小的情况，利用极化角均值和方差对箔条干扰进行识别，只需很少的脉冲数就可以使得识别概率接近 90%。

11.4 基于极化对比增强的抗箔条干扰方法

如果箔条干扰和舰船不可分辨开，则箔条干扰的出现会影响雷达目标的测量，雷达目标的测量一般包括距离、角度等，其中箔条干扰引起的测角误差对于雷达目标跟踪影响较大。本节研究箔条干扰对雷达目标角度测量的影响，并提出基于极化对比增强的抗干扰算法，可以提高雷达导引头的角度测量精度。

11.4.1 雷达目标角度测量方法

1. 雷达回波模型

雷达导引头对目标的角度跟踪一般通过单脉冲技术实现，这种技术通过比较两个或多个同时天线波束的接收信号来获得精确的目标角位置信息。单脉冲测角方法分为“比幅”和“比相”两种基本类型，本书的分析基于比幅单脉冲的角度测量方法。

雷达比幅单脉冲的算法为

$$\hat{\eta} = \mathrm{Re}\left\{\frac{d}{s}\right\} \tag{11.13}$$

式中：d 为雷达差支路回波复信号，s 为雷达和支路回波复信号。

雷达目标对点目标的测角精度 σ_θ 主要取决于两个因素：①雷达天线波束半功率宽度 $\theta_{0.5}$；②雷达接收信噪比 SNR。

$$\sigma_\theta = \frac{1.4}{k_s\sqrt{\mathrm{SNR}}}\theta_{0.5} \tag{11.14}$$

式中：k_s 为角误差检测斜率。

在目标跟踪过程中经常受到质心干扰的影响，如舰船抛撒箔条干扰逃避反舰导弹的攻击。图 11.11 为质心干扰的示意图。

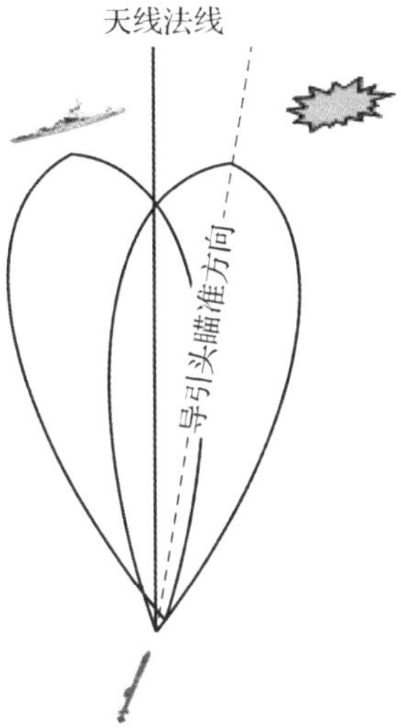

图 11.11　质心干扰示意图

雷达导引头通过多个收发极化通道来获取目标的极化特性，本书假设雷达导引头的接收极化通道的数目为 M，对单极化雷达，$M=1$，对双极化雷达（单极化发射双正交极化接收）$M=2$，对于全极化雷达考虑目标互易性，$M=3$。质心干扰情况下，各极化通道和/差信号的回波模型可以表示为

$$\begin{cases} s_m = \alpha_{S,m}\mathrm{e}^{\mathrm{j}\varphi_{S,m}} + \alpha_{I,m}\mathrm{e}^{\mathrm{j}\varphi_{I,m}} \\ d_m = \eta_S\alpha_{S,m}\mathrm{e}^{\mathrm{j}\varphi_{S,m}} + \eta_I\alpha_{I,m}\mathrm{e}^{\mathrm{j}\varphi_{I,m}} \end{cases}, m = 1,\cdots,M \tag{11.15}$$

式中：s_m 为极化通道 m 的和信号回波；d_m 为极化通道 m 的差信号回波；

$$\alpha_{S,m} = kA_{S,m}G_\Sigma^2(\theta_S)$$

为舰船目标在极化通道 m 的回波信号幅度，$A_{S,m}=\sqrt{\sigma_{S,m}}$ 为舰船目标在该极化通道下的散射幅度；同样，$\alpha_{I,m}=kA_{I,m}G_\Sigma^2(\theta_I)$ 为质心干扰在极化通道 m 的回波信号幅度，$A_{I,m}$ 为质心干扰在该极化通道下的散射幅度，k 为与目标距离、发射功率等相关的常数，由于质心干扰时，雷达目标和干扰处在同一距离分辨单元内，所以对不同目标 k 值相同；$\eta_S = \dfrac{G_\Delta(\theta_S)}{G_\Sigma(\theta_S)}$ 为舰船目标的到达角，$\eta_I = \dfrac{G_\Delta(\theta_I)}{G_\Sigma(\theta_I)}$ 为箔条干扰的到达角，$G_\Sigma(\theta)$、$G_\Delta(\theta)$ 为雷达和波束和差波束的方向图，本书中假设所有极化通道和差波束的方向图相同。

$\varphi_{S,m}$ 和 $\varphi_{I,m}$ 分别为舰船目标和质心干扰在极化通道 m 的回波信号相位，

$$\varphi_{i,m} = 2\pi f_0 \frac{2R_i}{c} + \phi_{i,m}, i = S, I \tag{11.16}$$

$\varphi_{i,m}$ 包括电磁波双程传播带来的相位 $2\pi f_0 \dfrac{2R_i}{c}$ 以及目标电磁散射的变相位效应 $\phi_{i,m}$ 两部分。

2. 测角精度分析

对传统的单极化雷达导引头，只利用一个极化通道的回波进行角度测量，假定该极化通道为 x 表示。假设测角体制为比幅单脉冲体制，按照单目标的角度测量算法进行角度测量，角度测量的结果为

$$\begin{aligned}
\hat{\eta} &= \mathrm{Re}\left\{\frac{d_x}{s_x}\right\} = \mathrm{Re}\left\{\frac{\eta_S\alpha_{S,x}^2 + \eta_I\alpha_{I,x}^2 + \alpha_{S,x}\alpha_{I,x}[(\eta_S + \eta_I)\cos\psi_x + \mathrm{j}(\eta_I - \eta_S)\sin\psi_x]}{\alpha_{S,x}^2 + \alpha_{I,x}^2 + 2\alpha_{S,x}\alpha_{I,x}\cos\psi_x}\right\} \\
&= \frac{\eta_S\alpha_{S,x}^2 + \eta_I\alpha_{I,x}^2 + \alpha_{S,x}\alpha_{I,x}(\eta_1 + \eta_I)\cos\psi_x}{\alpha_{S,x}^2 + \alpha_{I,x}^2 + 2\alpha_{S,x}\alpha_{I,x}\cos\psi_x} \\
&= \eta_{\text{even}} + \eta_{\text{odd}}\frac{\alpha_{S,x}^2 - \alpha_{I,x}^2}{\alpha_{S,x}^2 + \alpha_{I,x}^2 + 2\alpha_{S,x}\alpha_{I,x}\cos\psi_x}
\end{aligned} \tag{11.17}$$

式中：$\psi_x = \varphi_{I,x} - \varphi_{S,x}$。令 $Z_0 = \dfrac{\alpha_{I,x}}{\alpha_{S,x}}$，则后面的分式项可以表示为

$$v = \frac{1 - Z_0^2}{1 + Z_0^2 + 2Z_0\cos\psi_x} \tag{11.18}$$

式（11.18）即经典的两点源目标归一化角闪烁线偏差的表达式。由式（11.17）可知，雷达的测角结果可以表示为以 $\eta_{\text{even}} = \dfrac{\eta_S + \eta_I}{2}$ 为中心，用 $\eta_{\text{odd}} = \dfrac{\eta_S - \eta_I}{2}$ 归一化的二点源角闪烁线偏差。因此，可以借鉴角闪烁的一些研究结论对质心干扰下雷达测角性能进行分析。

假设两点源相互独立，回波服从复高斯分布，即幅度服从瑞利分布，相位服从均匀分布的情况下，干扰和目标的回波幅度 $A_{I,x}$、$A_{s,x}$ 与目标的极化特性

有关，服从瑞利分布，$E\{A_{I,x}^2\} = \bar{\sigma}_{I,x}$，$E\{A_{s,x}^2\} = \bar{\sigma}_{s,x}$，$\bar{\sigma}_{I,x}$和 $\bar{\sigma}_{s,x}$分别为 x 极化通道下干扰和目标的平均 RCS。

令 $\gamma = \dfrac{G_\Sigma^2(\theta_I)}{G_\Sigma^2(\theta_s)}\sqrt{\dfrac{\bar{\sigma}_{I,x}}{\bar{\sigma}_{s,x}}}$，则雷达归一化角闪烁线偏差服从的概率密度函数如下：

$$W(v) = \frac{2\gamma^2}{\sqrt{1+\gamma^2}[(1+v)^2+\gamma^2(1-v)^2]^{3/2}}, -\infty < v < \infty \tag{11.19}$$

根据式（11.19）可得角闪烁线偏差均值为$\langle v\rangle = -\dfrac{1-\gamma^2}{1+\gamma^2}$，即为雷达目标和干扰的平均 RCS 的质心。雷达导引头角度测量偏离雷达目标真实角度 $1+v$，其均值为

$$\langle 1-v\rangle = \frac{2\gamma^2}{1+\gamma^2} \tag{11.20}$$

即 γ^2 越大，雷达测角的均值越靠近干扰。

图 11.12 为有无质心干扰时雷达角度测量的结果，其中，目标的真实角度为 -0.2，干扰的真实角度为 0.4，箔条干扰的平均 RCS 为舰船的两倍。

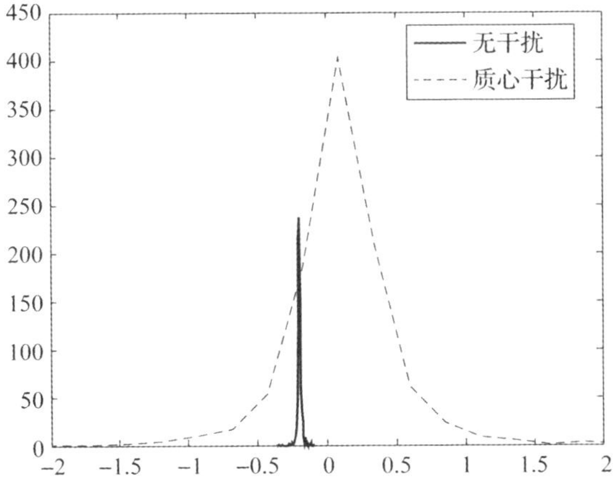

图 11.12　有无质心干扰时雷达目标角度测量结果对比

文献（雷达目标特征信号）中给出了当目标和干扰的 RCS 统计特性服从其他分布的几种情况，这里不详细列举。但可以发现，干扰和目标的 RCS 之比越大，雷达目标角度测量的均值越偏离目标的真实角度，如果可以通过极化滤波或对比增强的方法使得增大目标和干扰的能量对比，可以在一定程度上起到抗质心干扰的效果。

11.4.2 极化对比增强抗干扰算法

1. 质心干扰检测

要使用抗质心干扰的措施，需要首先检测出质心干扰的出现。通过图可以看出，质心干扰的出现会使得角度测量的起伏增大，可利用此特性对质心干扰进行检测。质心干扰检测算法包括以下几步：估计目标回波的信噪比，计算雷达目标角度测量的起伏程度，而后进行判决。对于极化雷达导引头抗箔条干扰这种特殊情况，雷达导引头可以结合箔条干扰抛撒前后极化特征的变化，检测到箔条干扰的施放。即

$$\begin{cases} X = X_t, & \mathrm{H}_0 \\ X = X_t + X_I, & \mathrm{H}_1 \end{cases} \tag{11.21}$$

式中：H_0表示箔条干扰施放前；H_1表示箔条干扰施放后。

图 11.13 给出了根据某双极化雷达导引头模拟器实测数据得到的箔条云施放前后极化角均值的变化曲线。由图中可以看出雷达回波的极化状态在箔条云施放前后有明显的变化，即可以检测到箔条干扰的施放过程。

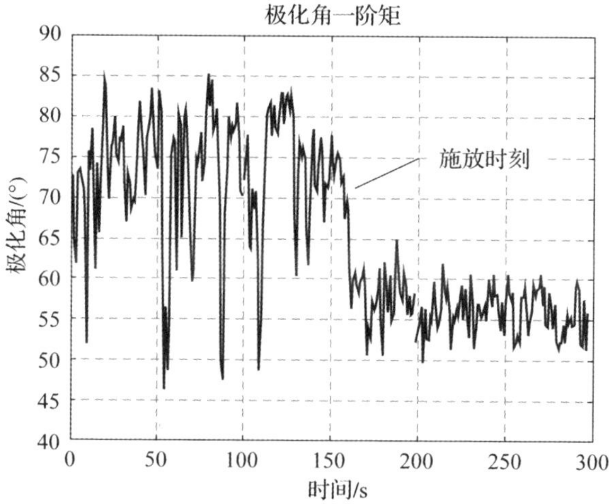

图 11.13 箔条干扰施放前后极化特征的变化曲线

2. 极化增强抗质心干扰

极化对比增强的方法有很多，本书选用基于极化协方差矩阵的极化对比增强方法。雷达目标的极化特性可用$[A_{i,1}e^{j\phi_{i,1}},\cdots,A_{i,m}e^{j\phi_{i,m}},\cdots,A_{i,M}e^{j\phi_{i,M}}]^{\mathrm{T}}$表示，$A_{i,m}e^{j\phi_{i,m}}$即为目标 i 在极化通道 m 下雷达极化散射的复幅度。为了方便，简记为$[A_1e^{j\phi_1},\cdots,A_me^{j\phi_m},\cdots,A_Me^{j\phi_M}]^{\mathrm{T}}$。雷达目标的极化特性随时间起伏，即

$$E_m(t)=A_m(t)\mathrm{e}^{\mathrm{i}\phi_m(t)},m=1,\cdots,M \tag{11.22}$$

假设 $E_m(t)$ 服从零均值的复高斯分布，那么其极化统计特性可以用极化协方差矩阵 $\boldsymbol{C}$ 完全表征。

$$\boldsymbol{C}=\{C_{mn}\}=\{\langle E_m(t)E_n^*(t)\rangle\} \tag{11.23}$$

干扰和雷达目标的极化特性不同，令其极化协方差矩阵分别为 $\boldsymbol{C}_I$ 和 $\boldsymbol{C}_s$，二者的极化差别主要体现在 $\boldsymbol{C}_I$ 和 $\boldsymbol{C}_s$ 不同。基于雷达目标和干扰的极化特性差异，可利用极化对比增强技术增强要跟踪目标的能量，抑制干扰的能量。令各个极化通道下的回波写为 $\boldsymbol{S}=[S_1\quad\cdots\quad S_M]$ 和 $\boldsymbol{d}=[d_1\quad\cdots\quad d_M]$，对各个极化通道下目标进行加权，加权系数定义为 $\boldsymbol{w}$，加权后的输出为

$$\begin{cases}s_x=\boldsymbol{wS}\\d_x=\boldsymbol{wd}\end{cases} \tag{11.24}$$

加权后的 $\gamma=\dfrac{G_\Sigma^2(\theta_I)}{G_\Sigma^2(\theta_s)}\sqrt{\dfrac{\bar{\sigma}_{I,x}}{\bar{\sigma}_{s,x}}}=\dfrac{G_\Sigma^2(\theta_I)}{G_\Sigma^2(\theta_s)}\sqrt{\dfrac{w^H C_I w}{w^H C_s w}}$，选取合适的极化通道加权系数 w_{opt}，使得加权后的 γ 最小，即使得

$$\max\left\{\frac{\boldsymbol{w}^{\mathrm{H}}\boldsymbol{C}_s\boldsymbol{w}}{\boldsymbol{w}^{\mathrm{H}}\boldsymbol{C}_I\boldsymbol{w}}\right\} \tag{11.25}$$

定义改善因子为

$$I=\frac{\boldsymbol{w}_{\mathrm{opt}}^{\mathrm{H}}\boldsymbol{C}_s\boldsymbol{w}_{\mathrm{opt}}\boldsymbol{C}_I(1,1)}{\boldsymbol{w}_{\mathrm{opt}}^{\mathrm{H}}\boldsymbol{C}_I\boldsymbol{w}_{\mathrm{opt}}\boldsymbol{C}_I(1,1)} \tag{11.26}$$

即表示极化对比增强前后目标和干扰平均 RCS 之比的改善程度。上述方法可具有很好的抗干扰效果。本书的算法没有改变原有测角的算法流程，只是对各个极化通道的回波进行滤波加权，利用极化信息来改善测角性能，实现起来比较容易。

11.4.3 极化对比增强抗干扰效果分析

1. 极化增强抗干扰算法求解

式（11.25）可以转化为求解

$$\max w^{\mathrm{H}}C_s w,\mathrm{s.\,t.}\ \ w^{\mathrm{H}}C_I w=1 \tag{11.27}$$

利用拉格朗日乘子法进行求解。令拉格朗日函数为

$$f(w)=w^{\mathrm{H}}C_s w+\eta(w^{\mathrm{H}}C_I w-1) \tag{11.28}$$

式中：η 为拉格朗日乘法因子。上式对 $\boldsymbol{w}$ 求导数，得到特征值等式为

$$\boldsymbol{C}_s\boldsymbol{w}=\eta\boldsymbol{C}_I\boldsymbol{w} \tag{11.29}$$

则最大的广义特征值 $\eta_{\max}$ 即为对比度的最优值，对应的特征矢量即为最优的权

矢量 $\boldsymbol{w}_{\mathrm{opt}}$。上述方法所能得到的改善程度与目标和干扰的极化特性差异等因素有关。

2. 极化雷达导引头抗箔条质心干扰

箔条施放前雷达目标回波主要包括舰船目标的雷达回波，通过施放前的雷达回波可以估计舰船目标的极化协方差矩阵。箔条干扰的归一化极化协方差矩阵可以通过先验信息获得。本书假设 $M=3$，则

$$\begin{cases} E_1 = E_{\mathrm{vv}} \\ E_2 = E_{\mathrm{vv}} \\ E_3 = E_{\mathrm{hv}} \end{cases} \tag{11.30}$$

假设舰船的极化协方差矩阵为

$$\boldsymbol{C}_s = \bar{\sigma}_{s,1}\begin{bmatrix} 1 & 0.83 & 0 \\ 0.83 & 1.1 & 0 \\ 0 & 0 & 0.02 \end{bmatrix} \tag{11.31}$$

箔条的极化协方差矩阵为

$$\boldsymbol{C}_I = \bar{\sigma}_{s,I}\begin{bmatrix} 1 & 0.3 & 0 \\ 0.3 & 0.5 & 0 \\ 0 & 0 & 0.3 \end{bmatrix} \tag{11.32}$$

将式（11.31）和式（11.32）代入式（11.29）求解可得，最佳加权系数为

$$\boldsymbol{w} = [0.13, 0.99, 0]^{\mathrm{T}}$$

最佳改善因子为 $I=2.24$，设箔条和舰船的平均 RCS 之比为 2，即 $\dfrac{\bar{\sigma}_{I,1}}{\bar{\sigma}_{s,1}}=2$，则极化对比增强后，$\dfrac{\bar{\sigma}_{I,x}}{\bar{\sigma}_{s,x}}=\dfrac{2}{2.24}\approx 0.89$。忽略天线方向图的调制，令 $\gamma=\sqrt{\dfrac{\bar{\sigma}_{I,x}}{\bar{\sigma}_{s,x}}}$，根据式（11.19）可以得到利用极化对比增强抗箔条干扰的效果，即极化对比增强前后雷达导引头的角度测量结果的概率分布。极化对比增强前后归一化线偏差的概率密度如图 11.14 所示。

假设雷达目标和干扰相对于雷达导引头张成的角度为 3°，那么根据式（11.1）和式（11.20）可以得到，极化对比增强前雷达角跟踪的平均值偏离目标的角度为 2.4°，运用极化对比增强技术后，雷达角跟踪的平均值偏离目标的角度约为 1.3°，可以看出运用极化对比增强技术可以抑制箔条质心干扰

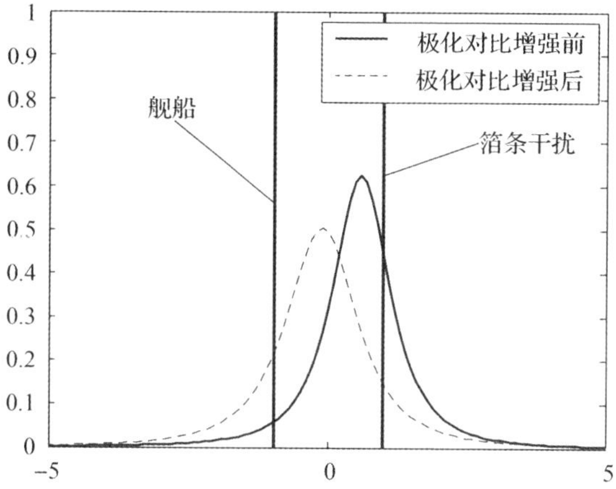

图 11.14　极化对比增强前后雷达测角的结果

对雷达的诱偏，利用本方法可以提高雷达导引头的抗干扰能力。当然，极化对比增强抑制质心干扰的效果与质心干扰和雷达目标的极化特性差异的程度有关，二者的差别越显著，抗干扰的效果越好。

针对双极化末制导雷达导引头抗箔条干扰的问题，本章对基于舰船和箔条极化特性差异的抗箔条干扰算法进行了研究。根据箔条干扰和舰船能否分辨开，将箔条干扰划分为两种情况。针对不可分辨的情况，提出了基于极化对比增强的抗箔条干扰方法，可以提高雷达在质心干扰下的角度测量性能，针对可分辨的情况，对箔条和舰船极化角的统计特性进行了推导。在此基础上，提出了一种基于极化角均值和方差进行识别的抗箔条干扰方法，并利用外场的实测数据对该方法的性能进行了验证，证明了该算法的有效性。

参 考 文 献

[1] Sherman S M, Barton D K. Monopulse principles and techniques (2nd ed) [M]. Norwood, MA: Artech House, 2011.

[2] Leonov A I, Fomichev K I. Monopulse radar [R]. U. S. Air Force, Tech. Rep. FTD - MT - 24 - 982 - 71, AD742696, 1972.

[3] Vakin S A, Shustov L N, Dunwell R H. Fundamentals of electronic warfare [M]. Norwood, MA: Artech House, 2001.

[4] Li N, Zhang Y. A Survey of Radar ECM and ECCM [J]. IEEE Transactions on Aerospace and Electronic Systems. 1995, 31 (3): 1110 - 1120.

[5] Cao Y, Fang W, Li L, et al. A quantitive method to assess monopulse radar seeker angle measurement performance in the presence of noise jamming [C]. In Proceedings of 2011 IEEE CIE International Conference on Radar, RADAR 2011. Chengdu, China, 2011: 1854 - 1858.

[6] Markin E. Method of automatic target angle tracking by sum - and - differencemonopulse radar invariant against the polarization jamming [C]. In European Microwave Week 2010, EuMW2010: Connecting the World, Conference Proceedings - European Radar Conference, EuRAD 2010. 2010: 499 - 502.

[7] 刘天鹏. 多源反向交叉眼干扰技术研究 [D]. 长沙: 国防科技大学, 2016.

[8] Liu S, Dong C, Xu J, et al. Analysis of rotating cross - eye jamming [J]. IEEE Antennas and Wireless Propagation Letters. Dec. 2015, 14: 939 - 942.

[9] 刘松杨, 董春曦, 等. 旋转的正交多点源反向交叉眼干扰分析 [J]. 电子与信息学报, 2016, 38 (6): 1424 - 1430.

[10] 刘松杨. 基于干扰平台旋转的反向交叉眼干扰研究 [D]. 西安: 西安电子科技大学, 2016.

[11] 王满玉, 程柏林. 雷达抗干扰技术 [M]. 北京: 国防工业出版社, 2016.

[12] 陈行勇, 刘永祥, 黎湘. 步进频率信号相位对消合成运动目标距离像 [J]. 电子与信息学报, 2017, 29 (4): 815 - 818.

[13] 邓志象. 弹载相控阵 PD 雷达的杂波抑制与目标分辨算法研究 [D]. 长沙: 湖南大学, 2011.

[14] 王永良, 陈晖, 彭应宁, 等. 空间谱估计理论与算法 [M]. 北京: 清华大学出版社, 2005.

[15] Cadzow J A. Ahigh resolution direction - of - arrival algorithm for narrow - band coherent and incoherent sources [J]. IEEE Trans. on ASSP, 1988, 36 (7): 965 - 979.

[16] 李永祯, 胡万秋, 孙豆, 等. 一种基于极化信息的机载拖曳式诱饵存在性检测与抑制方法研究 [J]. 雷达学报, 2016, 5 (6): 666 - 672.

[17] 马佳智, 施龙飞, 李永祯, 等. 主瓣干扰条件下混合极化系统单脉冲角度估计 [J]. 系统工程与电子技术, 2016, 38 (12): 2692 - 2699.

[18] 赵国庆. 雷达对抗原理 [M]. 西安: 西安电子科技大学出版社, 2003.

[19] 陈静. 雷达箔条干扰原理 [M]. 北京: 国防工业出版社, 2007.

[20] 付伟. 箔条干扰原理及技术 [J]. 火控雷达技术, 2002, 31 (3): 5 - 9, 22.

[21] 侯振宁. 箔条干扰技术研究 [J]. 舰船电子对抗, 2002, 25 (4): 7 - 10.

[22] 李敬. 箔条弹干扰原理与形成机理 [J]. 舰船电子对抗, 2003, 26 (3): 15 - 19.

[23] 贺珍, 龙笔虎. 反舰导弹末制导雷达与箔条干扰武器对抗技术的发展 [J]. 舰船电子工程, 1999, 19 (6): 47 - 50.

[24] 张土根. 世界舰船电子战系统手册 [M]. 北京: 科学出版社, 2000.

[25] 潘光友, 汤大荣. 提高舰载箔条干扰效果的措施研究 [J]. 舰船电子工程, 2005, 25 (6): 136 - 139.

[26] 邢昌风, 黄泽汉. 冲淡干扰布设方法研究 [J]. 舰船电子对抗, 2005, 28 (4): 35 - 38.

[27] 韩伟, 肖昌达. 冲淡干扰使用方法 [J]. 舰船电子对抗, 2008, 31 (1): 47 - 49.

[28] 高东华, 王澍初. 箔条质心干扰发射机动决策仿真研究 [J]. 舰船科学技术, 2003, 25 (5): 63 - 65.

[29] 陈静. 干扰走廊的功能与雷达体制无关 [J]. 光电技术应用, 2005, 20 (8): 38 - 42.

[30] 卢景双, 胡松, 周瑞. 箔条走廊对 MTI 雷达的干扰效能研究 [J]. 舰船电子对抗, 2009, 32 (4): 31 - 33.

[31] 孙伟通, 姜峰. 无源干扰走廊研究 [J]. 光电技术应用, 2005, 20 (6): 28 - 31.

[32] 胡松, 卢景双, 李彦志. 箔条走廊掩护飞机编队突防作战效能评估 [J]. 舰船电子对抗, 2008, 31 (5): 20 - 23.

[33] 才干, 张科, 李言俊. 干扰走廊战术使用 [J]. 火力与指挥控制, 2008, 33 (7): 44 - 47.

[34] 陆伟宁. 弹道导弹攻防对抗技术 [M]. 北京: 中国宇航出版社, 2007.

[35] 黄培康, 张志德. 外层箔条云团再入时的雷达抗干扰分析 [J]. 系统工程与电子技术, 1982, (4): 21 - 32.

[36] Bloch F, Hamermesh M, Phillops M. Return Cross Sections from Random Oriented Resonant Half - Wave Length Chaff [A]. Harvard University, Radio Research Laboratory, Technical Memorandum, 411 - TM - 127, June 19, 1944.

[37] Mack C L, Reiffen B. RF Characteristics of Thin Dipoles [J]. Proc. IEEE, 1964, 52 (5): 533 - 542.

[38] Borison S L. Probability Density for the Radar Cross Section of One or More Randomly - Oriented Dipoles [A]. Group Report 1964 - 33, 22 June 1964, MIT Lincoln Laboratory.

[39] Borison S L. Statistics of the Radar Cross Section of a Volume of Chaff [A]. Group Report 1965 - 10, 10 February 1965, MIT Lincoln Laboratory.

[40] Wickliff R G, Garbacz R J. The Average Backscattering Cross Section of Clouds of Randomized Resonant Dipoles [J]. IEEE Trans on AP, 1974, 22 (5): 503 - 505.

[41] Diggs J F. Cross Section Studies of X - Band Chaff [A]. AD505385L, October 1960.

[42] Prskar R J. Chaff Cloud RCS Studies and Measurements Using a High Resolution Radar [A]. ADB0072521, July, 1975.

[43] 瓦金 C A, 舒斯托夫 Л H. 无线电干扰和无线电技术侦察基础. 北京: 科学出版社, 1977.

[44] Siegert A J F. On the Fluctuations in Signals Returned by Many Independently Moving Scatters [A]. MIT Radiation Laboratory Report 465, Nov. 12, 1943.

[45] Childers D G, Reed I S. A Model for the Power Spectrum of Returned Echoed from a Random Collection of Moving Scatterings [A]. University of Southern California School of Engineering Report 102,

Dec. 1963.

[46] Wong J L, Reed I S, Kaprielian Z A. A Model for the Radar Echo from a Random Collection of Rotating Dipole Scatters [J]. IEEE Trans on AES, AES-3 (2): 171-178.

[47] Seltzer J E. The Statistics of the Chaff Return to a Moving Pulse Radar Altimeter [A]. Harry Diamond Laboratory report R240-69-3, March 14, 1969.

[48] Seltzer J E. Response of Airborne-Short Pulse Radar to Chaff [A]. AD744776, April 1972.

[49] Wilmot J E, Robert H F, Claud C P. Spectral Characteristics of Radar Echoes From Aircraft Dispensed Chaff [J]. IEEE Trans. On AES, 1985, AES-21 (7): 8-19.

[50] Marcus S W. Dynamics and radar cross section density of chaff clouds [J]. IEEE Trans on AES, 2004, 40 (1): 93-102.

[51] 吴振森，张龚．非均匀分布的箔条云团的RCS [J]．光电对抗与无源干扰，1996，(2)：38-44.

[52] 孙国祯．舰载箔条弹反导弹的雷达反射截面积极限值 [J]．光电对抗与无源干扰，1996，(3)：1-7.

[53] 谢俊好．任意收发极化的箔条云双基地雷达截面积 [J]．光电对抗与无源干扰，1996，(3)：8-11.

[54] 王雪松，周颖，张义荣，等．偶极子云团的非相干极化散射特性研究 [J]．电波科学学报，2000，15 (3)：289-293.

[55] 王雪松，赫晓峰，周颖，等．自由空间中偶极子云团极化散射特性研究：相干散射模型 [J]．电波科学学报，2001，16 (1)：66-77.

[56] 李永祯，王雪松，肖顺平．自由空间中箔条云团极化散射统计特性的研究 [J]．电波科学学报．2004，(6)：649-653.

[57] Kukainis J. Separation Characteristics of the ALE-38 Chaff Dispenser from the F-4C and F-4E Aircraft [J]. AD900189, June 1972.

[58] Puskar R J. Radar Reflector Studies [J]. Prod. of IEEE 1974 National Aerospace and Electronics Conference, May, 1974: 177-183.

[59] Brunk J, Mihora D, Jaffe P. Chaff Aerodynamics [A]. Alpha Research, Inc., report AFAL-TR-75-81 for Air Force Avionics Laboratory, Nov. 1975.

[60] Marcus S W. Electromagnetic Wave Propagation Through Chaff Clouds [J]. IEEE Trans on AES, 2007, 55 (7): 2032-2042.

[61] 陈静．毫米波箔条快速散开技术研究 [J]．电子对抗技术，1992，(6)：41-47.

[62] 杨学斌．箔条云团的扩散模型与回波功率 [D]．北京：北京航空航天大学，1999.

[63] 东北电子技术研究所．干扰物智能投放技术总结报告 [R]．2006.

[64] Wu Xianli, Qi Zizhong, Long Teng. Research on application of chaff [C]. IEEE the 8th International Conference of Signal Processing, 2006.

[65] 才干．机载无源干扰战术应用研究 [D]．西安：西北工业大学，2007.

[66] 高烽．多普勒雷达导引头信号处理技术 [M]．北京：国防工业出版社，2001.

[67] 保铮，刑孟道，王彤．雷达成像技术 [M]．北京：电子工业出版社，2005.